探索在路上

苏俊杰 著

北 京

冶金工业出版社

2017

内 容 简 介

　　本书是作者 40 多年来，在地方国企和河南省冶金工业主管部门、省国资委离退办工作期间，以及退休后出任河南省有色金属行业协会副会长时期，撰写的有关国企改革与工业经济管理方面的学术论文、深度报道、调研报告、工作讲话，以鲜明的政治立场和文学色彩撰写的国内外考察报告，以及为中国特色社会主义改革开放鼓与呼的诗词、文章等的结集。本书可供冶金行业企事业单位、党政机关干部职工、关心国企改革和工业经济理论发展的读者阅读参考。

图书在版编目（CIP）数据

探索在路上 / 苏俊杰著 . —北京：冶金工业出版社，2017.11
ISBN 978-7-5024-7617-5

Ⅰ . ①探… 　Ⅱ . ①苏… 　Ⅲ . ①冶金工业—工业企业管理—中国—文集 　Ⅳ . ① F426.3-53

中国版本图书馆 CIP 数据核字（2017）第 251926 号

出 版 人　谭学余
地　　　址　北京市东城区嵩祝院北巷 39 号　邮编　100009　电话　(010) 64027926
网　　　址　www.cnmip.com.cn　电子信箱　yjcbs@cnmip.com.cn
责任编辑　李培禄　美术编辑　吕欣童　版式设计　吕欣童　孙跃红
责任校对　王永欣　责任印制　李玉山
ISBN 978-7-5024-7617-5
冶金工业出版社出版发行；各地新华书店经销；三河市双峰印刷装订有限公司印刷
2017 年 11 月第 1 版，2017 年 11 月第 1 次印刷
169mm×239mm；22.25 印张；360 千字；341 页
55.00 元
冶金工业出版社　投稿电话　(010) 64027932　投稿信箱　tougao@cnmip.com.cn
冶金工业出版社营销中心　电话　(010) 64044283　传真　(010) 64027893
冶金书店　地址　北京市东四西大街 46 号 (100010)　电话　(010) 65289081 (兼传真)
冶金工业出版社天猫旗舰店　yjgycbs.tmall.com
（本书如有印装质量问题，本社营销中心负责退换）

前　言

　　本书收集了几十年来本人写的一些东西，分为经济篇、工作篇、生活篇、考察篇与诗文汇几个部分。

　　由于长期在企业与省工业经济管理部门工作，又兼任了《中国冶金报》和《中国有色金属报》河南记者站站长及《河南日报》通讯员，我从1983年起，就随着工业经济体制改革步伐，撰写了一些经济论文和调研报告。分别发表在报刊、学术论坛及内刊上，有的还获得了奖励。2008年退休以后到河南省有色金属行业协会，也发表了一些东西。文集中有的观点难免偏颇，文字也有可修订之处，但是较为准确地记录了近40年来中国工业经济改革发展的艰难历程，以及人们的同步认识。尽管有的观点已不新鲜，有的尚未过时，不失借鉴意义。

　　言为心声。我此生颇为幸运，大部分时间在经济管理领域从事文秘工作。青少年时期养成的争强好胜性格，岗位上总想精益求精，喜欢挤时间看一些闲书，思索一些问题。产生了新的见解，有的写进了公文，有的发表于报刊。2003年以后，国内网络论坛蜂起，工作之余热衷上网，发现了网络的厉害。看到有些人利用网络肆无忌惮地攻击党和国家领导人，恶毒污蔑改革开放，尽情美化欧美日本，疯狂鼓吹台独，非法传播邪教，散布封建迷信，抹黑传统优秀文化。党性与良知，令我愤慨，催我反击。几年时间，在网上发表了二三百篇共40多万字的评论文章，内容涉及政治经济、国际风云、革命历史、一国两制、文学艺术、宗教文化诸多方面，宣扬唯物论，批评唯心论，以事实教育年轻人。2004年7月中旬还以个人名义给省委书记写信提出："对于网络管理方面，不但要管好，更要用好，组织多方面力量，运用多种方式，把握好正确导向，正面宣传，主动出击，让新兴的网络为建设文化大省服务。"信件送上去后，我在9

月 19 日发布的十六届四中全会通过的《中共中央关于加强党的执政能力建设的决定》里，惊喜地发现了"牢牢把握舆论导向，正确引导社会舆论。坚持党管媒体的原则，增强引导舆论的本领，掌握舆论工作的主动权""高度重视互联网等新型传媒对社会舆论的影响，加快建立法律规范、行政监管、行业自律、技术保障相结合的管理体制，加强互联网宣传队伍建设，形成网上正面舆论的强势"的内容，作为一名基层党员，我感到欣慰，觉得尽了责任。书中的国内外考察报告，记录了当时的见闻；几篇生活小品文，表达了作者的爱憎。

诗言志。从 1962 年春天到 1971 年春天，我在大别山革命老根据地新县生活学习了 9 年时间，接受了完整的中学教育，嫁接了红色基因，熟悉了农村工作。1971 年春至 1986 年春，15 年的地方国有钢铁厂生涯，熟悉了大工业连续生产，锻炼了产业工人胸怀。人生难满百岁，有其中四分之一时光，在中国南北分界线的大别山淮河一带学习、生活、工作，终生受益。绿水青山，茶香鱼肥，红色摇篮，民风淳厚，火热岁月，工友情深。许多年后每每忆及，仍心潮澎湃，诗兴盎然。虽然后来到过不少名山大川，参观过各类企业，潜意识里总喜欢与当年的大别山区、信阳钢铁厂比较，书中的诗歌，都是即兴之作。

由于没有进过大学门，更没有拜过名师，无门无派。好读书不求甚解，常为求解疑问，翻阅旧典新籍。从 20 世纪 80 年代中期至今，探求世界上几大宗教的区别、联系及其历史文化渊源，坚持了 30 多年时光，至今兴趣不减。经济评论、调研报告、政策建议、工作讲演、时事点评，皆从实际出发，申述一己之见。出于篇幅限制，本集没有收录近年来时事纵横、文韵史趣、宗教文化等方面的文章，希望有机会再结集，以展示"老三届"一代"指点江山、激扬文字"，毕生探索在路上的情怀。

是为序。

苏俊杰

2017 年 8 月 2 日

于郑州半闲书屋

目　录

经济篇

工 作 篇

生 活 篇

考 察 篇

诗　文　汇

经济篇

JINGJI PIAN

中小企业系统管理与经济责任制初探

（1985 年 3 月 8 日）

摘　要：有效的企业管理必须有合理的管理组织作保证。中小企业目前普遍实行的"直线—职能"式组织结构是单一的、封闭的，不适应当前的企业管理，不利于推广以承包为主的经济责任制，尤其是不利于国家对企业、企业对下属进行有效的经济监督和业务指导。工业经济责任制是借鉴了农业联产承包责任制经验的基础上创建起来的，两者有共同点，但是更有不同点。以承包为主的工业经济责任制实质上是对长期以来统治我国工业企业的小农经济的指导思想、小生产的习惯势力、"大锅饭"的分配方式的突破、否定和扬弃，尽管它还处于初级阶段，但是适应了目前的工业生产水平，激发了企业活力，促进了生产力的发展。这种经济责任制的推行，客观上要求企业采用系统工程的组织结构。

一个适应中小企业实行系统管理和推行经济责任制的模型，是由行政指挥系统（Y 轴）、专业管理系统（X 轴）和生产环节（Z 轴）三维结构组成的。它是网络式的，又是开放式的，其中心位置是厂长。厂长对企业的各个生产区域（分厂、车间、工段）、各个职能机构（经营科室、生产科室、技术科室、后勤科室）和各个生产环节（供应、生产、销售、运输）负责，同时对上级（公司、国家）负责。企业各职能机构在厂长领导下，既要向下积极发挥专业管理作用，又要向上（政府各职能部门）如实进行信息反馈，接受上级的监督和指导。

前一时期，某些企业和单位出现的乱发奖金、乱发实物、有令不行、有禁不止的歪风，原因在于改革中缺乏充分的舆论宣传，在于某些部门放弃了必要的经济监督和业务指导，在于少数企业领导人思想作风不端正，而不在于对企业实行了松绑和放权，更不在于实行了厂长负责制。所以，不能够因噎废食，停止改革。

企业实行厂长负责制和推行以承包为主的经济责任制，应该在搞活企业的产、供、销、运等环节，以及提高经济效益的目的上一致起来。

《中共中央关于经济体制改革的决定》指出："现代工业分工细密，生产具有高度的连续性，技术要求严格，协作关系复杂，必须建立统一的、强有力的、高效率的生产指挥和经营管理系统。只有实行厂长（经理）负责制，才能适应这种要求。"《决定》还指出："为了增强城市企业活力。提高广大职工的责任心和充分发挥他们的主动性、积极性、创造性，必须在企业内部明确对每个岗位、每个职工的工作要求，建立以承包为主的多种形式的经济责任制。"在中小企业怎样建立统一的、强有力的、高效率的生产指挥和经营管理系统？怎样建立厂长（经理）负责下以承包为主的多种形式的经济责任制？实行了经济承包责任制以后国家对企业、企业对下属应通过什么途径进行有效的经济监督和业务指导？这些问题乃是当前企业实行改革、激发活力、搞好经营的关键问题。笔者长期在中小企业工作，愿意遵照《决定》精神，参照一些专家学者的论述，从系统工程管理的角度谈点粗浅的认识，不对之处，望理论界和实际工作者指正。

一、企业目前的组织结构不利于推广经济责任制

目前，许多中小企业和大企业一样，采用的是"直线—职能"式的组织结构，这种组织结构已经在我国推行了几十年，它的形式如图 1 所示。

在这种组织结构下，企业除了厂长（经理）一人外，还设有副厂长若干，分管一定的科室。一些中型企业，还设有分厂及其相应的科室，各生产车间由分厂厂长负责，分厂厂长对厂长负责。正如一些文章所指出的，不能完全否认"直线—职能"制的作用，但其中的问题也很多。笔者认为，主要问题是单一性和封闭性，横向联系差，不协调，不严密，不适应现代化企业生产管理的需要。尤其是实行了厂长（经理）负责制和推行以承包为主的经济责任制后，因为缺乏充分的理论阐述，加上一些片面性的宣传报道，使有些人产生了一些错觉。认为厂长（经理）一人说了算，下面也只是分厂厂长说了算，忽视了专业管理，放弃了必要的经济监督、控制和指导，将原来的纵向联系也割断了。

经济责任制是在国家计划指导下，责权利相结合、国家集体个人利益相统一、职工劳动所得同劳动成果相联系的科学管理制度，是具有中国特色的企业管理系统工程。企业要推行经济责任制，必须有与之相适应的管理组织

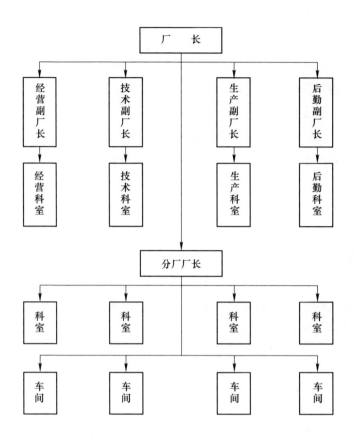

图 1

作保障,否则就无法达到预期的目的。在"直线—职能"制中推行经济责任制,点(岗位)和线(专业)的责任比较容易划分,面(层次)的责任就不容易划分清楚。比如,企业出了设备事故,死了人,应该追查谁的责任呢? 在目前,一般要追查负责生产和设备的副厂长及其分管科室的责任,其他副厂长和科室是不负责任的。实际上,企业的生产经营活动是一个动态的管理工程,一个环节上的漏洞,往往是诸多因素造成的。领导者在检查这个漏洞分析原因时,固然不能忽视其中的主要因素,也不能无视其他因素的影响。企业出了事故,死了人,严格追究主管者及其科室的责任是应该的,同时也应对企业其他领导者及其科室造成必要的压力,使其认识到自己应该担负的责任。目前,一些企业在设计和推行经济责任制时,并没有做到这一点,或者不了了之,起不到应有的作用。

　　采取"直线—职能"式的组织结构推行经济责任制，还不利于进行经济监督和业务指导。工业经济责任制是借鉴了农业联产承包责任制经验的基础上建立起来的，但又不同于农业联产承包责任制。农村实行了联产承包责任制以后，农业上的责权利和农民挂了钩，大大激发了农民的积极性，促进了农业的发展；工业企业实行了经济责任制以后，企业的权责利和职工挂了钩，同样激发了职工群众的积极性，促进了工业企业的发展。这是两者的共同点。但是，工业生产与农业生产有许多不同之处，因而两者的经济责任制就必然有许多不同点。

　　比如分配方式。工业企业盈利（指税前盈利，下同）的分配要做到三兼顾，即国家得大头，企业留中头，职工个人得小头。这是由工业企业生产资料公有化程度决定的，并且和生产力发展水平相适应的。而农业生产收入的分配，也要做到三兼顾，即缴足国家的（农业税），留足集体的，剩余大头是农民自己的。这也是由农业生产资料公有化程度决定并与当前农业生产力发展水平相适应的。就工业企业而言，盈利是否真实地反映出来了？就需要国家对企业进行必要的经济监督。作为企业，下属各分厂、车间有主要和辅助生产单位之分，有不同岗位之别，实行经济承包后，也应该进行必要的经济监督，以防止出现劳动成果相同而劳动所得不同，个别单位站在小团体立场上弄虚作假、搞两张皮、乱发奖金和实物等不良倾向出现。

　　另一方面，工业企业作为相对独立的经济实体，需要受到其母体（国民经济整体）诸多因素的制约；工业生产还不同于目前基本处于自然状态的农业生产，而是现代化的连续性作业，要受到市场供求、价格变化、运输条件、环境影响以及社会其他方面因素的制约。从企业的局部利益和国家的整体利益、眼前利益和长远利益相统一的角度来说，也需要接受政府及其职能部门的监督和指导，这和我们所说的简政、松绑、放权，实际上是辩证的统一，是改革中一个矛盾的两个侧面。

　　在目前企业实行的"直线—职能"制的条件下，实行了厂长（经理）负责制，企业各职能部门只对厂长（经理）负责，不便于上级职能部门的监督与指导；企业下属各职能部门和专职人员也只对其行政领导负责，也不利于企业各职能部门对其进行必要的监督与指导，以致产生了厂长（经理）负责制单一性、封闭性的弊病，企业管理体制不健全。

　　据笔者了解，由于多年来不讲管理，不注意培养，中小企业大都缺乏各类管理人才。目前各企业为数不多的"高手""能人"，大都云集在厂长（经理）

周围，在厂级职能科室、下级单位各职能部门专职人员能力相对减弱。

不少企业在实行经济责任制时，往往采取统计核算的方式搞总体设计，用业务核算的方式进行考核，用会计核算的方式计算效益，发放奖金。这三种核算所依据的基础数据不一样，实施的标准不一致，在实行时就造成了误差，下面很容易钻空子，会出现月月考核月月奖，年终留个大窟窿的被动局面。所以说，放弃必要的监督、管理和指导，所谓搞活经济、提高效益就可能成为一句空话，或者仅仅在账面上算出一个高效益，实际效益并不理想。

二、中小企业系统管理与经济责任制模型初探

由于"直线—职能"式组织结构不适应企业目前的经营管理现状，近年来理论界和企业界纷纷探求新的管理组织结构。有的主张用"四全管理"（全面计划、全面质量、全面财务和全面人事管理），办公室和各专业职能科室结成矩阵；有些工厂采用了事业部制的矩阵结构。这两种管理组织对于人才多、素质好、产品复杂的大型企业可行，对于人才缺、素质差、产品单一的中小企业就不适应了。如果非要在现有专业管理科室之上再搞"四全"办公室与事业部，只能是叠床架屋，头重脚轻。基于上述分析，笔者设计了一个改进型"直线—职能"式组织结构，是适用于中小企业系统管理和经济责任制的新模型（见图 2）。

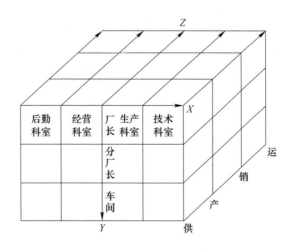

图 2

　　这一模型由行政指挥维（Y 轴）、专业管理维（X 轴）和生产环节维（Z 轴）的三维结构组成，它是网络式的、开放式的，其中心位置是厂长（经理），图中的主线代表了厂长（经理）负责制。它说明厂长（经理）要对企业各个生产区域（分厂、车间、工段）、各职能机构（经营科室、生产科室、技术科室、后勤科室）和各个生产环节（供应、生产、销售、运输）负责，分厂厂长只是作为厂长（经理）的助手而工作，厂长（经理）同时要对上（国家）负责。企业各职能机构在厂长（经理）领导下，既要向下积极发挥专业管理（科研开发、监督指导）作用，又要对上（政府各职能部门）如实进行信息反馈，接受上级的监督和指导。各职能部门之间要在生产环节上协调一致。

　　各分厂负责人既要接受厂长（经理）的领导，又要领导本级职能部门，更要对本单位的各个生产环节负责。分厂职能科室和厂部职能科室的作用，一样分为承上启下两部分，也要在生产环节上协调一致，车间一级照此办理，只不过车间级的销售运输是半成品或者物料的下道工序转移罢了。

　　依照这种模式，企业各级领导、各种专业、各个环节连成了一体，环环相扣，条块结合。它充分说明了厂长（经理）负责制是一套完备的科学管理体制，绝不仅仅是厂长（经理）一人说了算。

　　厂长（经理）负责制是正在改革中的国民经济管理体制的有机组成部分，是国民经济大系统中的一个子系统。由于企业生产经营上的各个环节在不停地变化着，这个管理结构就成了动态的管理工程，作为企业经济责任制就与之相适应了，其落脚点应是那些经常变化的各个生产经营环节。生产经营环节能否协调一致，决定了企业的生存和发展。企业的技术开发、产品延伸、多种经营等项工作，也都牵涉目前或者今后的供产销运的协调平衡问题。当企业的生产经营某一环节出现问题时，其他各个环节、各个区域都要受到相应的影响，最终要使企业的经济效益受到损失。作为厂长（经理），就应该分别追究不同区域、不同部门、不同环节的责任。当然，各自的责任轻重不同，不能够各打五十大板。

三、简短的结论

　　（1）企业管理是一项综合性的行为，有效的管理必须有合理的组织作保障。"直线—职能"式的组织结构不适应当前的企业管理实际，尤其是不利于推广经济责任制。工业经济责任制是具有中国特色的企业管理系统工程，它的建立和推广客观上要求企业采取系统工程的组织结构。

（2）目前，在工业企业内推行的以承包为主的经济责任制，是在借鉴了农村联产承包责任制经验的基础上创建起来的。经济承包责任制，实质上是对长期以来统治我国工业企业的小农经济的指导思想、小生产的习惯势力、"大锅饭"的分配方式的突破、否定和扬弃。它适应了我国工业目前的生产水平，激发了企业活力，促进了生产力的发展。但是这种经济承包责任制，仅仅是我们所期望的、具有中国特色的企业科学管理工程的初级阶段，或者曰萌芽状态。它应该，也完全能够不断发展，不断完善。为了发展和完善以承包为主的经济责任制，搞活企业，推动改革，理顺经济，应该实行国家对企业、企业对下属的经济监督和业务指导。这对于管理人员缺乏、企业素质较差的中小企业，尤为必要。但是，这种监督与指导，并不意味着恢复到松绑、放权以前事事干预的旧路上去。某些企业和单位出现的乱发奖金与实物、有令不行、有禁不止的歪风，原因在于政府某些部门放弃了必要的监督与指导，在于少数企业领导人思想作风不端正，而不在于对企业搞了松绑和放权，更不在于推行了厂长（经理）负责制。因此，不能因噎废食，停止改革。

（3）企业实行厂长（经理）负责制和推行以承包为主的经济责任制，应该在搞活企业的供产销运各环节、提高经济效益的目标上统一起来。企业在制定经济责任制时，不仅要注意制定点（岗位）、线（专业）上的责任制，还要注意搞好横向联系，协调好各项专业管理工作。为了促进职能科室的专业管理，提高对生产车间的服务质量，可以考虑在实行经济责任制时，给车间一些对科室的监督和反扣权，以形成完整的经济责任制网络，实行全面的经济承包责任制。

（本文最初发表于"河南省经济发展恳谈会"，1985 年 3 月被编入《工业经济责任制理论与实践》一书）

关于开发明港工业经济区的建议

（1985 年 6 月）

一

豫南地区经济落后，拖了全省的后腿。据有关资料表明，豫南的信阳和驻马店两个地区，面积占全省的 18%，非农业人口占 11%，工业产值仅占 5%。豫南地区交通便利，气候温和，雨量充沛，物产丰盛，绵延起伏的桐柏山和大别山中，各类矿藏丰富。这样好的条件，却长期没有形成发达的工商业中心城市。豫南地区是华中区域经济中心城市武汉的近邻，加速豫南经济的开发，必将加强河南省和华中的经济联系。但是，信阳是座古城，处于浅山丘陵之中，回旋扩展余地小，旧城改造任务大。市东南平桥镇一带，工业污染严重，因接近鸡公山游览区，不宜再上工业项目。建议信阳市要依靠鸡公山和南湾风景区，压缩工业，搞活商业，发展旅游业，办好文教科研事业，建成豫南文化旅游中心。为此，市内可以保留日化用化工和电子机械等工业项目，将以农副产品加工为主的轻工业向地区中心位置的潢川、光山县转移，将重工业向明港推进。这是因为：

第一，明港是豫南重要的铁路公路交通枢纽。该镇坐落在京广铁路与107 国道上，辖区面积 42 平方公里，人口 7 万人（其中非农业人口 2.3 万人）。镇中心距信阳市 38 公里，离武汉市 276 公里、郑州市 272 公里。其地理位置南滨淮河，北扼确山，西接桐柏，东临正阳，自古以来就是豫南重镇。京广铁路与 107 国道从镇西通过。一条年设计运输能力 100 万吨的小铁路从明港出发，西入桐柏山，目前已经达到泌阳县的马谷田乡，下半年可以修到泌阳县城。如果继续前修，可以走唐河到南阳，把京广、焦枝两大铁路干线沟通。从明港往东，有公路和正阳、新蔡、平舆、息县、淮滨等地相通。优越的地理位置和良好的交通条件，使明港有可能成为豫南中部的各类货物集散中心。明港北9公里的李新店机场，为信阳、周口和驻马店三地区唯一的航空港。如果根据"空军要支援国家发展民航事业"的精神，将来随着经济发展，李新店机场当有开放民航的可能。因此，明港的交通条件堪称豫南首家。

第二，明港周围矿产资源丰富，有大力发展重工业的雄厚基础。桐柏山已经探明有金、银、铜、铁诸多矿藏，其矿产品多由明港外运或者到明港冶炼。其中萤石、石灰石质地优良、储量丰富。铁矿石经过开采与精选，运到设在明港的信阳钢铁厂冶炼。明（港）毛（集）小铁路为该厂所建。随着小火车开进桐柏山，将久负盛名的南阳黄牛、泌阳梨等特产源源不断地运出山来，铁路沿线的工农业生产也将得到发展。在建筑行业著名的信阳黄沙，实际上取自明港附近的淮河之中。这种沙子颗粒细匀，无泥土、少杂质，是建筑工业的上等原料。明港水资源丰富，附近修有薄山水库和红石嘴水库，信阳钢铁厂还在淮河霸王台建造了取水泵站，用直径800毫米的管道向明港输水，只是因为该厂焦化、炼钢、轧钢等项目没有上马，这项投资400万元的供水工程至今没有启用。明港能源有可靠的保障，本地电厂装机容量为7500千瓦，并和省电网相连，省电网在此设有11万伏变电站，还准备扩充22万伏线路。明港与煤城平顶山铁路运输距离192公里，在信阳地区是最近的一家。

优越的地理位置，良好的交通条件，丰富的各类资源，可靠的能源保障，充足的劳动力，如果再有适宜的管理体制，有力的改革政策，灵活的竞争策略，在明港搞一个工业经济开发区是现实和可行的。近年来，大家都在讨论河南加工工业南移问题，沿海各大中城市由于缺乏能源和谋求发展高精尖产品，急于将其加工工业向内地转移，如前所述，为了今后和武汉建立牢固的经济联系，将加工工业转移至原材料丰富的明港比较合适，可将明港建成豫南地区重要的工业据点。

二

开发明港工业经济区，可以从工业、农业和商业三条线上展开。根据长期形成的经济联系与现状，工业区应以目前明港京广铁路以及107国道为轴心，向东西展开。整个工业经济区应包括淮河以北信阳县诸乡村和驻马店地区管辖的明港附近的李新店、双河和杨店。工业经济区协作半径应达到信阳市、正阳县、信阳县、新蔡县、息县、淮滨县、汝南县、确山县、桐柏县和泌阳县等十几个县市。

工业这条线，又可以分为重工业与轻工业两条支线，其中重工业为主要支线。明港现有重工业厂矿六家，即信阳钢铁厂、信阳铁合金厂、明港水泥厂、明港水泥制品厂、明港发电厂和列车发电厂。其中最后一家是为前一家配套迁来的。前四家 1984 年的工业总产值为 3219 万元，占明港地区工业总产值的 47.48%。这四家工厂按照现行体制划分，都属于冶金建材系统，但分别归属于省冶金建材厅、地区经委和县建材局管辖。如果能够冲破体制束缚，实行联合，统一规划，本地区冶金建材工业将会有长足的发展。信阳钢铁厂原设计一期产铁 24 万吨、钢 12 万吨、钢材 10 万吨，目前仅形成 12 万吨铁的生产能力。1984 年该厂产铁 10.6 万吨，实现工业总产值 2236 万元。该厂的铸造生铁，是省部优质产品，含硫磷等有害杂质极低，是铸造行业的优质材料，在国内外享有较高的声誉。信阳钢铁厂今后扩建的关键在矿源。如果继续在桐柏山开展地质勘探，或积极寻求外部矿源，条件具备了，应该促信钢扩建。目前，全国缺铁，随着经济建设的高涨，钢铁需求会更大。但是，河南省不能总是向外省提供耗能高、价格低、质量好的原材料，而应该进行深度延伸加工。就信钢而言，可以搞两个方案，一是上炼钢轧钢，搞线材或中小带钢；二是建立豫南铸造中心，把铸铁产品销往武汉、郑州，或者出口换汇。不论哪个方案，至少都可以把产值搞到 6000 万元，比目前只买生铁强。铁合金厂的产品是锰铁，主要供安阳钢铁厂炼钢用。1984 年产量 7190 吨，产值 593.17 万元。最近该厂已经报请冶金工业部批准，即将扩大高炉容积，计划搞到年产 6 万吨锰铁，产值 4950 万元，产品为上海宝钢配套。明港水泥厂，1984 年生产水泥 4 万吨，产值 240.8 万元，其原料一部分为钢铁厂和铁合金厂的副产品水渣。1984 年两厂产水渣约 10 万吨，由于本地水泥厂吃不了，大部分用汽车运到外地了。但是，由于运费高，外地水泥厂不欢迎，以致出现了全国高炉水渣紧俏，明港高炉水渣过剩的怪事。如果扩建钢铁厂和铁合金厂，必须考虑就地消化水渣，扩建水泥厂。当生铁产量达到 24 万吨、锰铁产量达到 6 万吨时，至少应有一个 70 万吨的水泥厂与之配套，水泥的工业产值就可以达到 4200 万元。水泥制品厂 1984 年的工业总产值为 149 万元，历史最高水平曾达到过 179 万元。此厂曾经为信钢制造过 800 毫米预应力管道，技术基础较好。如果利用本地产的水泥和淮河沙子，搞大批量的铁路轨枕或者民用预制板，将其产值搞到 500 万元是可能的。这样，只要安排组织得好,明港的冶金建材产品总产值就可以在不长的时间内,达到1.5亿元左右。

轻工业的发展离不开农业。明港的轻工业应以农副产品加工业为主向下发展。现有轻工业要利用所处地理位置的优势,加紧进行技术改造,扩大花色品种,提高产品质量,先占豫南小市场,再挤出武胜关,进入华中大市场。比如,可以利用桐柏山盛产黄牛的基础,引进和改良菜牛、山羊、绵羊,上清真食品罐头厂。也可以利用本地盛产芝麻、花生等资源,搞高级食用油销往武汉或者出口。还应上些水产品、果类、食品加工等加工行业。目前,这类加工行业各地都有一些,但质量好的不多,只要充分利用新技术新设备,加强管理,搞活经营,有计划地对本地区集中外调的农副产品进行加工,销路一打开,效益必定好。

作为工业经济开发区,思想应解放一点,向深圳特区学习,划出一块地盘,敞开武胜关门,欢迎外省外地向此迁厂,到此投资,强化豫南和外部的经济联系,刺激本区工业发展。本地区的农业应以经济作物为主。除了大量种植芝麻、花生外,水产业也应予以重视。本地区水库、河塘遍布,但水产业仍处于自产自足状态。要加强商品鱼基地的开发,多搞些水产供应本省及外地商场。

明港镇历来商贾云集,随着工业经济区的开发,商业上更要流通南北,连贯东西,经营筹划,大显身手。

特别是交通运输,要为工农商各业发展搭桥铺路。小火车通到泌阳县城后,泌阳的各类物资要到明港进出京广线。为了减轻信阳火车站和信(阳)潢(川)公路的压力,可以在明港分流,让息县、淮滨的货物从明港上下火车。运往两县的大宗货物以煤炭居多,从明港下站比从信阳下站减少38公里的铁路运费,增加15公里的公路运费,经济上也是可行的。明港车站正准备扩建。钢铁厂还有年进出货运能力50多万吨的准轨专运线,并留有扩建的余地。因此,明港站的承接能力是富裕的,本地各家还有各类运输车辆200多辆,运输潜力还是很大的。

三

为了适应经济区的开发,市政建设要统一规划、同步发展,其他行业和部门也应改革。中国银行、工商银行、建设银行和农业银行的明港办事处应该升格为支行。信息资源的开发应摆在前列，邮电业务应扩大，到泌阳及其附近各县的直达邮路应开通，电话系统要扩容改造。明港的文化教育有较好的基础，鉴于豫南至今没有财经管理、工业经济一类院校，应考虑在明港筹建一所大专院校，或者请外地的院校到此开办分校，开辟教学基地，以解决管理人才缺乏问题。至于用优惠条件从各地招纳人才更是必须之策。

小城镇的建设要注重整体发展规划。据了解，明港和其他小城镇一样，正在制定发展规划，只是由于现行体制的束缚，其规划只包括本镇所辖的乡镇工商业的发展和市政设施的改善等方面的内容。而明港的其他国营厂矿，也在制定自己的发展规划，又因为现在办工厂实际上是在办社会，所以各厂矿的规划实际上是各家都在制定各自的社会发展规划。至于从田野里刚刚解放出来的农民工商户，更是自作主张，圈地盖房，积极发展。可以设想，如果这种"多头规划、同步发展"的局面一旦形成，将会出现重复建设、布局混乱、生产区和生活区混杂、污染严重、效益低下的结局。这样的小城镇建设只能是越建越糟。

从全局着眼，小城镇建设（包括工业小城镇、商业小城镇、卫星小城镇等）应该有一个总体规划，这个总体规划要统筹本地区全局，协调各业发展。总体规划经省人民政府审批后，必须严格遵照实施，决不许各自为政，盲目发展。

四

要搞工业经济开发区，大量的资金从何而来呢？这里有四个办法，叫做"拿钱养鸡""留蛋生鸡""借钱养鸡"和"借鸡生蛋"。

所谓"拿钱养鸡"，即省里拿出些钱，投入经济区的开发项目。所谓"留蛋生鸡"，即像江苏省扶持发展冶金工业所采取的减免上缴税利的方法，给企业留下改造和扩建的资金。所谓"借钱养鸡"，即利用钢铁产品全国紧俏之际，和沿海各大中城市搞补偿贸易，集资办经济区。所谓"借鸡生蛋"，即请外地企业来办厂，人家出鸡，我们搭窝，生下蛋来，双方分成。

当然，搞个工业经济区并非是一年两年的事，钱也不需要马上凑齐，只要搞好规划，分步实施即可。这些设想实现了，明港地区的工业总产值可以搞到2亿元以上。应当说明一下，这是根据本地工业发展趋势预测的数据，是对现有厂家进行横向联合，将其产品深化加工后的期望值，而不是盲目追求高速度。

要搞一个工业经济开发区，由谁来牵头？从振兴豫南经济的大局出发，应在明港设立相当于县市级编制的明港工业区。这样，沿京广线就可望形成从许昌、漯河、驻马店、明港到信阳的工业走廊。从某种意义上讲，在这条工业走廊上建设一些小城镇，要比搞中心城市，人为地制造城市综合症好。就信阳地区而言，也可望在不远的时间内，形成以潢川为中心的农业经济区、以信阳为中心的文化教育旅游区和以明港为中心的工业经济区。

（本文由苏俊杰于 1985 年 6 月撰写，时任河南省计经委副主任赵硕阅后，即批示该委规划处及信阳地区计经委参阅。当年 9 月，在河南省社会科学院科研组织处编印的《调查与建议》第九期发表时，编辑改名为《关于开发明港工业经济区的调查与建议》，并提出因为作者不是省社科院人，为便于发表，加署了薛彬海、郭红军两位先生的名字，仅此感谢）

应当加强中观经济管理的研究

（1986 年 1 月 20 日）

一、经济体制改革中的应议之题

当前，我国国民经济正处在深刻的变革之中。几年来，特别是十二届三中全会通过《中共中央关于经济体制改革的决定》以来，党中央和国务院带领全国人民，经过反复实践、认识、实践，从微观搞活到宏观控制，从生产到商品，从流通到消费，在一系列问题上进行了大胆的尝试和探索，取得了可喜的成绩，促进了国民经济持续、稳定、协调发展。我们河南省和全国一样，经过几年改革和探索，发展环境也处于由紧张向宽松转变之中。

但是，当前经济发展也出现了一些问题。正如党中央最近指出的，主要问题是 1984 年四季度以来由于基建投资规模过大，造成一些新的不稳定因素，其实质的国民收入出现超额分配，社会总需求超过社会总供给。

造成这种问题的原因在哪里呢？是当初对问题估计不足吗？不是的。大家知道，我国的经济改革是在认真总结了国内外一系列经验教训的基础上逐步展开的。党中央从一开始就充分估计到改革的艰巨、复杂和风险，一再强调"慎重初战""摸着石头过河"。从前几年扩大企业自主权起，就反复要求微观上放开搞活，同时要注意宏观上管住管好，并采取了许多相应的方针、政策和措施。目前，为什么微观上还没有真正搞活，尤其是在许多大中型企业仍然缺乏活力的情况下，一些地方和企业却出现混乱现象，并导致宏观上失控呢？

笔者认为，问题在于中观调节不力，失去了必要的反馈和必要的控制。也就是说，经济改革全面铺开后，由于没有注意研究和加强中观经济管理，尤其是省际经济和城市经济的管理研究工作，造成了上述问题的发生。

经济体制改革是一场广泛而深刻的社会革命，是在中国这个解放了30多年的社会主义国家里，在960万平方公里国土上、由10亿人民参加的经济系统管理工程。由于历史的、现实的原因造成了我国各省区、城市和行业之间的差别，因而各地方、各行业、各单位改革的起点与重点应有所不同。在如此巨大规模之下进行经济管理与经济体制改革，只强调微观（企业）和宏观（国家）两个层面，而忽视中观（省际、城市、行业）这个重要的层次，在理论上就不够完善，在管理上就会留下漏洞，在实践中难免出问题。

以我们河南省为例，据统计，1984年年底全省人口为7646万人，相当于东德、罗马尼亚、匈牙利和南斯拉夫四国人口之和（四国人口7180万人），面积16.7万平方公里，相当于上述四国平均面积（四国平均面积为17.3万平方公里）。我们在这么一个大省内搞经济建设和体制改革，虽然也强调了加强宏观管理，但实际上是把国家的宏观与省际的中观混为一谈，不能因地制宜，发挥自己的积极作用，削弱了应有的管理职能。最近，中央领导同志视察我省时提出了中观管理问题，实在是抓住了问题的关键。因此，开展中观经济管理的讨论，是我省当前体制改革中应议之题。随着对这一问题认识的深化和研讨，将会有益于经济建设与经济改革的进展。

二、协调发展是中观经济管理的主要目的

中观经济管理是相对于宏观经济管理与微观经济管理而言的。其主要内容应包括对省际经济、城市经济、地县经济和行业经济等区域或部门的经济管理工作。大家知道，宏观经济管理即国民经济管理，是研究社会主义发展的客观规律，如何通过国民经济有机体和它的各个组成部分的功能，互相结合在一起发挥作用的过程和方式，研究国家组织和管理国家经济的一般规律。那么，中观经济管理，就应该是研究社会主义经济的局部运动客观规律，如何通过该部分国民经济有机体和它的各个组成部分的功能，互相结合在一起发挥作用的过程或方式，研究在国家宏观经济控制下协调和管理微观经济的一般规律。

由此看来，中观经济管理的作用是承上启下，目的是协调发展。承上，就是要承受宏观经济的管理，认真研究、消化和贯彻国家的大政方针；启下，就是要做好应有的管理工作，努力为微观创造好的服务环境。

　　我们现在实行横向联合，在创办和发展新型企业联合体、企业集团时，要注意吸收外国的有益经验。比如，以前我们总习惯于把托拉斯、辛迪加、康采恩、跨国公司等经济联合体和资本主义、帝国主义划等号。实际上，正如马克思分析的管理具有两重性一样，这些在资本主义工业大生产中形成的经济联合体同样具有两重性。我们应该对其组织与经营管理的经验教训加以考察分析，吸收其合理部分，为我们所用，随着体制改革与经济发展，逐渐建成一些具有中国特色的社会主义的托拉斯、辛迪加、康采恩等企业联合体与跨国公司来。

　　搞好综合平衡、加强行业管理和实现横向经济联合，三者不是孤立的，而是相辅相成、互为促进的，是中观经济管理的有机组成部分。其中，省际的综合平衡是龙头，行业管理是纵向的支柱，其手段以行政方式为主；经济联合体是横向的网络，其手段以经济方式为主；城市处于行业管理和经济联合的结合部，也要注意搞好综合平衡。从系统管理角度来讲，由综合平衡、行业管理和横向联合构成的经济机制作用，将大于三者之和。

　　这就是我们所期望的中观经济管理模式，有了它上可以承接宏观调控，下可激发企业活力，中可协调平衡，这样作就可以避免大的动荡与风险，促进经济的良性循环。

三、调整机构、划清职责和建立健全法律法规是搞好中观经济管理的重要保障

　　政企职责不清，政府部门包揽企业的权利，而放弃自己应做的监督管理工作，是我国旧经济体制的一大弊病。近年来虽然经过改革放权，但问题并没有得到切实解决。前一阶段企业下放到城市以后，由于认识上的模糊与习惯势力的影响，一些城市政府部门又把上级包揽的企业那部分权利包揽起来。企业反映说："婆婆放大嫂接，还是照旧卡企业！"一些企业下放之后，为什么摊派更多了？因为去了个远婆婆，来了个近大嫂，眼尖手快胃口大，企业惹不起，顶不住。

　　笔者认为，应从调查研究入手，加强理论探讨，配合经济改革步伐，切实划清政府职能、城市功能和企业权利等几类问题的界限，把企业应有的那部分权利归还企业，使之真正成为相对独立的经济实体。

对于政府职能，不仅要划清各级政府的职能，还要划清同级政府中各部门，尤其是综合部门与专业部门的职责和联系。综合部门要作综合平衡工作，不要包揽专业部门的事情，专业部门要发挥主动性，搞好行业管理，但是不能够脱离综合部门的指导与协调。划清职责、各司其职，又注意搞好协调，才能够提高机关工作的整体效率。

作为地方政府，在机构设置上，要与中央政府大体一致，否则职责不好划分，还会造成职能部门对上找不到合适的婆婆，或者婆婆过多穷于应付，使上下协调、加强管理成为一句空话。

同时，要制定必要的法律法规，用法律手段补充完善行政手段和经济手段，确保各级政府正常工作和经济机制有效运转，达到理顺经济的预期目的。

（本文于 1986 年 11 月被河南省人才研究所编入《河南省现代管理知识函授班优秀论文集》）

河南省长提出
用新思路发展钢铁工业

（1992 年 11 月 21 日）

河南冶金建材工业大中型企业多，基础条件和市场条件比较好，要认真学习十四大文件、贯彻十四大精神，抓住机遇，走在全省改革开放的前头，用新的思路发展钢铁工业，率先做出成效。这是河南省长李长春 11 月 9 日上午听取河南省冶金建材厅负责同志汇报工作时提出的。

李长春说，河南有 8700 万人，目前钢产量每年仅 200 万吨左右，与实际需求相差很大。安钢在省内算是大一点的企业，但是技术装备水平还不行，先进的东西不多。河南要下决心花更大力气，加快经济建设步伐，赶上或者超过全国平均发展水平。他强调，解放思想、转变观念仍然是摆在河南省各级干部面前的首要问题。要充分认识当前十四大召开以来，改革开放大环境带来的有利形势，克服那种"自己有多少钱办多少事，没钱不办事"的小农经济思想意识。改革开放 14 年的实践证明，凡是思想解放得早、旧传统观念转变得快的地方，经济建设就快。我们在 80 年代与先进地区拉开了差距，首要的是观念上的差距。冶金建材工业存在的一个大问题，就是"七五"时期上的规模比较小、举债投资少、后劲不足。全省经济要上新台阶、行业要发展、企业要改造，资金、技术、原料、市场等问题如何解决？要从改革开放中寻找出路。冶金建材工业要从引进资金、试行股份制和发展企业集团化找出路、求发展。

李长春说，引进资金，要实行行业招商。省冶金建材厅要组织以行业为龙头，到省外、境外、国外招商。企业发展不能再走减税让利的路子。安钢效益不错，继续发展，受场地交通等限制，要利用外资，跳出圈外，再建一个安钢。要争取列入第一批向社会积极发行股票试点企业。省里准备试办发行首批股票，安钢要力争挤上头班车。还要引导发展企业集团，以大企业为龙头，把中小企业带起来，合理配置资源和生产要素，加快经济发展步伐。

（本文发表于《冶金报》，1992 年 11 月 21 日头版头条）

环境保护　从我做起

（1993 年 10 月 21 日）

触目惊心的现实

全球气候变暖、自然资源破坏、珍稀生物灭绝，这在当今世界上不同的国家、不同的民族、不同的语言文字中，都是热门的话题。

中国南方的洪涝、北方的干旱、沿海的台风、西北的沙暴，在广播、电视和报刊上频频曝光。

坐火车由南向北，你会惊奇地发现：江河湖泊在淮河以南还是一个充盈的概念，在黄河两岸已是"犹抱琵琶半遮面"了。河南河北两省交界的漳河，春秋时期，西门豹为破除迷信在此将蛊惑人心的巫婆推入滚滚波涛；东汉末年，曹孟德在此精筑铜雀台；一句"揽二桥于东南乎"被诸葛孔明篡改利用，引发了孙刘结盟，导致了三国鼎立。如今，这里已经河干水断。

许多在矿区生长的孩子们，虽然会唱"蓝蓝的天空白云飘"的歌曲，会吟"白毛浮绿水，红掌拨清波"的诗句，会解释"满耳蝉言、静无人语"的意境，但是在大多数时间里他们却无缘相见蓝天白云红荷绿水，只能在灰濛的天空、污浊的水流、乱糟糟的气氛中学习生活。

20 世纪 70 年代末的一个夏季清晨，几位刚分得责任田的农民凑钱到外地买了 6 头牛，经过几天劳顿在中原某站将牛赶下火车，到一条快要断流的小河旁饮水。谁料不到半个时辰，5 头大犍子口吐白沫而死。事后证明，牛饮用的是上游某铁合金厂排放沉淀下来的煤气洗涤水，因为天旱无法稀释而含了大量剧毒！

80 年代中期，豫陕交界的小秦岭一带掀起了乱采滥挖金矿的狂潮。采金者使用土法炼金的落后工艺排放的污染物，竟然导致某山区方圆数里村庄内的女人们不能生育。只是在后来国家整顿了采金秩序、取缔了土法炼金之后，才结束了这场"挖了金子、没了孩子"的悲剧。

河南省境内近年来崛起的乡镇企业，40% 以上的产值来自冶金建材产品。登封、密县、荥阳、巩义一带的小水泥厂、小耐火厂、小煤窑星罗棋布，使广大农民逐渐走上致富之路的同时，也带来了严重的工业污染。难怪一些有识之士在报刊上撰文呼吁：目前国内乡镇企业分散化、乡土化，以及由此带来的农村生态环境的严重污染与破坏，小城镇化发展中的无序化等，是一种比城市人口膨胀、基础建设滞后而带来的"城市病"危害更大的"农村病"。著名的社会学家费孝通先生呼吁：在我们生存的这片热土上，中华民族文明已经繁衍了五千年；应该给子孙后代再留下五千年的生存空间与环境！

功在天下的伟业

环境与发展，引起了中国政府与人民的密切关注。1983 年，环境保护被确立为我国的基本国策。10 年来，20 世纪中国六大生态工程相继开工，有些已经取得了举世瞩目的成效。

（1）"三北"防护林工程：横跨东北、华北、西北 13 个省（区市）551 个县，总面积达 406.9 万平方公里，占国土面积的 42.4%，将历时 70 年，是当今世界上最大的生态工程。现有林面积（包括人工幼林）已增至 5.2 亿亩。

（2）平原农田防护林工程：计划"七五"期间 500 个、"八五"期间 700 个以上的平原县达到绿化标准。"九五"期间 918 个县全部达标。这项工程是全球最大的农田防护林工程。

（3）沿海防护林工程：世界上最长的沿海绿化工程，北起辽宁的鸭绿江口，南至广西的北仑河口。全长 1.8 万公里，计划到 2010 年造林 355 万公顷。

（4）长江防护林工程：计划用 30 年至 40 年的时间，增加森林面积 2000 万公顷。这是迄今世界上最大的河流绿化工程。

（5）国家造林项目：总投资 5 亿美元，其中由世界银行贷款 3 亿美元的发展速生林生产用材林的大型林业工程，将在我国东南半壁的 16 个省区营造高标准人工林近 100 万公顷。这是世界银行在全球贷款额最大的造林项目。

（6）治沙工程：1991 年国家批准了《1991 ～ 2000 年全国治沙工程工作规划要点》，计划用 10 年左右时间，治理沙漠化土地 666 万公顷。

可以肯定，随着这六大工程的逐步实施，我国的生态环境将会得到显著改善。

十几年来，冶金工业环境保护工作也取得了很大进展。且不说宝钢、首钢、洛阳耐火材料厂等多家企业被誉为花园式的工厂，诸多地方骨干企业和中小企业也投入大量的人力、物力、财力，在提高装备技术水平、治理污染源、综合利用资源等方面取得了可喜成绩。

太钢工人李双良，多年奋战挖掉渣山，变废为宝。安阳钢铁公司推出新工艺，将钢渣变为制造水泥和铺路的原料。信阳钢铁厂 20 世纪 70 年代中期仅有两座 100 立方米高炉，由于工艺落后，夏季经常与农业争水。80 年代以来注意搞节水节能技术改造，炼铁车间先后采用汽化冷却、软水密闭循环等新技术。尽管高炉已经扩大到三座 360 立方米，仍然是原来的供水系统，却再也不用与农业争水。仅高炉余热发电一项，就解决了该厂 30% 以上的供电。目前，河南省 15 座 100 立方米炼铁高炉有 11 座上了余热发电项目。全省冶金工业污染物排放合格率，到 1992 年年底已经达到 67%。

环保的法治与自治

目前，我国已颁布了《环境保护法》《水污染防治法》等 4 部法律及《野生动物保护法》等 8 部相关法律，国务院制定了 20 多部环保行政法规，国家环保局颁布了 260 多项环境标准，许多省市区还制定了地方性的环保法规。但是，有法不依、执法不严、违法不究的问题还相当严重。环境污染"局部有所控制，整体还在恶化"的前景令人担忧。因此，加强法制建设势在必行。

前几年流行一句口号，叫做"从我做起，从现在做起"。在环境与发展问题上，除了呼唤法治外，还需要你我他大家一起动手，治理周围环境，保持生态平衡。

如果你在政府部门工作，就应该在做好规划、合理布局上下功夫，积极引导企业严格执行国家的有关法律法规，采取有效措施限制和取缔一切污染严重、破坏生态的企业及产品。

如果你是企业负责人，就该本着对社会与后代负责的精神，自觉遵守环保法律法规，主动治理污染。而不应急功近利，鼠目寸光。

如果你在科研设计部门工作，就应该及时提醒用户，在开发矿山、基本建设与技术改造时，注意珍惜每一寸土地、每一点资源。

如果你是一名普通职工，也应该发扬社会主义主人翁精神，在自己的工作岗位上认真节约每一滴水、每一度电，严防每一个环节排放污染，并监督企业领导强化环保工作，关心职工身心健康。

"不信东风唤不回"。环境与发展、现实与长远、局部与全局，都与你我他紧密相连。只要我们大家统一认识，不断努力，蓝天白云、碧水净土、绿树红花和新鲜空气很快会在经济与社会发展的同时回到我们身边。

（本文发表于《冶金报》，1993 年 10 月 21 日）

喧闹的小高炉

——河南省沁阳市小铁厂调查

（1994 年 5 月 16 日）

　　5 月中旬，记者与河南省冶金建材厅和焦作市冶金局的负责同志一起，驱车赶到太行山下的沁阳市，见到一些工厂、村镇、田间站立着 8 立方米、10 立方米、15 立方米和 28 立方米的简易小高炉，争先恐后吐火冒烟。一些运煤炭、运矿石、运铁块的汽车、拖拉机往来如梭，喇叭声声，煞是热闹。

　　沁阳古称怀川，与山西省为邻，处于太行山冲积平原上，盛产四大怀药。汽车从晋城、高平一带运下来的煤炭，价格便宜。加上电力充裕、水源丰富，发展工业条件好。这里乡镇企业比较发达，皮革、造纸、玻璃钢和造纸机械为四大支柱产业，村村镇镇不乏能工巧匠。据同行的市经委干部称，这个有 40 万人的县级市，1993 年工农业总产值 46 亿元，其中乡镇企业总产值就达 36 亿元。

　　近年来由于炼铁盈利丰厚，不少地方纷纷上马小高炉，连市化肥厂、磷肥厂和水泥厂也建起了 28 立方米的小高炉。目前，全市小高炉据说不下百座，年产生铁 20 万吨以上。

　　该市西向镇有个 1500 人的虎村，去年就建起了四座 8~10 立方米的小高炉。在一家周姓厂长的高炉前，我们看到：8 立方米的小高炉采用的是管式热风炉，圆盘式铸铁机，所炼的铁都堆在炉前不远的地方，不分铁号，厂里也不设化验室。厂家说，这些铁按灰口铁（铸造铁）和白口铁（炼钢铁）两大类出售，灰口铁按 14 号铁计价，由用户拿去化验确定，市技术监督局也派人抽样检查过。小高炉吃含铁量 40% 左右的自熔性赤铁矿和山西白煤块（无烟煤）。铁矿石每吨进价 125~130 元，白煤每吨 180~190 元，生铁成本

900~1000元，售价在1400元。一座小高炉日产量8~10吨。据厂家介绍，建厂所占土地是租用当地农民的，厂方按季向农民包赔产量。去年建高炉投资50多万元，早赚回来了。这种小高炉生产的生铁，除本地机械工业消化一部分外，灰口铁大都卖到湖南、浙江、江苏一带作翻砂铸造用了，白口铁则卖给钢厂炼钢。

市钢铁厂有两座10立方米和一座30立方米的高炉，生产比较正规。使用的矿石经过烧结富集，也有从河北邯郸地区购进的烧结矿和球团矿，品位在67%左右。除使用白煤块外，也掺些焦炭。每座小高炉均有一架单链式铸铁机和热风炉，厂里有化验室，所产生铁按牌号堆放。厂家称，铸造生铁按合同发往上海一家缝纫机厂，售价高于其他小铁厂，但是比大中型高炉生产的生铁每吨便宜100元左右。该厂1993年产铁近2万吨，上缴利税95万元，工厂留利250万元左右。

边看边议论，我们一行参与调查的同志们形成了以下看法：

（1）市场需求是小高炉热的驱动器。沁阳市这次出现的小高炉热，不同于1958年的"大办钢铁"。其中最大的区别在于，前者依靠长官意志推动，这次是靠市场需求驱使。由于沁阳市具有价格低廉的煤炭、电力、水源、矿石和劳动力等有利条件，建小高炉盈利可观。河南省其他县市不具备此类条件，因而没有出现小高炉热。又由于不少小高炉依靠群众个人集资，效益好坏与其息息相关，因而比较注重管理，如聘用能人，使用简易热风炉和铸铁机等设备，选用较好的入炉矿石与燃料，以提高产量和质量。因此，不易简单地用"盲目发展"加以斥责。据测算河南省此类小高炉1993年产铁不足30万吨，仅为全省生铁产量的十分之一。从一定意义上讲，也起到了拾遗补缺的作用。

（2）加强对小高炉生产的质量监督刻不容缓。毋庸讳言，这些8立方米、10立方米的小高炉与大中型高炉生产的生铁质量相差甚远，即使合格铁质量也波动很大。加上一些小厂使用不正当竞争手段，难免使一些低劣产品流入社会。因此，冶金、机械、轻工等行业乃至全社会应采取有效措施，加强对小高炉生铁的质量监督管理。

（3）行业政策与行业管理要尽快适应市场经济的新形势。在调查中发现，以往的一些行业政策和管理方式，是计划经济的思路下产生的，越来越不适应市场经济的新形势。沁阳市钢铁厂反映：前年为了搞技术改造，到省冶金建材厅申请兴建一座 100 立方米高炉，厅里按照冶金部制定的行业政策，认为 100 立方米高炉属于小高炉，坚持不批准。该厂至今也还只有 30 立方米的高炉。厂长说，如果当时我们不找省里，硬着头皮建 100 立方米高炉，也许早建成早赚回来了。100 立方米高炉与 30 立方米高炉相比，总是个进步吧！目前那些 10 立方米、15 立方米的小高炉，找谁批了？不也挺红火嘛！看来，谁听行业的话谁吃亏！

　　下面一些同志说：现在有不少事，就像计划生育一样，有指标生下来的孩子不一定健壮，超生的野孩子满地乱跑，挺健壮的，你说怪不怪？从沁阳市小高炉生产中，再一次反映出一个如何按照社会主义市场经济的新思路，改善并加强行业政策与行业管理的问题。

（本文刊登在《冶金报》内参，1994 年 5 月 16 日）

国旗丹心相映红

（1994 年 11 月 8 日）

　　首都，11 月 1 日凌晨，飒飒秋风伴着微寒，月牙儿还在天上眨眼儿，天安门广场已是人潮涌动。

　　参加冶金部党建工作暨劳模表彰会的 500 多名代表，6 点刚过即从驻地赶到天安门广场，在国旗杆基座右侧站立，与数万名群众一起静候观看升旗仪式。

　　站在前排的鞍钢勇斗歹徒的女英雄白雪洁心情显得格外激动，主动上前和一位站岗的国旗班卫士合影。

　　大会特邀代表、全国劳动模范、曾荣获联合国全球 500 佳光荣称号的太钢老工人李双良，也是头一次到天安门广场观看升国旗仪式。他深情地说："今天往这里一站，才更能够体会到只有在党的领导下，中国人民才算从此站立起来了！"

　　6 点半一过，朝霞从东方渐起，长安街上车流消失了。天安门城楼正门洞开，由警卫战士和军乐队组成的威严方阵护卫着国旗，从金水桥上走下来，正步穿过长安街，来到广场，走向旗杆台基。

　　6 点 43 分，雄壮的国歌奏响。只见护旗卫士左手执着国旗下端，右手朝上有力一扬，巨大的国旗顷刻舒展开来，迎着朝阳冉冉上升。在场的军人们一齐面向国旗，举手敬礼。

　　全体劳模和观众们一起向国旗肃立致敬。50 岁的女劳模、包钢环保处高工、九三学社成员金刚，面对在场的中央电视台记者采访，兴奋地一遍又一遍地说："看着鲜艳的国旗升起来，我心里很激动。当年，新中国成立时，毛主席就是在这里升起了第一面五星红旗呀！"

　　国旗升起来了！冶金部直属工会主席姜荣和办公厅副主任赵裕祥受部委托,将一面"光荣的岗位,神圣的使命"的锦旗赠送给国旗班。升旗仪式结束了,许多劳模再三回首，想多看几眼飘扬的五星红旗、壮丽的天安门、庄严的人民英雄纪念碑。

来自安阳钢铁公司的全国冶金系统劳模雷凤林告诉记者：这次有幸进京开会，深深感到没有党的长期培养，就不会有自己的今天。这位调度室主任表示，要把这次大会精神原原本本地带回去，贯彻落实好。

（本文发表于《冶金报》，1994 年 11 月 8 日头版）

人才科技管理机制
——濮阳县耐火材料厂调查与建议

（1998 年 4 月）

濮阳县耐火材料厂是 1988 年依靠 11 万元资金起家的小型乡镇企业，1993 年以来，迅速发展成为耐火材料行业科研、生产、经营中的一支劲旅。目前已拥有资产 3500 多万元，18 个系列、100 多个不定型耐火材料配套产品，绝大多数是自行研发的。其中与洛阳耐火材料研究院联合开发的低水泥、超低水泥和无水泥系列浇注料，获得冶金部科技进步一等奖、国家科技进步二等奖；自行研制的高新技术产品 PN 钢包底吹氩透气砖和高耐磨出钢平台砖、滑轨均获得省冶金建材科技进步一等奖，并被国家科委列为 1997 年国家火炬计划项目（A 类）。仅透气砖一项，年产 4 万至 5 万只，产量占全国同类产品的 70%，从而为替代从奥地利、日本等国的进口做出了重要贡献。该厂产值已由建厂初期的几十万元增加到 1997 年的 4000 多万元，利税由几万元增加到 500 多万元。它被省科委命名为"高新技术产业"，被濮阳市政府授予 1997 年度"明星企业"。

耐火材料是河南省一大产业，其科研与生产在全国拥有无可争议的领先地位。但是近年来却出现行业萎缩局面，包括国有大型企业与科研院所在内的不少单位成果转化迟缓，产量下降，效益下滑，生产与发展存在许多困难。

笔者追踪观察濮阳县耐火材料厂多年，最近又深入到这家企业，与各类人员一起座谈分析，研究该厂兴旺发达的原因，发现其"法宝"是拥有一批难得的、国内拔尖的中高级科技人才，正确的高科技产品研制开发定位与灵活的企业管理机制。

人才难得

虽然该厂初创时期就与冶金部洛阳耐火材料研究院等实行了合作，但是由于没有自己的科技人员，生产经营人员不懂行，举步艰难。滑县某村党支部书记出身的厂长刘百春说："后来用户只剩下安阳钢铁厂与昆明钢铁厂两家了，关系也不牢靠。业务员回来说人家对产品有意见。究竟啥意见，他也说不清楚，别人也听不明白。没办法只好往洛阳、郑州跑。有时一星期跑几趟，碰上专家出差了，我只好住下来等。那时候，厂里厂外一摊子事，真难啊。我的头发就是那几年白的。"

1993年3月，刘百春的三弟、洛阳耐火材料研究院高级工程师刘百宽一家3口从美国归来。这位1982年毕业于武汉钢铁学院（现武汉科技大学），1990年国家经贸委、冶金部和洛耐院派遣赴美国，与美国河边耐火材料公司研究所从事合作研究，并成为美国陶瓷学会会员、美国耐材学会会员的青年专家，给困境之中的濮阳耐火材料厂带来了希望。1993年11月，刘百宽从洛耐院到濮耐厂出任技术经营厂长和总工程师。1994年4月，毕业于西安冶金建筑学院（现西安建筑科技大学）并获得工学硕士学位的史绪波从洛耐院来到濮耐厂出任经营厂长。1994年10月，毕业于武汉钢铁学院的高级工程师王哲从洛阳耐火材料厂来到濮耐厂出任销售厂长。1995年6月，毕业于武汉钢铁学院并获得工学硕士学位的贺中央从洛耐厂来到濮耐厂出任销售副厂长。1996年2月，毕业于武汉钢铁学院、时任湘潭钢铁公司耐材公司经理助理的高级工程师钟建一来到濮耐厂，出任生产副厂长。目前，该厂已经有中高级科技人员28人，几年来又通过委托培训、保送上学、吸收大中专毕业生等方式聚集了技术人员36人。60多名科技人员使这家238人的企业职工队伍素质发生了重大变化。尤其是近30位毕业于20世纪80年代、90年代的，受过高等教育、在国家科研单位与国有大型企业工作过的中高级科技人员的到来，为该厂的科技腾飞打下了坚实的人才基础。

该厂生产一线职工多数来自农村，有些来自黄河滩区。厂里除了加强培训外，还积极从外厂吸收熟练技术工人。鹤壁耐火材料厂破产后，濮耐厂就前去招收了一批烧窑工、电工和钳工。

过去，由于受旧观念影响，大学毕业生往往不愿意到乡镇企业工作。几年来，濮耐厂却因为人才云集而名声鹊起，成了不少大学生的向往之地。在今日的武汉科技大学耐火专业生分配中，就有"北到濮阳、南到南方"就业之说。后者是指位于江苏宜兴的南方耐火材料厂，前者即指濮阳县耐火材料厂。今年濮耐厂原来打算吸收1名该校毕业生，刘百宽回到母校看到生源条件好，表示要吸收 2 名，谁知还有一位同学坚决要来濮耐厂就业，校方也极力推荐，盛情难却，刘百宽又答应下来。就在笔者调查期间，一位范县籍的湖南大学计算机专业的应届毕业生，一天打几次电话，要求到濮耐厂工作。

科技兴厂

改革开放以来，冶金工业以宝钢建设为契机，引进了一大批国际先进设备与技术，积极消化、吸收、创新并广泛运用到国内，使我国的冶金技术装备整体水平大为提高，缩小了与世界先进国家的差距。被誉为高温窑炉工业"锅衬"的耐火材料，也随之发生了质的飞跃。几年来，濮阳县耐火材料厂始终瞄准耐火材料先进水平，把产品方向定位于研制开发替代进口的高技术、高附加值产品上，以此树立市场竞争的优势地位。

为了加大科技开发力度，该厂成立了高新技术开发研究所，由总工程师直接领导。研究所下设产品设计、产品研制、理化性质检测和市场调研 4 个机构，配置了完整的试验检测手段。

敢于对科研开发大投入是该厂的一大特点。1993 年，针对国内冶金企业对钢包底吹氩透气砖的迫切需求，该厂拨出 20 万元专项科研经费，进行此产品的开发研制。经过大量的实验和反复调整工艺，成功地研制出 PN（产标）型钢包底吹氩透气砖这一高科技产品。该产品先后在鞍山钢铁公司、天津钢管厂、江苏沙钢（张家港）等企业替代了进口产品，并随之推向全国80 多家钢铁企业，占领了全国 90% 的用户、70% 的同类产品市场。据称，有的钢厂强调同类产品必须选择至少两个厂家，以利于其在竞争中取利，否则濮耐厂的产品份额还要大些。

濮耐厂领导人认为，没有大的科技投入，就得不到大的科技产出。今年，他们将投资 200 多万元新增一批试验检测设备，用以充实到厂科研所，提高科研开发和产品生产、检测水平，保证产品开发一代、生产一代、储存一代，使该厂的技术水平始终处在耐火材料行业的前沿，确保企业在市场竞争中处于不败之地。

注重对外交流合作、及时掌握最新信息，是该厂科技工作中的又一大特点。为了使技术水平始终处于国内外先进行列，该厂先后与国内外一批科研院所、著名厂商建立了横向合作关系。

1996 年与 1997 年，他们分别在海南及美国新奥尔良参加了国际耐材学术会议，并宣读了论文。1997 年还成功地承办了全国不定型耐火材料学术会议。平时更是积极地参加国内外有关耐火材料及炼钢、连铸、轧钢等方面的学术研讨、技术交流活动，为了解本行业技术进步情况与发展趋势，为研究开发新产品，并迅速占领国内外市场找到了方向。

机 制 生 财

笔者在调研中发现，这家乡镇企业的主要科研生产骨干，几乎全部来自国有大型企业和省部级科研院所。他们反映：这里的规章制度，没有原单位的齐全，但是定了的能够执行；这里的一线工人素质没有国有企业的高，但科技人员、管理人员的素质不低于国有单位，尤其是技术软件过硬、诀窍多；特别是机制灵活、效率高，给企业带来了滚滚财源。

科研生产机制灵活：科技人员普遍觉得这里的科研环境宽松，科技人员有什么新的构思，经过大家议论，厂里积极支持。只要是市场需求的产品，想办法迅速研制、开发生产。需要扩大生产规模的，多方筹措资金。1997 年，他们看到不定型耐火材料两种产品市场俏销，钢包底吹氩透气砖供不应求，就投资 1000 多万元，新建两条新生产线，扩建原透气砖生产线。其中一条年产 3 万吨的不定型耐火材料生产线 4 月初动议，包括征地、建设厂房、购买及安装设备等，到 9 月 9 日建成试生产。当年该厂工业产值增加 2000 万元。去年年底，首钢提出钢包底吹氩透气砖能否加上高温烧成工艺，以提高使用寿命，而该厂偏偏没有高温窑。他们先后将此产品送洛阳和开封外委加工，但不理想，于是提出自己上一条高温窑。这个春节前议定的事，到 4 月中旬窑炉已经基本建成。首钢开始不相信，派人到现场一看，服了，当即决定继续订购该厂产品。一位在南方某大钢厂工作过的科技人员说，在原单位，5 万元以上的科技投入都需要由下至上层层报批，等从省里到公司再到下边层层批下来之后，用户早走了。

用工制度灵活：这里也和许多乡镇企业一样，人员能进能出，干多干少报酬不同。据调查，该厂采用了基本工资加计件奖金的方式。目前生产工人月平均工资 400 多元，其中干得好的骨干工人可以拿到 600 元甚至 700 元，相差 200 多元。厂里一般能做到当月工资当月发放，资金特别紧张时，也曾经推迟一个星期发放。厂里的科技人员、管理人员基本上没有星期天，有事可以请假或者自动每月休息4天，其余时间不是在厂里就是到全国跑业务。一位1991年大学毕业、去年初到厂里工作的工程师告诉笔者，他目前的月收入是原来所在国有企业的3倍。

经营机制灵活：该厂是个供应、销售两头在外的企业，灵活主动的经营机制尤其必要。由于包括冶金、建材、有色金属、化工和陶瓷等高温窑炉工业科技进步速度加快，与之相配套的耐材工业高新技术、高附加值产品进步与竞争也日益加剧。该厂的产品种类与品种逐年增多，同一产品往往是一厂一个尺寸，甚至几个尺寸，供应与销售难度也越来越大。为了进一步适应上海、江苏、浙江一带用户需求，厂长刘百春前不久带队南下，发现汽车运输产品不合算，用火车运输又没有那么大的批量，就决定在苏州设库分销，以确保每年近万吨不定型耐火材料在华东地区的市场份额。

在宽松的科研机制、灵活的经营机制中强化质量管理，靠过硬的产品质量促进经济效益。该厂为了树立自己的名牌产品，使对外销售工作后墙不倒，在全厂范围内逐步建立了完善的管理机构，并制定了严格的规章制度。厂供应部门时刻处于临战状态，并根据实际情况建立了合理的原料供应周期与资金使用量。销售部门将供货合同缩短到一个月（一些国有大中型企业，往往最快也需要两个月）。生产部门为了解决临时停电较多的问题，先后购进了3台总功率224千瓦的自备发电机。技术厂长刘百宽主抓质量管理，下设专职质检员，承担原料进厂、生产、出厂验收等环节的检测、监督工作。

该厂坚持"宁可厂内损失一万，决不让信誉损失一分"的原则，在各车间、各生产工序建立了严格的生产责任制和工业规程，实现质量工作规范化。在全厂经常开展质量竞赛活动，并设立了"质量奖""合理化建议奖"，通过树立典型，调动了全员主人翁意识，增强了他们质量就是企业生命的危机感。

在对外销售上，由分管副厂长带队，让科技人员、高级工程师、工程师等精兵强将常年与用户对外打交道，反馈信息，构思新产品开发的新思路。

今年该厂正积极开展ISO 9002质量体系认证工作，争取年内通过认证，为产品开拓国际市场拿到通行证。该厂的目标是，力争到2000年，有30%的产品走向国际市场，产值上亿元，建成集科研开发、生产经营为一体的，产品性能居国内领先并赶超世界先进水平的现代化企业。

几点思考与建议

笔者长期在冶金系统工作，这次到濮阳县耐火材料厂在与各类人士广泛接触中，逐渐产生了几点思考与建议：

（1）青年科技人员要敢于在市场经济的大潮中搏击风浪，建功立业。青年知识分子，尤其是青年科技人员，保守思想少，创业精神强，身体好，精力旺盛，但又往往容易对现状不满。濮阳县耐火材料厂一群生气勃勃的青年科技人员奋斗几年，开创了新局面。如果说至今尚有人对于青年科技人员领办乡镇企业或者其他小型企业能否成功还持有疑虑的话，该厂的发展壮大可以作为一个例子答疑。目前，随着国家机关和国有科技单位改革深入，机构精简、人员下岗分流，将会有一批青年科技人员面临新的选择。让他们到濮阳县耐火材料厂这样的企业看看、听听，肯定会有启发与帮助。

（2）国有企事业单位要总结经验，认真研究一下"孔雀东南飞，人才留不住"的问题。笔者在调研中惊奇地发现，濮阳县耐火材料厂的这些原在国有企业和国有科研院所工作的中高级青年科技人员，大都是在各自特殊的条件下辞退了公职的。有的单位至今还扣着他们本人的档案不放。一位工学硕士的爱人告诉笔者，在原单位长期解决不了住房问题，加上其他一些原因，使他们对工作和生活都有所不满。恰好濮耐厂动员他们去工作，这位已经在分厂属于技术骨干的工学硕士把请调报告送到总厂厂长面前。那位 20 世纪 60 年代毕业于武汉钢铁学院的厂长正忙于别的事，当时就对 80 年代毕业的小校友说：要走可以，把媳妇带走。结果，工学硕士带着自己毕业于另一所大学的媳妇一同辞职，投奔了濮阳县耐火材料厂。濮耐厂很快在濮阳市区为他购买了一套近 100 平方米的住房，又任命他为销售副厂长，媳妇为厂化验室主任。时至今日，那位女同志还不无感慨地说，如果当初某厂长挽留一下，也许我们如今还在原厂工作。一位去年从湖南衡阳一家国有企业来濮耐厂的青年工程师说，国有企业设备、人才比乡镇企业有优势，但是历史包袱重、传统观念多。我们 90 年代初从学校毕业分配去后很想好好干。干几年后发现干好干坏没有什么差别，只要不出错就照样发工资，积极性调动不起来。我原想到南方下海，但专业比较窄，又和濮耐厂几个青年认识，就从原厂辞职过来了。在濮耐工作，到外边跑的多一点，可是心里痛快。这位初到厂时被告知住房问题一年后解决的工程师，上午从厂里拿到了一张 8 万元的支票，挑了一套 86 平方米三室两厅的住房。爱人和他一块辞职，也到了濮耐厂。

应该说，国有单位多年来在计划经济体制下积淀了不少困难和问题，旧的传统观念在一些干部中影响也大。这些单位的领导同志面对这样那样的矛盾，确实难以摆平，更难以突破。但是，在当前新形势下，如何运用新思路、采取新措施，既能够大胆放手，让青年科技人才脱颖而出，为搞活国有企业作贡献，又能够在生活上、待遇上进一步打破平均主义大锅饭，让多劳者理直气壮地多得，先富起来，应该成为国有企业决策者积极思考的问题。昔日孔雀东南飞，人才流失，事出有因，而今防范须有良策。

（3）乡镇企业应抓住机遇，重整河山，再造辉煌。河南省有一批以生产耐火材料为主导产品的乡镇企业，曾经在乡镇企业辉煌创业史上留下过不少光彩篇章。近年来，随着耐火材料产品生产过剩，市场竞争日趋激烈，不少企业陷于"山重水复疑无路"的困境。据说有的厂区长满了青草，可以放牧了。笔者认为，和濮阳县耐火材料厂相比，这些企业缺乏的是市场上有竞争力的产品，深层次的原因是未能及时吸引培育一支过硬的科技与管理队伍。有的乡镇企业前几年规模发展后，为了尽快摆脱乡土味，过分向国有企业的负面看齐，学到了他们在计划经济体制下形成的官架子、正统化，而不是像濮阳县耐火材料厂那样，既注重发挥乡镇企业机制灵活的优点，又注意吸收国有企业技术与管理的先进经验，把两者有机地结合起来，取长补短。目前，乡镇企业和国有企业一样要走改革开放、体制创新的路子，要实现两个根本性转变。江苏华西村是乡镇企业十分发达的地方，前不久华西村书记吴仁宝通过各种媒体，公开招聘国家机关和国有企业科技与管理干部到华西村施展才华。濮阳县耐火材料厂的经验与华西村的措施，对于我省乡镇企业应是一个有益的启示。

（4）党政机关要为青年科技人员走出国家机关和国有企事业单位领办小型企业、乡镇企业保驾护航。笔者了解到像濮阳县耐火材料厂的这些青年科技人员，尽管自己的专业水平已经属于国内同行业拔尖水平，包装一下在国际上也可以初试锋芒，但是在某些方面还处于"被遗忘的角落"。这个厂的党组织关系挂靠在濮阳县城关镇街道办事处，工会组织还没有建立。经营厂长刘百宽是党员、高级工程师，但是其人事档案至今在洛阳市人才交流中心。对于他从美国归来，辞职领办乡镇企业，当年曾引起争议，至今也评价不一。还有的中高级科技人员，档案至今被原单位扣着。按照党的十五大精神，乡镇企业属于集体企业，是社会主义公有制的有机组成部分。那些自愿到乡镇企业工作的青年科技人员，不但不能够视为"异己"，还应该充分予以肯定和鼓励。成绩突出者，更应当给予大张旗鼓的表彰，进一步在政治上、政策上鼓励、舆论上赞扬，促其在乡镇企业领域有更大发展，为经济发展做出新贡献。

（本调研报告曾被河南省人民政府张以祥副省长批示予以肯定。1998年5月，《濮阳日报》记者到濮耐厂采访，发现笔者交付该厂《人才科技管理机制》的调研报告第一稿，即拿回报社，在《濮阳日报》1998年5月19日，以头版头题转四版的方式，全文予以刊登，署名苏俊杰、马玉敏。该报在《编者按》中强调：我们认为，该厂的经验不仅可资我市乡镇企业借鉴，而且对于如何振兴我市国有企业也会有所启示。同时，文中"几点思考与建议"也应引起企业界及政府有关部门的关注）

一批骨干钢铁企业陷入困境
河南省钢铁工业萎缩趋势加剧

（1999 年 9 月 13 日）

今年以来，虽然国家对钢铁生产实行总量控制，但收效不大。国内钢材生产增长过快，进口钢材增加过多，钢材销售价格降幅过大，钢铁企业生产经营困难加剧。

河南省钢铁企业主要以地方企业为主，产品又以普通建筑钢材为主，市场竞争能力明显不如全国和邻省，今年前 7 个月除安阳钢铁集团公司以外，一批中型骨干企业已经出现停产半停产状况。目前尚维持生产的企业，尽管其技术装备水平目前还不在国家明令淘汰或者禁止生产的范围内，但如果不采取积极有效措施，帮助其尽快脱困，势必迫使其继续在今后激烈的市场竞争中处于劣势，出现新的停产倒闭。这样，依靠地方各级财政支撑形成的我省钢铁工业国有资产会造成更大的损失，大量职工下岗后又会增加新的社会不稳定因素。

一、河南省钢铁工业生产增幅明显低于全国和邻省，一些骨干钢铁企业处于停产半停产状况

据国家冶金局统计：今年前 7 个月全国钢、生铁和钢材产量增幅分别为 7.20%、6.10% 和 15.80%。全国地方钢铁企业上述三项指标增幅分别为 10.95%、7.41% 和 23.60%。我省钢、生铁和钢材产量分别为 215.2 万吨、239 万吨和 218 万吨，分别增长 1.31%、12.3% 和 14.53%，其中国有企业分别增长 2.72%、11.15% 和 4.45%。而同期河北省钢、生铁和钢材产量分别为 715.5 万吨、799.4 万吨和 604 万吨，分别增长 17.47%、13.66% 和 19.18%；山

东省产量为 326.63 万吨、374.1 万吨和 348.6 万吨，分别增长 6.00%、3.35%和 31.45%；江苏省产量为 363 万吨、173.4 万吨和 626.3 万吨，分别增长 22.66%、8.26% 和 24.17%。我省安钢产量为 140 万吨、139 万吨和 120 万吨，占全省产量的 65.94%、69.5% 和 67.62%，分别增长 1.79%、6.93% 和 4.52%。郑州钢铁厂、郑州一钢、河南光大钢管厂（孟州钢管厂）已经停产；焦作市钢厂的钢与钢材产量下降 51.54% 和 10.11%，新乡钢管厂钢材产量下降 44.64%，云阳钢铁厂生铁产量下降 97.78%。

二、钢铁工业经济效益大幅度下滑，利润下降，亏损上升，少数中型骨干企业亏损额占了大头

全省 49 家地方预算内国有冶金企业前 7 个月实现销售收入 41.77 亿元，比上年同期下降 8.23%；实现利润 3151 万元，同比下降 53.59%。其中：安钢实现销售收入 28.16 亿元（占全省冶金企业的 67.40%），同比下降 4.24%；实现利润 9118 万元（为全省冶金企业的 289.3%），同比下降 16.49%。洛钢、郑州一钢、郑州钢铁厂、新乡钢管厂、焦作钢厂、光大钢管厂、林州钢铁厂、云阳钢铁厂和信阳铁合金厂 9 家中型企业前 7 个月实现销售收入 5.71 亿元，同比下降 36.20%；累计亏损 4953 万元（焦作钢厂利润 31 万元），占全省冶金亏损企业亏损额的 72.9%，同比上升 84.33%。

河南省钢铁工业在激烈的市场竞争中处于被动局面，除了全国同行业共性原因之外，也有自身不可忽视的原因：一是近年来总投入不够，科技进步慢，行业整体技术装备水平低。当前，我省钢铁工业设备大都在产业政策的下限。安钢近 20 年累计投入改造资金 38 亿元，邯钢近 10 年投入 70 亿元。安钢高炉主体为 300 立方米和 120 立方米，炼钢的电炉为 10 吨、转炉为 15 吨。新建的 100 吨超高功率电炉今年年底才能投产见效。已经建成的 2.8 米中板轧机需要再投入才能生产出优质板材。我省至今还没有一条高速线材轧机。90 年代初与安钢的规模和装备水平不相上下的邯钢，目前已经拥有 1200 立方米高炉、100 吨转炉、高速线材轧机，并在建设 2000 立方米高炉和近终形薄板坯连铸连轧等大型设备及先进工艺。邯钢兼并舞钢后，以 14.7 亿元的低成本获得了包括具有国际先进水平的 90 吨超高功率电炉及精炼炉、大型板坯连铸机在内的 50 万吨特钢生产能力。邯钢集团的目标为 500 万吨钢综

合能力，安钢为 300 万吨钢综合能力。二是资产重组、股票上市等筹资途径失去了机遇。原冶金部曾经多次表示：愿意将舞钢的债务处理以后，交给我省安钢管理。可惜我们怕包袱大，背不了，没有同意。邯钢于 1997 年 9 月份兼并舞钢后，迅速将其扭亏为盈，使其成为新的经济增长点。邯钢又及时将股票上市，筹集了 26 亿元资金进行新一轮的技术改造。而安钢的股票却没有能够及时上市，失去了筹资与改造的良机。三是安钢以外的中小企业布点分散、规模偏小，行业调控缺乏手段，企业筹资能力不强，技术改造难度更大。

今年国家对钢铁工业采取限产保价的方针，河南省一批钢铁企业停产半停产，从全国看，未必不是好事。但是我省钢材产量仅占全国的 3.05%，即便是全部关停，也改变不了市场上供大于求的趋势，这是其一。其二，我省作为拥有 9000 万人口的中部大省，目前钢材产量仅为河北省的 36.1%、江苏省的 35.86%、北京市的 56.32% 和山东省的 62.5%，从区域经济上看，显然不能说多了。而邻省所以能在国家限产的大气候下，实现钢铁生产快速发展，主要原因是其在前几年进行的大规模、高水平技术改造项目建成投产后产生了效益，提高了竞争能力。其三，我省钢材产量低于本省消费量，历来无大的积压。况且我省以生产建筑用材为主，在国内市场上也属于畅销产品，有相当一批钢材销往了华东、中南和西北各地。所以，尽快帮助大中型钢铁骨干企业摆脱困境，发挥全省钢铁工业已有 70 亿元净值的国有资产保值增值能力，避免其再产生不必要的损失，乃是制止我省钢铁工业萎缩趋势，促其在 21 世纪有新的更大的发展的当务之急。为此，建议省委省政府采取以下措施：

（1）坚定不移地抓好安钢。安钢的钢、铁和钢材产量近年来均占全省的三分之二，河南钢铁工业的生存与发展，主要依靠安钢。目前安钢集团钢铁产品结构调整规划已通过论证，经政府审批后应加快实施。规划中的一个大问题是筹措资金。安钢近两年的利润不足 2 亿元，年设备折旧基金也不足 4 亿元，而规划方案总投资估算为 67.4 亿元，其中在 2000 年前要完成的一期工程估算为 21.1 亿元。建设资金主要靠企业自筹，不足部分需要通过银行贷款、股票融资等多渠道筹集解决。因此，政府有关部门要协调金融部门，帮助安钢尽快筹足建设资金，督促其加快技改、调整产品结构。

（2）加快中型骨干企业脱困步伐。洛钢、焦钢、云钢和林钢等 9 家企业，已有 3 家停产；其余 6 家，装备水平不属于目前明令淘汰禁止的范围，有几家还安装了余热发电设备，或建有矿渣水泥厂，若被迫关停我省将蒙受不小损失。据统计，这 9 家总资产 28.31 亿元，占全省地方国有冶金企业总资产的 19.67%。资产负债率 74.34%。在职职工 11736 人，占全省冶金企业的 15.57%；职工人均净资产 3.19 万元（全省冶金企业人均净资产 4.85 万元，其中安钢 12.18 万元）。今年前 7 个月销售收入 5.17 亿元，占全省冶金企业的 13.67%，正常年份则占 20% 左右。为加快这几家尤其是仍然在维持生产的 6 家骨干企业脱困步伐，一是应加大企业内部改革力度，实行减员增效。二是给企业注一定资本金，实行增资减负。这 6 家骨干企业近年来进行的技术改造项目，全部由企业自筹资金，形成的固定资产是国有的。如果能够对其中工艺合理、产品有销路的项目增拨一部分资本金，或者实行债权变股权，就能够减轻企业债务负担。三是剥离企业办社会负担。这些骨干企业，多年来自办社会，拥有自己的中小学校、技工学校和医院。企业反映每年的教育附加费要如数上缴，还得自出经费自己办学，这种双重负担实在背不下去了。为了使其在市场上与其他类型企业公平竞争，应考虑尽快剥离企业，尤其是国有大中型企业办社会的不合理负担，将学校和医院交社会去办。作为现实情况，可以由企业的所有者（政府）同意批准，将企业的学校和医院目前使用的房地产、设备和人员从企业剥离出来，一并移交给企业所在地政府管理。四是选准好的项目或产品，实行转产，寻找新的生存与发展门路。

（3）加强政府宏观调控与行业指导功能。我省的一些大中型钢铁企业原属于省级管理，80 年代初下放地市后，由于行业的特殊性与企业的单一性，多年来宏观调控不力，行业指导效果不佳，出现了低水平重复建设等问题。当前要制止行业萎缩，帮助企业脱困，政府宏观调控与行业指导的重要性与必要性应再次提到议事日程上来。由省政府责成省经贸委、省冶金建材厅等职能部门，像原冶金部与邯钢集团抓亏损企业那样，一户一户抓扭亏增盈，一户一户抓调整，促进我省钢铁工业在这次结构调整中，抓住机遇，抓出成效，提高新的生存与发展能力。

（本文为苏俊杰起草、以省冶金建材厅办公室名义上报省政府办公厅的调研报告，在河南省人民政府办公厅 1999 年 9 月 13 日《政务要闻》166 期上专题刊出）

关于加快河南省钢铁工业结构调整问题的报告

（2000 年 9 月 1 日）

根据李克强省长 8 月 23 日在省政府办公厅《政务要闻》135 期上刊登的省冶金办报送《今年我省钢铁工业出现负增长》信息的批示和省经贸委领导同志的要求，现将我省钢铁工业现状、问题及加快结构调整、推动钢铁工业发展的建议报告如下。

一、近年来我省钢铁工业相对萎缩趋势加剧

据国家冶金局资料显示，1999 年元月至 7 月份，全国钢和钢材产量增幅分别为 7.2% 和 15.80%；我省增幅分别为 1.34% 和 14.53%，分别低于全国 5.86 个百分点和 1.72 个百分点。其中钢材增幅与邻省相比，比河北省低 3.38 个百分点，比山东省低 16.92 个百分点，比江苏省低 9.64 个百分点。

2000 年元月至 7 月份，全国钢和钢材产量增幅为 3.5% 和 9.85%，我省钢和钢材产量为 205 万吨和 213 万吨，与去年同期相比增幅为 -4.89% 和 -2.94%。同期河北省钢材产量 702 万吨，增幅为 18.12%；山东省钢材产量 387 万吨，增幅为 10.46%；江苏省钢材产量 721 万吨，增幅为 14.32%。

应当说明的是，今年国家实行总量控制、淘汰落后，将钢产量指标向各省、各重点企业分解，所采取措施十分严厉。我省今年限产指标为 320 万吨，比去年实际产量减少 72 万吨，下降 18.36%，难度很大。有的企业可能存在钢产量瞒报现象，但是外省企业就未必不存在瞒报钢产量问题。况且钢材不属于限产范围，国家冶金局的数据是从国家统计局来的，应该大体可信。尤其反映出我省钢材生产近两年来均低于全国平均增幅，产量与增幅更低于邻省，在激烈的市场竞争中呈现出行业相对萎缩趋势，应是不争的事实。预计

在今后一段时间内，这种趋势只可能加剧，很难得到遏制。

二、我省钢铁工业呈现萎缩趋势，原因复杂

与全国及邻省相比，一是总投入不够，科技进步慢，行业整体技术装备水平低。改革开放20年来，全国钢铁工业飞速发展，钢产量由改革前的3000万吨发展到1998年的1.1亿吨，跃居世界首位。我省钢铁工业也有很大发展，钢产量由54.2万吨发展到346万吨。同期，河北、山东、江苏和广东等兄弟省份钢铁工业发展更快，发展思路各具特色，行业整体装备技术水平和企业素质均有很大提高。江苏、广东主要依靠引进外资、发展乡镇企业与合资企业，实现了钢铁工业规模扩张和主导产品品质提升。江苏的沙钢，改革前只是一个乡办的小手工作坊，目前已成为年产百万吨钢的大型企业集团。兴澄钢铁集团，十几年前还是个年产几万吨的江阴市县级小厂，由于和小荣老板（荣智键）合作，引进外资，在长江边投资16亿元新建了包括100吨电炉、精炼炉和连铸连轧工艺先进、产品附加值高的50万吨特钢生产线。近期还准备再上50万吨特钢能力，使全公司规模达到150万吨，产品主要用于出口或者替代进口。广东省历史上由于缺煤缺矿，钢铁工业发展迟缓。90年代以后，先后在三水市兴办了年产20万吨镀锌板的合资企业南方钢厂；投资60亿元兴建了年产100万吨薄板坯热轧钢板的合资企业珠江钢厂，其二期投资15亿元的100万吨冷轧薄钢板生产线已经开工，加上原来的韶关钢铁公司和广州钢厂，广东省目前产钢能力已在450万吨左右。河北和山东主要在"八五""九五"期间抓了预算内国有钢铁企业大规模的技术改造，使邯钢、唐钢、石家庄钢厂、邢台钢厂、济南钢铁公司、莱芜钢铁公司和青岛钢铁公司等企业在规模、装备水平、产品质量等方面有了很大改善与提高。而我省在这期间没有很好地扬长避短、发挥优势，乡镇钢铁企业没有形成气候，引进资金没有大动作，预算内钢铁企业没有及时进行规模扩张和高新技术改造，当前我省钢铁工业生产设备大都在国家产业政策的下限。到1998年年底，安钢20年来主要依靠挖潜改造、滚动发展，累计上缴省财政50亿元，为全省经济建设做出了巨大贡献。其形成的规模和对省里的贡献，超过全国同类地方钢铁企业的江苏南京钢铁公司和广东韶关钢铁公司等兄弟企业。但是扩大再生产投入不足，20年累计投入改造资金38亿元。

邯钢进入 90 年代后 10 年投入改造资金 80 亿元。目前，钢、钢材和生铁产量占全省三分之二的安钢，炼铁的高炉主体为 300 立方米和 120 立方米，炼钢的电炉为 10 吨，转炉为 15 吨。新建的 100 吨超高功率电炉及连铸工程 1999 年年底投产后，短期内还难见成效，其后续项目 2.8 米中板轧钢机，需再投入才能产出优质板材，使 100 吨电炉工程系统真正发挥效益。安钢新建的高速线材轧机到明年才能建成投产，拟新上的 100 吨转炉和炉卷轧机至今没有获得国家正式批准。邯钢到 90 年代初还与安钢规模和装备水平不相上下，目前已拥有 1200 立方米高炉、100 吨转炉、高速线材轧机，并建设了 2000 立方米高炉和号称世界上第三台、国内首家的近终形薄板坯连铸连轧机，据说其薄板生产成本将比宝钢同类产品每吨低 200 元，市场竞争能力很强。

二是企业资产重组、股票上市筹资失去了机遇。早在 1988 年，省政府领导就要求全省组建钢铁企业集团。1992 年，省政府领导又强调用引进资金、引进技术、集团化的方式加快发展钢铁工业。安钢集团到 1995 年底才组建起来，目前集团内也只有原安钢和信钢两家省属企业。

90 年代中期，原冶金部曾多次表示：愿意将舞钢的债务处理以后，交给我省安钢管理。可惜我们怕包袱大，背不了，没有同意。邯钢于 1997 年 9 月份兼并舞钢后，借助国家兼并政策，以 14.7 亿元的低成本获得了包括具有国际水平的 90 吨超高功率电炉及精炼炉和大型板坯连铸机在内的 50 万吨特钢生产能力后，又运用邯钢管理机制，迅速将其扭亏为盈，使其成为新的经济增长点。邯钢还及时将股票上市，筹集了 26 亿元资金进行本厂新一轮技术改造。今年上半年，邯钢又利用国家债转股的机会，将负担的原舞钢 11.96 亿元的债务转成了金融公司的股本。安钢的股票，由于种种原因，至今还没有上市，失去了筹资与改造的良机。

目前，邯钢集团发展目标为 500 万吨钢综合生产能力，安钢目标为 300 万吨钢综合生产能力。有关资料显示，邯钢 1998 年的总资产为 183 亿元，其净资产从 1978 年的 2.5 亿元发展到 1998 年的 64 亿元。安钢的总资产 79 亿元，其净资产由 1978 年的 2.2 亿元发展到 1998 年的 28 亿元。

三是安钢以外中小企业布点分散，1984 年企业下放地市后，分割了钢铁工业合理的工艺流程与发展环境，企业各自为政，管理集中度小，行业调控手段缺乏。虽然地市和企业也想方设法筹集资金，扩大再生产，终因规模小、资金少而使技术改造难成气候。目前主要装备工艺基本上处于国内淘汰落后的范围。按照国家冶金局拟定的名单，到 2005 年这些中小企业已基本上不能再合法生产钢铁产品。有关市县及部门应尽早采取对策，引导企业走出困境，或者转产关闭，或者破产清算。

三、对我省钢铁工业结构调整的建议

我省钢铁工业出现萎缩问题，由来已久。省委省政府对此早有察觉，也多次指示要加快钢铁工业发展步伐。早在 1992 年 11 月 5 日，李长春省长召集省冶金建材厅厅长徐明阳等同志，强调提出：用新的思路，发展钢铁工业。安钢要解放思想、转变观念、抓住机遇、加快发展。并明确指出：鉴于安钢在殷墟保护区内，发展余地小，要利用外资，跳出圈外，再造一个安钢。可以在新乡、郑州或京九铁路枢纽商丘市另建新厂，搞高起点改造。要引进资金，引进技术，集团化发展。并指示：安钢要争取列入国家第一批向社会发行的股票试点企业，挤上头班车。此后，由于安钢改造力度不大，其他钢厂问题渐多，省委省政府多次催促省冶金建材厅和安钢，加快钢铁工业改革发展步伐。但是，因为企业从自身考虑问题，省厅管理责权有限，使省委省政府部署难以落实。从深层次上讲，是我省钢铁工业管理没有形成强有力的宏观调控机制，没有认真贯彻"集中力量办大事"的社会主义经济建设方针，没有集中资金、集中时间、集中力量一个一个企业加快改造，提高技术装备水平、提高市场生存和竞争能力，造成今日发展不如人的被动局面。

为此，要制止钢铁工业下滑萎缩的局面，我们建议：

（1）建立健全行之有效的全省钢铁工业结构调整管理机制。我省钢铁工业面临的问题，安钢是个发展问题，安钢以外的中小企业是个生存问题。我省钢铁工业发展，已经失去了一些机遇，决不能再失去这次结构调整和国家加快中西部地区经济发展的难得机遇，不能过分依赖企业自主，放弃作为国有资产所有者的政府调控职能，不能再次出现使省委省政府领导有关经济发展战略部署及指示难以落实的问题。

（2）坚定不移支持安钢。加大安钢技术改造步伐，加快科技进步、技术创新和管理创新力度，促使安钢用后发优势弥补过去的不足。

（3）组织有力班子，在省清理整顿小钢铁厂领导小组领导下，协调安钢以外的中小企业的改造、组合、兼并、转产、破产等项工作。应当指出，钢铁工业目前存在的低水平重复建设，责任不在省及省以下各级政府。在"七五""八五"计划期间，国家将冶金工业投资投向宝钢，经济建设急需钢材，国家有关部门鼓励地方出资办钢铁、办建材、办有色金属工业，名曰"大家办"。因为地方财力有限，只能上些中小钢厂，搞建筑钢材。同期，各大钢厂举债改造，有些大厂也上了建筑钢材等大路货，而且产能大大超过地方钢厂。如果当初由中央管理的大钢厂多搞一些高附加值钢材品种，就不会出现今日的长线更长、短线更短的局面。在当前控制总量的大气候下，对地方钢厂不论好坏、不给补偿的一刀切政策，是不公平的。不仅削弱了地方的财力，也容易造成职工下岗、影响社会稳定的后果。况且我省钢产量仅占全国的3%左右，全省钢材入大于出，是钢材调入省。钢铁工业的现状与河南人口大省、经济发展大省地位很不相称。我省洛钢、云钢、林钢、信阳铁合金厂等9家目前停产半停产的中型企业到1998年年底总资产为28.31亿元，资产总负债率为74.34%，在职职工2.23万人。其出路如何，对当地经济发展与全省钢铁工业生产有相当大的影响，需要尽快加以解决。为此需要：

1）抓好当前生产。要正确理解、积极执行国家关于钢铁生产实行总量控制的方针。紧紧围绕市场需求，以提高经济效益为中心，调控全省钢铁生产，做到产销平衡、增畅压滞。要引导安钢、舞钢等有条件的企业多出口，用出口增量减轻限产压力。为了防止明年控制目标以今年为基数，企业不宜对今年产量再瞒报。有关部门应主动向国家经贸委多汇报，求得国家机关对河南省钢铁工业现状的理解和发展目标的支持。

2）加快集团化发展。在省清理整顿小钢铁厂领导小组的机构框架内，对全省中小钢铁厂的清理整顿和改革发展统筹考虑，解决问题。总的思路是要抓住这次经济结构调整和国家加快中西部地区经济发展的机遇，采取果断措施，使我省地方财力几十年积累形成的地方钢铁工业100多亿元国有资产继续保值增值，而不是由于一部分企业关闭破产造成巨大损失；使我省钢铁工业在新形势下能有一个更大的发展，与先进省份的差距不断缩小而不是继续扩大。建议由省经贸委挂帅，省冶金建材行业管理办公室主办，对安钢以外的中小企业，从调查研究入手，与有关市政府协商，走集团化发展路子。组建钢铁集团问题，可有两种方案供省领导决策。第一种方案是在现有安钢集团的基础上，对其他中小企业的生存与发展一并考虑，真正办成全省性的大钢铁集团。第二种方案是在现有安钢集团以外，另组建一个由省直企业和市县中小钢铁企业参加的企业集团。不管采取哪种方案，都需要对现有的中小企业运用有关政策，扬长避短，发挥优势。要剥离企业办社会功能，关停落后生产线，处理债权债务，置换优良资产，然后采用股份制的方式进入企业集团。由集团集中力量、集中时间、选准项目、筹措资金，一条一条生产线改造完善，一家一家地解决问题。第一步先解决吃饭生存问题，第二步再考虑发展问题。由集团包装上市，引进资金，引进技术，使工艺上水平，产品上档次，进而提高河南省钢铁工业整体素质和生产竞争能力。

3）积极发挥行业协会、学会作用。钢铁工业是国民经济的基础工业，既是资金密集型行业，也是技术密集型行业和管理密集型行业。我省钢铁行业经过几十年的改革发展，不但建成了一定的生产规模和工艺装备水平，还引进和培养了一大批技术型、管理型人才。在今后钢铁工业加快改革发展、再上新品种、新水平中，一定要充分发挥行业协会、学会的积极作用。要尽快组建河南省冶金建材协会或者钢铁协会，继续发挥其他协会、学会作用，为行业改革发展提供有效的技术服务和管理服务。

（注：得到李克强省长批示的《今年我省钢铁工业出现负增长》是省冶金建材行业管理办公室上报的，为苏俊杰执笔。本文是行业办接到省长批示以后，由苏俊杰执笔撰写的专题研究报告）

精心培育名牌　振兴耐材工业
——对濮阳县耐火材料厂的再调研

（2001 年 8 月）

濮阳县耐火材料厂（简称濮耐厂）在改革开放春风吹拂下，经过十几年的艰苦创业、发展壮大，成为全省乃至全国耐材工业一颗闪亮的新星。其科研、管理和体制上不断创新的经验，为我们提供了一个由共产党员和青年科技人员领办高科技企业的成功范例。

濮耐厂原来是 1988 年靠 11 万元资金起家的小型乡镇企业。自从 1993 年青年共产党员、高级工程师刘百宽从美国归来，到厂领办企业后，先后有一批年轻的中高级科技人才云集厂里，开拓创新。几年工夫，产品走向全国，企业名声鹊起。到目前，已开发出 20 多个系列、150 多个新产品，大部分已被国内各大钢铁企业应用，替代了进口产品。其中高新技术的 PN 型钢包底吹氩透气砖，曾获省、市科技进步一等奖。国家科委已将该产品列入国家火炬计划项目（A 类），目前国内市场占有率已达 70% 左右。濮耐产品在国内销往武钢、鞍钢等一百多家钢铁企业，并出口到美国等六七个国家和地区。企业年销售收入从 1992 年的 300 万元，猛增到 2000 年的 13000 万元，2001 年可望达到 18000 万元，企业总资产 15000 万元。濮耐厂 1996 年被河南省科委命名为高新技术企业，并被省直有关部门定为河南省百户重点扶持企业之一，2001 年被科技部命名为火炬计划高新企业。1998 年、2001 年先后通过 ISO 9002、ISO 9001 国际质量体系认证（2000 版）。中国耐材协会会长和秘书长前不久到该厂考察后认为：目前濮耐厂综合实力已跃居国内同行业的前 10 位，是国内最有活力、经济效益最好、有能力参与国际市场竞争的高科技耐材企业。刘百宽厂长提出的规划是：到 2005 年，实现产值 5 亿元，争当国内耐材企业第一；2010 年，实现产值 10 亿元，建成跨地区、跨国的高科技耐材集团，进入世界耐材企业前 10 名；2030 年，实现产值 30 亿元，建成一个以高科技集团为基础、以耐火材料为主业的跨国集团，进入世界耐材企业前 3 名。

三年前笔者在濮耐调研时发现，人才、科技、机制是该厂兴旺的法宝。三年后再来，见到濮耐把优势与创新结合起来，培育了更新的硕果。

人才聚优势

濮耐厂初建时期，就与冶金部洛阳耐火材料研究院、河南省冶金研究所等实行了合作，但是没有自己的科技人员，举步艰难。1993 年，厂长刘百春之弟刘百宽一家三口从美国归来，给困境中的濮耐厂带来了希望。这位美国陶瓷学会会员、美国耐火材料学会会员的青年专家，到厂出任技术经营厂长兼总工程师。次年，其同事史绪波硕士到濮耐厂出任经营厂长。接着，钟健一、贺中央等一批青年高级人才从全国各地来到濮耐厂工作，组成了企业技术与管理骨干队伍。几年来，企业以优厚的待遇聘任武汉科技大学、浙江大学、西安建筑科技大学等院校毕业生，并通过人才交流中心及新闻媒体，公开招聘各类专业人才。目前这家近 600 多名员工的企业，已经拥有中高级人才近 80 名，其中大学本科以上学历的员工占 11%，硕士以上的占 2%。为了拓展海外业务，今年又招聘了两名科技英语翻译。

由于企业科研与生产迅速拓展，许多青年人在濮耐厂找到了用武之地。几位 1998 年的大学毕业生到厂三个月后走上了中层领导岗位。前几年到厂的大学生，目前基本上都在重要岗位上任职。

除了创造条件吸引人才进企业工作以外，濮耐厂还捐款帮助社会院校培育人才，并注意从企业以外高级人才中引进智力。到今年，濮耐厂在武汉科技大学设立的奖学基金与助困基金已达 80 万元；还准备与北京、西安有关大学协商，以每年 10 万元的额度，设立奖学金。对于那些不可能进企业工作的专家学者，则聘其以灵活的方式为企业的科研与发展提供帮助，濮耐厂称其为"软流动"。

创新铸灵魂

创新是一个民族不断发展的灵魂。濮耐厂以创新求进步，靠创新发展，用创新熔铸企业灵魂，在科技创新、管理创新和体制创新方面，探索出一些成功经验。

科技创新，着力培育企业核心竞争能力。刘百宽、史绪波等在20世纪80年代初就作为国家重点耐材研究的科技人员，开始了为引进大型冶金设备配套的不定型高科技耐材的研发工作。在目前，不少耐材企业仍然不能适应市场剧烈变化与严峻挑战之际，濮耐厂却迎难而上，积极建立健全科技创新体系，大力研究开发新产品，大幅度提高产品的科技含量，赢得越来越多的用户和市场份额，成为激烈市场竞争中的强者。重视科技投入是濮耐厂的一大特点。从1999年到2000年累计科技投入近2000万元，分别占当年销售收入的6.0%~8.2%。善于将科技精英用在新产品研制开发和销售第一线，是濮耐厂的又一大特点。该厂投巨资建立的高新技术研究所，拥有各类专业人员64人，内有中高级科技人员23人。研究所下设冶金耐材应用研究室、有色金属、建材、石化耐材研究室、在线产品改进研究室、信息情报室、理化性能检测室等单位。一些内行人参观后称赞：这个研究所技术装备水平、检测手段目前在国内耐材行业堪称一流。其理化性能检测室正在申报商检局标准化检测室，获得批准后在厂内即可完成出口产品检验工作。该厂从市场需求和企业发展出发，坚持对产品实施生产一代、储备一代、研发一代的方针。要求研发的新产品科技水平必须比目前市场上最好的产品领先半步到一步。建立健全与科技创新相适应的激励机制。每个奖项都由技术委员会评审、批准，由企业发文公布，并颁发奖励证书，把奖励项目与有关人员事迹载入档案。厂里每年都拨出专项奖励基金，把奖励制度化。

管理创新，强调培育团队精神。在河南省众多的耐火材料厂中，濮耐厂是后起之秀。几年来市场竞争的实践，使他们深深体会到：企业要想在竞争中获胜，必须有一种昂扬争上游的团队精神。他们十分注意对国有企业、科研院所和民营企业的管理长处兼收并蓄，消化创新，逐步形成具有自己特色的管理机制。目前，企业组织管理结构为"工厂管理委员会—厂长—事业部制"的管理模式。刘百春出任管委会主任，刘百宽出任厂长挑重担，史绪波出任副厂长，协助厂长工作，其他几位技术骨干分别出任各部部长、技术中心主任和生产车间负责人，从而使企业技术与管理核心层形成了目标一致、开拓进取的高效团队。近年来濮耐厂在管理创新和制度创新中，注意在管理思想、管理模式、管理体系、管理内容等方面进行全面创新，以求实现营销运行市场化、管理组织高效化、管理制度规范化、管理方法科学化、管理手段现代化。企业相继出台了《工作标准》《管理标准》《考核标准》《科技奖励标准》《人事管理制度》等100多个管理标准及制度，基本实现了管理标准化、规范化。今年又在新老厂区自架光缆，建立局域网，实施 ERP 系统计算机网格化管理。1999年10月,濮耐厂针对实际情况,制订了一项规定：企业行政管理人员直系亲属，不允许进入本企业工作。

　　体制创新，注重培育企业利益共同体。濮耐厂针对计划经济体制下的弊端，围绕着市场需求建立了新型的科研开发生产体制。新产品开发由项目负责人提出申请，交由厂学术委员会审查批准后，立即在本厂进行研制、开发、中试、生产、检测，并由本厂销售部门负责推广使用。时间就是金钱，厂销售部门将供货合同缩短到一个月。这在旧的科研生产体制下，无论如何也是办不到的。在销售体制方面，该厂在国内建立了完善的销售网络。全国按6大经济区设立6个销售经理。除西藏、海南和宁夏外，在国内各省设立36个办事处，长年派驻销售代表，并有10名专项工程师为之服务，使销售产品与技术服务有机结合起来。目前，已在国内13家重点大中型钢厂实行了包括供应材料、提供施工及技术服务在内的钢包和中间包耐材整体承包。其中对宝钢集团上钢三厂实行整体承包后，由原来8家企业供应耐材，改由濮耐厂一家供应。上钢三厂取消了原有30多人的修砌工段，精干了生产主体；濮耐派出20多名员工驻厂施工服务。承包后钢包使用寿命由过去的35次延长到65次，吨钢耐材消耗比过去下降30%。宝钢将这种对外整体承包一次性付款，称之为"功能性采购"，将此种模式从今年起在集团内部推广。濮耐厂认为这是一种供需双赢的合作方式。该厂今年投资6000多万元在濮阳市开发区征地104亩，新上两条生产线，扩大产品品种，提高供应能力。准备将这种功能性承包，逐步过渡扩大到对钢厂一条生产线，乃至一座短流程大型钢铁厂的全部耐材供应与技术服务承包中去。他们还准备以这种方式走出国门，到东南亚某钢厂，承接3亿元左右的耐材供应与技术服务项目。在企业所有制方面，正在进行规范化股份制改造。刘百宽厂长说：对企业技术与管理核心层将给予期权股权。通过股份制，使企业兴旺发达的功臣们成为股东，进而使全体员工结成荣辱与共、联产连心的企业利益共同体。

几点建议

我国是世界上耐材资源与生产大国，耐材出口占世界上 60% 以上。据报道，80 岁的中国科学院院士钟香崇，前不久深入到郑州市的巩义等 14 家耐材企业考察，结论是：目前大部分耐材企业的产品都属于低级产品。钟老近几年在多种场合再三呼吁："如果再不注意提高耐材行业的科技含量，发展高新技术，培养更多的专业人才，那么在未来 10 年内，国内耐材优势将不复存在，三分之二的耐材企业将会倒闭下马！"为此我们建议：

（1）省市政府及有关部门，应重视耐材工业存在的问题，切实采取措施，振兴耐材工业。

（2）耐材工业结构整体调整势在必行。既要尊重市场规律，让濮耐厂这样的高科技优势企业能在市场竞争中脱颖而出，发展壮大，又要加强宏观调控，使我省现有的耐材科研、开发、生产单位尽可能地在政府引导下，依靠市场机制实现最佳组合，发挥最大经济效益。

（3）发挥名牌效应，精心培育名牌。在河南耐材工业昔日的辉煌中，洛阳耐火材料厂、洛阳耐火材料研究院等国有大中型和重点科研院所功不可没。在新形势下，振兴河南耐材工业，仍需要让其发扬光大，还应该注意培育像濮阳县耐火材料厂这样的新秀，培育有望与世界大企业争雄的新名牌企业。既应该尊重为耐材行业几十年孜孜奋斗的钟香崇院士等老党员、老科技专家的宝贵意见，全面发挥其优势，也应该加快培养一批像刘百宽这样的年轻党员、专家、企业家。在政治上大胆使用、政策上积极扶持、舆论上广泛宣传，创造条件使他们尽快成为老一代科技工作者的接班人，成为河南乃至全国耐材行业新时期的名牌，为河南尽快成为经济强省做出应有的贡献。

（注：1. 河南省人民政府张涛副省长看到省政府《政府工作快报》刊登的、笔者撰写的本篇调研报告后，于 9 月 4 日作出批示给省科技厅长等领导人："科技专家领办高科技企业，且善于科技、管理、体制创新，投巨资建立企业的高科技研究所，使企业综合实力跃居国内同行业前 10 位，凝聚人才，锐意创新，企业兴旺。这份调

查与建议，对省科学院的改革与转制有参考价值。也请科技厅在指导科研单位改革和转制工作中研究、借鉴。濮耐厂的成功实践说明，企业可以吸引、凝聚人才，有效地提高研究开发水平，成为科技创新主体，增强我省高科技产业的竞争力。"

2. 濮阳县耐火材料厂在政府与社会各界积极扶持中，积极拼搏，发展壮大。企业后来更名为"濮耐高科"，并成功上市；同时被多次授予"河南省优秀乡镇企业""河南省百强企业"等荣誉称号。刘百宽先后荣获"河南省优秀青年企业家""河南省劳动模范"等荣誉称号；被聘为武汉科技大学、北京科技大学、西安建筑科技大学兼职教授；被推选为河南省耐火材料协会会长、中国耐火材料协会副会长；2002 年起，连续当选为河南省人大代表，2004 年 5 月当选为濮阳市人大常委委员，2005 年被评为全国劳动模范，2006 年 9 月当选为河南省第八次党代会党代表）

进入 WTO 后河南省钢铁工业应抓住机遇加快发展

（2001 年 11 月 18 日）

中国钢铁工业经过改革开放 20 多年的快速发展，已稳坐世界第一的席位。今年钢材产量将超过 1.5 亿吨，国内钢铁市场供求大体平衡。以安钢为代表的河南钢铁工业良好的经济效益对全省经济发展和社会进步起到了明显的支撑和拉动作用。进入世界贸易组织（WTO）后，由于降低了外国商品、服务和投资进入中国市场的"门槛"，在中外竞争能力不平衡的新形势下，世界钢铁强国将会极力抢滩中国市场，对钢铁工业生产和效益造成有力挑战，也将带来新的发展机遇。冷静分析河南钢铁工业现状，发现和培育其比较优势，促进向竞争优势转化。建议以安钢集团为龙头，抓紧吸引外资和先进技术，加快结构调整，促进产业升级，将有利于推动河南经济发展和社会进步。

一

钢铁工业是河南工业经济中多年来的盈利行业，在国内外市场上有相当的竞争力。

据统计，2001 年 1～9 月份，全省钢铁行业实现工业增加值 28.14 亿元，比上年同期增长 29.26%，比全省规模以上工业企业增速高出 19.26 个百分点；实现销售收入 98.9 亿元，同比增长 22.15%，比全省高出 11 个百分点；产品产销率 97.20%，高出全省 0.20 个百分点；实现利润 34694 万元，同比增长 93.72%，比全省高出 82.42 个百分点。其中安钢集团利润 31484 万元，占全省国有及国有控股企业利润 36.99 亿元的 8.51%，占全省大型国有及国有控股企业利润的 12.1%，对全省经济发展起到了明显的支撑与拉动作用。

同期，全省生产钢材 275 万吨，同比增长 13.23%，低于全国 14.81% 的增幅，但是经济效益却不差。2011 年前 9 个月全国 45 家重点钢厂生产钢材 7845 万吨，平均每户产量为 174.3 万吨；实现利润 136.5 亿元，平均每吨钢材利润 174 元。安钢同期生产钢材 171 万吨，为全国重点钢厂平均水平，每吨钢材利润 184.12 元，比全国钢材平均利润高 10.12 元。

一般说来，高投入、高技术、高附加值的产品在市场上往往能获取比较丰厚的利润回报，一些大路货盈利有限。河南产的钢材中，被称之为大路货的小型材和线材占钢材总量的 62.74%，大大高于全国同类钢材 43.61% 的比例，为什么还取得了较好的盈利水平呢？其主要原因一是企业生产成本较低，竞争能力强；二是产销对路，市场需求旺。

我国钢材产品中建筑钢材比例高有其历史的原因。早在改革开放之初，经济建设快速发展，钢铁产品供应紧缺，国内钢铁工业遇到了大发展的良机。各企业除上海宝钢外，由于受资金、技术、装备水平的制约，新上的技术改造项目中多数瞄准了螺纹钢、线材等市场需求旺盛的建筑钢材。近十年来，国内建筑钢材产量逐年上升，市场价格却逐年下降。预计今年全国包括螺纹钢在内的小型材和线材产量可达 6600 万吨，而螺纹钢的市场价却从 1993 年的每吨 4000 元下降到 2300 元左右。激烈的市场竞争使得一些大钢厂减压了普通建筑钢材的生产，新上一些高附加值的短线产品生产线。一些设备落后、管理混乱、亏损严重的小企业被迫停产关闭，退出钢铁市场。我省安钢和济源钢铁公司的螺纹钢、高速线材等产品，依靠严格的企业管理、较低的生产成本、过硬的产品质量、合理的价格定位、灵活的营销战略，在激烈的市场竞争中站稳了脚跟，赢得了一定的市场份额和可观的盈利。据测算，如上游原燃材料不出现大幅度的涨价，我省产的螺纹钢和线材等建筑钢材还有一定的盈利空间，这就为加入 WTO 后的市场竞争奠定了坚实的基础。

目前，我省钢材总产量仅占全国的 2.35%，属于钢材调入省。钢铁市场有其合理的运输半径，一般说来，普通建筑钢材运输半径超过 600 公里后销售将无利可图。如以郑州为中心，大体以 600 公里为半径巡视，包括首钢、邯钢、石家庄、长治、济南、莱芜、青岛、武汉以及省内安阳、济源等 12 家钢厂，今年头 9 个月生产小型钢材 702.47 万吨，其中河南产量为 121.29 万吨，占 13.6%，首钢已宣布 2008 年奥运会前压缩 200 万吨钢生产能力，主要压缩的当是普通建筑钢材。目前，巩义、洛阳和西安等几家生产建筑钢材的生产线大都停产关闭。由于房地产、小城镇建设和广大农村需求量大，预计15年内建筑钢材实际需求量不可能下降。为此，河南钢铁企业所产的建筑钢材在本省及周边市场上竞争环境相当宽松。

目前国内建筑钢材价格已基本上与国际接轨，产品质量不断提升，用于高层与复杂建筑的钢材品种国内均能制造。估计我国进入WTO后，国外建筑钢材大举进入中国市场的可能性不大，尤其是不大可能大举进入中西部市场。按目前的钢材进口关税和运输费用测算，10月25日挂牌的日本螺纹钢运到郑州销售，每吨售价应在2700元左右，比安钢挂牌价要高出400元以上，即使进入WTO后按国际上通行的税费标准，日本、韩国产的建筑钢材运到中西部市场也竞争不过我们的产品。

目前我省生产的其他钢铁产品，如舞钢的优质宽厚板、安钢的优质中板和高速线材、郑州二钢的精密冷轧带钢、郑州永通钢联的优质轴承钢、汽车弹簧扁钢等，质量好、信誉高，生产竞争能力强。这些生产线，大都是1990年后投产的，采用了国内国际先进的新工艺新技术，进入WTO后在国内外市场上也是有一定竞争力的。

二

进入WTO后，作为传统工业的钢铁工业，会受到世界钢铁强国和过剩的钢铁生产能力的强烈冲击，中小钢铁企业的生存与发展更将受到多方面的挑战。

我省钢铁工业中建筑钢材生产这一块面临的主要问题是劳动生产率低，成本上升压力大。企业从事主体生产的人员负担过重，实物劳动生产率与国内先进水平差距大，更远低于国际先进水平。因此，必须加快减员增效、下岗分流、精干主体、分离辅助、发展非钢产业、扩大就业门路的步伐。导致成本上升的其他因素还有原材料、能源和运费的涨价。多年来我省钢铁厂依靠自办矿山或者就近收购矿石维持生产的格局已经改变，各企业越来越多地依靠外省矿乃至进口矿石，建立稳定的国外矿石供应渠道，已经提到议事日程上来。近年来企业在节能降耗上虽然取得了不少成绩，但是能源和运输价格上涨也使企业难以消化。一般说来，中小钢铁厂的能源综合利用率不如大型企业，在吃进口矿石方面，沿海企业又显然比我们条件优越。

预计进入 WTO 后，遇到的更大冲击还是国内高品质钢铁产品这一块。近几年一些钢铁企业新上了一批投资大、技术含量高、市场热销的热轧、冷轧薄板和不锈钢板生产线，被业内人士称之为"薄板热""不锈钢热"。我国经济建设的历史经验反复证明，某一建设时期上的"热"往往会带来以后的"冷"，中西部地区起个大早赶个晚集的事情屡见不鲜。就热轧板看，国内现有生产的 5 套热连轧机"十五"期间将进行改扩建，另有已知 7 套热轧薄板机组准备上马。预计到 2005 年全国热轧薄板能力将达到 3800 万吨，届时国内的需求量为 3000 万吨。产大于销时市场价格必然下跌，企业效益未必理想，此其一。其二，与国际接轨后，热轧板、冷轧板未必还能保持住目前这种价高利厚的格局。国际上钢铁生产能力过剩，各国竞相压价出口，目前薄板与螺纹钢的价差并不很大。11 月初，日本市场上螺纹钢挂牌离岸价为每吨 240 美元，热卷板 200 美元，冷卷板 265 美元，三者的比价为 1:0.833:1.325。同期上海市场三者的价格分别为 2120 元、2470元和 3500 元，比价为 1:1.165:1.650。可以预料，几年后国产热轧板和冷轧板能力增大，国外产品降低入关门槛后，三者的价差会进一步缩小。此时的高投入不一定得到彼时的高回报。我省钢铁工业规模与实力在国内外均不占优势，企业对结构调整技术改造新上的产品定位和资金投向，更应保持冷静头脑。

三

进入 WTO 后，对中国钢铁工业不仅会带来严峻的挑战，也会带来发展机遇。河南钢铁工业应及时抓住机遇，扬长避短，加快发展，再造辉煌。

进入 WTO 后，我国与国际经济技术合作会进一步扩大。世界钢铁强国抢滩中国的方式，不仅是要把国外生产成本较高的产品运进中国，更主要的是要在中国合资或独资兴办企业，用低成本产品占领市场。此前德国、日本、韩国等钢铁巨头，已和上海、江苏、浙江等钢铁企业合作，兴建了一批不锈钢和冷轧薄板等高精尖钢铁产品生产线。河南钢铁工业是盈利行业，安钢、舞钢等企业在国内外知名度颇高，也应该加大对外开放与合作步伐。

目前我国钢铁工业人工成本比较低，而员工生产技术水平较高，是吸引外资的有利条件。据有关资料显示：在冷轧板成本构成中，美国的人工成本占总成本的33%，日本为33.75%，我国台湾省为24%，韩国为16.75%，国内先进企业为15%。我省安钢职工收入较高，但其整体上工资成本占钢铁总成本的比例还不到15%，如进一步减员增效，工资成本的比较优势会进一步显现。另外我国钢铁工业劳动生产率很低，工时工资成本更低。冷轧薄板成本中，美国工时工资成本为37.5美元，日本为40美元，国内先进企业为3.5美元。综合起来，吨钢材人工成本消化了劳动生产率低的因素，保持了最终人工成本低的优势，这也是现阶段中国钢铁工业成本竞争力中的主要优势，也将是外资在中国兴建钢铁生产线的重要原因之一。

改革开放以来，安钢主要依靠自我积累、自筹资金、科学决策、滚动发展，由一个年产几十万吨的中型企业发展成年产近300万吨的特大型钢铁集团。进入21世纪以后，安钢集团股份公司股票成功上市，筹集了16亿元技术改造资金，加快了结构调整步伐。随着我国与经济全球化接轨进程的加快，建议安钢审时度势，充分发挥河南钢铁企业龙头作用，以自己良好的市场信誉、区位优势和经营业绩，主动与世界钢铁企业巨头合作，积极引进外资和先进技术，做大做强河南钢铁工业。

我省钢铁工业吸引外资和先进技术，可以考虑两个方面的运作。一是安钢，要充分发挥集团总部资本运营能力，主动与外资合作，稳步发展存量资产效益，扩大发展增量资产效益。在安钢集团总部，要抓紧按照国家和省已经批准的结构调整方案，运用高新技术，加快技术改造。同时，应把信阳、洛阳作为新的增长点予以规划，加大两地钢厂技术改造力度。信钢被安钢兼并以来，面貌大变，生产能力大幅度增长，持续发展环境优越。考虑到宁西铁路通车以后，信钢吃进口矿的条件大为改善，应扩大信钢炼铁、炼钢和轧材能力，建成安钢集团新的优质建筑钢材生产基地。还可以考虑用安钢集团的名义和洛阳市联合，吸引外资和先进技术，对洛钢破产重组，新上一二条先进的、高附加值产品生产线，使其成为河南钢铁工业的新亮点。二是安钢、舞钢以外的中小企业，也要积极抓住机遇，吸引境外资金和技术，走新产品、高技术、小规格、专业化钢铁生产的路子。济源钢铁公司依据现有条件，可以尽快发展成为建筑钢材专业厂家，形成年产50万~60万吨优质螺纹钢和高速线材规模。全省钢铁工业都需要采用新技术、新工艺，节能降耗，降低成本。郑州永通钢联拥有自己的特钢生产工艺技术和计算机辅助控制系统，减省了传统的真空冶炼环节，把特钢生产成本降到普钢水平，令国内外同行震惊。为此，应抓住机遇，扩大生产规模。此外，对于少数技术水平低、管理落后、市场竞争能力差的小企业，可以考虑让其退出钢铁生产行列，用其有效资产招商引资，转产其他行业。

河南钢铁工业还应该充分运用进入 WTO 的有利条件和正在构建的"中国—东盟自由贸易区"的良好环境，加速制定实施"走出去"的经营战略。一是积极扩大产品出口，参与国际竞争；二是积极与外资或外地合作，到国外办矿山，在沿海建立仓储转运码头，稳步解决吃进口矿石问题；三是扩大技术与劳务输出。河南中小钢铁厂的建设与管理，尤其是 300 立方米以下炼铁高炉的建设与管理水平，在全国处于领先地位，很适宜对一些发展中国家和地区实施装备、技术与劳务输出。此前河南耐火材料曾多次成套出口到国外，很需要一家牵头，将钢铁工业的技术与劳务出口实施一条龙服务式的经营战略。

（注：本文为笔者署名的调研报告，刊登于河南省冶金建材行业办公室《冶金建材调研与建议》专刊）

宝钢建设不容诬蔑
——让事实戳穿谣言

（2004 年 10 月 16 日）

今天，又一个号称什么杀手的，在中华网上捏造了一个弥天大谎，说什么宝钢建设国有资产流失了 200 多亿元，又说洛阳耐火材料厂的耐火材料被日本人弄回到日本，贴上日本的标签又卖给宝钢了。

我从 1971 年进入冶金行业工作，到今天已经 33 年了。这 33 年来，历经了中国钢铁工业由小到大、由弱到强的全过程。

回想起 20 世纪 70 年代中期，钢铁工业曾经有"三打 2700"之战，就是中国钢产量连续三年冲击 2700 万吨水平。而当时苏联的钢产量，总是变戏法似的，比我们中国的钢产量整整多出 1 亿吨。当中国公布的钢产量是 2600 万吨时，他们的产量是 12600 万吨；中国搞到 3000 万吨时，他们就宣布搞到了 13000 万吨！作为中国的钢铁工人，当时心里是多么憋气！

到了 70 年代中后期，党中央提出"以经济建设为中心"的治国方略，国民经济的快速发展，对钢铁工业提出了更大更高的要求。由于当时中国钢铁工业整体水平与世界钢铁工业相比，差距非常大，十分需要引进国外先进的钢铁生产工艺和先进技术。上海宝山钢铁公司就是在这样的历史背景下由国务院拍板上马的。

宝钢一期工程 300 亿元全部由国家投资，二期工程除了企业自筹以外，银行贷款连同利息 92 亿元，提前两年归还。三期工程全部由企业自筹。也就是说，今天这家年产超千万吨的世界级的特大型钢铁联合企业，国家投入的原始资本金为 300 亿元。那种"宝钢建设中国家流失了 200 亿元"的数据，真是不知道是从哪个空穴吹出来的。

宝钢刚刚上马的年代，中国国内没有一座 2000 立方米级的高炉，炼焦、炼钢与轧钢等设备在国内也统统没有能够与世界先进水平比肩的。所以国家同意冶金部提出的按照世界最先进水平建设一个现代化宝钢的建厂方针。而当时世界上水平最高的钢铁联合企业，就是日本的新日铁公司。

宝钢一期工程的设备连同生产工艺、管理技术，几乎全部是从日本引进的。但是，宝钢从二期工程开始，对于一期工程引进的各种各类先进设备、管理技术，逐步进行了消化吸收、改进提高。其中洛阳耐火材料厂就是配合宝钢的建设，新上了用于特大型焦炉的硅砖生产线，其产品先是用于宝钢二期工程焦炉建设，以后又成为该厂的看家产品，大批向日本、欧洲与美国等国家和地区出口。

可以无愧地说，20多年来中国钢铁工业正是在宝钢建设的基础上，以及随着对以宝钢工程建设为代表的引进消化、提高创新，实现了持续快速发展，使中国钢产量从不足3000万吨，增长到2亿吨，不论在数量上还是品种上，都能够基本满足了国家20多年来经济建设的需要。中国钢铁行业的几百万干部职工，特别是宝钢人，为中国的经济发展和社会进步，做出了巨大的贡献。

我们回过头来再说宝钢一期工程，几乎是照葫芦画瓢似的引进外国先进设备技术与管理经验值不值的。正是对于宝钢工程建设的引进吸收消化，使我国的冶金工业整体水平得到了大大的提高，也使我国的科研设计、设备制造、工程建设以及各项管理水平，实现了同步提高。在外行人看来，中国钢铁产量只是连续位列世界第一，而在内行人看来，中国钢铁工业高速高水平发展的背后，乃是20多年来，通过不断引进消化吸收与创新，才使中国钢铁工业取得了在科研设计、装备技术、管理创新等多方面达到世界先进水平的全面进步！所以说，国家当年花费巨额外汇建设宝钢，是一个英明决策。

我相信，从事钢铁工业、了解钢铁工业的网友一定不在少数，作为一名老的钢铁工人，我呼吁大家站出来，实话实说，以我们大家的亲身经历，反驳谎言与诬蔑，洗净别人泼在中国钢铁工业和中国钢铁工人身上的污水！

买5亿吨铁矿石作储备的建议有点外行

（2009 年 11 月 2 日）

今天有网友建议，为了应对世界金融危机，可以由国家出面，购买 5 亿吨铁矿石作为储备。这尽管出于好心，却是一个外行建议。

铁矿石不是黄金，而是大宗原材料，难以大量储备。千方百计减少原材料储备，加快资金周转，历来是钢铁企业加强管理、降低成本、提高效益的首选。前一时期，国内一些钢铁企业囤购铁矿石过多，吃了大亏。

假设网友此建议可行，会有以下难题：

一是采购资金难以筹措。5 亿吨铁矿石，按照所说的每吨 1000 元计算，总数就需要 5000 亿元，谁出得起如此巨额现金？

二是货源无法觅得。目前，世界上 70% 的铁矿石，被巴西淡水河谷、澳大利亚力拓及必和必拓三家公司垄断。近几年我国在国际上购买的铁矿石，在这三家的垄断与日本韩国公司的恶意助推下，价格已经上涨了440%；中国铁矿石的外购依存度已经超过 50%。所以，想采购 5 亿吨铁矿石（相当于我国一年铁矿石用量的 70%），即便是将其一半作为国内购买，一半进行外购，也无法顺利找到 2.5 亿吨的国际货源。

三是海运困难。假如能够买回来，放在何处？哪个港口可以囤积的了？目前各大港口已经积压了 7000 多万吨铁矿石，长期压港，各方损失惨重。

四是陆运困难。将数以亿吨的铁矿石运到各个钢厂，60 吨一个的火车皮，得装多少专列？运回来又该怎么办？

有人估算，由于前一个时期钢铁产品价格暴涨，各方狂购与超储铁矿石，近日随着钢材价格急剧下跌，铁矿石价格大幅下滑，钢铁系统以及为钢铁服务的贸易公司，已经为此浮亏了 300 亿元人民币。

话说回来，钢铁工业是否已经从此跌入巨亏的深渊里呢？以本人在这个行业近 40 年的经历看，我认为：此乃经济规律，目前还是市场上那只看不见的手——价值规律在起作用，市场上另一只看得见的手——政府的宏观调控，正在发挥作用。

从储备实物的战略角度看，中国目前可以考虑储备一部分电解铝即原铝。这是因为中国今年的电解铝产量将超过 1300 万吨，稳居世界第一。由于历史的原因，中国作为世界上第一产铝大国，却掌握不了世界铝价定价权，而是一直由西方发达国家说了算。如果我国能够储备 200 万吨原铝，巧妙掌控抛售时机，将有利于今后平抑世界铝价。从生产成本与市场价值上看，国内 1 吨原铝正常售价应在 17000 多元人民币上下，目前售价掉在 14000 元。国家储备 200 万吨原铝，目前出资 280 亿元，将来正常出售应该是 340 亿元，稳赚 60 亿元。1 吨电解铝耗电 14000 度左右。从某种意义上说，电解铝既是耗能产品，也是储能产品。目前由于受世界金融危机影响，国内工业一部分行业生产能力下滑，电力供应相对富裕。电解铝应该是吸纳社会剩余电力的合适产品之一。

对于关心钢铁工业发展的朋友们，我想说：莫怕市场风险恶，阳光总在风雨后。

（注：中国作为世界第一产钢大国，稍稍一压产，国际矿业巨头就吃不消。今天（4 日）有消息称：

巴西淡水河谷矿业公司称，受日益加剧的全球金融危机影响，世界许多地区的钢铁需求明显减少，预计今年全球钢铁产量将比去年减少 20%。为此，公司决定减产铁矿石 3000 万吨，并削减在巴西、中国、法国、印度尼西亚和挪威的产能，大约 2300 名工人将暂时离岗（占其全球 6.26 万名雇员的 4% 左右）。

淡水河谷称，今年以来，公司已经装船了约 3.2 亿吨铁矿石，但由于全球钢铁产量的下降，公司今年的铁矿石出口可能比 2007 年"猛降" 20% 左右。淡水河谷 10 月 31 日在一份声明中称："减产的原因很明显，我们根本没有足够的空间来堆积这些铁矿石。"）

转变观念话危机

（2010 年 7 月 21 日）

最近几天，新华网、《河南日报》《大河财富》、河南有色网等媒体纷纷报道分析了河南电解铝工业面临的"比金融危机更大的危机，"引起了各界关注。

本次危机的标志是河南电解铝 6 月份出现了行业性亏损。究其根本原因，一是国内产能过剩，二是电价上涨过猛。

产能已经过剩，甘肃、青海的大型电解铝槽还在大干快上；原因是按照国家发改委核定的目录电价，那里每度电价比河南便宜 0.16 ~ 0.21 元。河南执行了每度电 0.57 元的价格，每吨电解铝亏损 2000 元左右，生产难以为继；山东大工业用电价每度 0.63 元，几家电解铝企业却不在乎，原因是人家主要依靠企业自备电厂供电。

产能过剩就需要淘汰落后，河南电解铝工业规模国内第一，产量占全国的四分之一，主要技术装备水平属于国内领先、世界先进，要淘汰的落后设备不在河南。

降低成本的捷径在于增加自备电厂发电比例，但按照目前国家有关电力建设政策及程序，难度很大，远水难解近渴。但是，换个思路，转变观念，危机亦是机遇；优化经济结构，转变发展方式，才能持续发展。

煤电铝联合发展，是当年从河南的地方煤矿、小发电机组、小铝厂的发展困境中逼出来的新路。后来山东、内蒙古学了过去，闯出了如今大煤矿、大电厂、大铝厂的联合发展道路。河南也有大的煤业公司，大的发电企业与国家电网，大的电解铝企业，为什么不可以采取"政府引导、企业自主、市场运作、联合重组"的方式，开展新的更大规模、更高层次的战略重组？积极发挥河南资源、能源与装备技术优势，加强内外交流合作，完善煤铝电联合发展路子，延长铝加工链条，带动与铝相关的产业，拉动有关地市工业园区建设，应是河南经济持续发展的重要内容。这里的关键是要统筹谋划。省有关部门不能够总是充当经济运行中的救火队，头痛医头，脚痛医脚。今年是电解铝多了，明年也可能轮到煤炭多了，后年又可能是电力富裕了。总得有个解决问题的总思路。电解铝已经占了河南工业用电的三分之一，社会用电的四分之一，从煤炭着手，完善煤电铝产业链，是十分必要的，也是可以实际操作的。

登高远望，豁然开朗。人们有理由相信，河南铝工业战胜了新危机，将会创造新的成绩，作出新的贡献。

（本文发表于《河南日报》，2010 年 7 月 21 日）

克服保护主义　增强行业自律
——谈电解铝工业产能过剩与企业的联合重组

（2013 年 2 月 5 日）

铝工业是国民经济重要的基础性原材料工业。近年来，国内铝工业特别是电解铝工业出现了大干快上、产能过剩、发展到了近乎失控的局面。

物资短缺是计划经济时代的常见现象，在今天社会主义市场经济的环境下，适当的产能过剩有利于优胜劣汰，有利于市场竞争，严重的产能过剩则有害于经济社会持续协调健康发展。

统计显示，我国从 2000 年到 2011 年，电解铝产量从 299 万吨增长到 1756 万吨；铝材产量从 217 万吨增长到 2365 万吨；氧化铝产量从 432 万吨增长到 3358 万吨；分别增长了 5.87 倍、10.89 倍和 7.71 倍。电解铝产能从 318 万吨增长到超过 2500 万吨，增长了 7.86 倍以上。同期，河南省电解铝产量从不足 42 万吨，增长到 392 万吨；铝材产量从不足 17 万吨增长到 473 万吨；氧化铝产量从 145 万吨增长到 1041 万吨，分别增长了 9.39 倍、28 倍和 7.2 倍。电解铝产能从 45 万吨增长到 425 万吨，增长了 9.44 倍。

在河南省于"十一五"中后期完成了大规模的电解铝技术改造升级、将投资转向自备机组建设和精深铝加工之际，西部省区如新疆、内蒙古、青海、甘肃等大上电解铝工业劲头方兴未艾。有消息称，新疆预计"十二五"期末，将建成总产能 1800 万吨，欲占全国电解铝总产能的 70% 左右。

市场无情，2012 年全国铝冶炼（包括氧化铝和电解铝）出现了多年来罕见的行业性亏损。同期，河南铝冶炼严重亏损，铝工业链整体盈利。1~11 月，全省 192 户规模以上铝企业（氧化铝、电解铝和铝加工）主营业务收入 1642.5 亿元，利润 5.88 亿元。其中：35 户规模以上铝冶炼（包括氧化铝和电解铝）企业实现主营业务收入 868.72 亿元，同比增长 1.54%；亏损 31.75 亿元，上年同期为利润 16.13 亿元。157 户规模以上铝加工企业实现主营业务收入 773.78 亿元，增长 13.99%；利润 37.63 亿元。

笔者认为，企业追求规模扩大化、科研院所与设计施工单位市场化取向、投资多元化下的资本盲目逐利、地方政府招商引资上大项目、中央政府政令遇阻、宏观调控不力等多方复杂因素，造成了今天电解铝工业产能严重过剩的局面。

工信部、国家发改委等 12 个部门联合发出的《关于加快推进重点行业企业兼并重组的指导意见》中提出：要以汽车、钢铁、水泥、船舶、电解铝、稀土、电子信息、医药等行业为重点，推进企业兼并重组。要求到 2015 年，形成若干家具有核心竞争力和国际影响力的电解铝企业集团，前 10 家企业的冶炼产量占全国的比例达到 90%。支持具有经济、技术和管理优势的企业兼并重组落后企业，支持开展跨地区、跨行业、跨所有制兼并重组。鼓励优势企业强强联合，积极推进上下游企业联合重组，培育 3~5 家具有较强国际竞争力的大型企业集团。这是国家为解决产能过剩、促进电解铝工业脱困提供的政策支撑，企业应该认清形势，抓住机遇，努力摆脱产能过剩的制约，加快推进兼并重组。

笔者认为，在积极解决产能过剩、加快推进企业兼并重组进程中，要注意坚持以下原则：

一是增强行业自觉性，坚决贯彻落实产业政策。产业政策是指导产业科学发展的纲领，是制约违背经济发展规律、不顾客观条件一味蛮干的笼套。习近平总书记强调：要防止和克服地方和部门保护主义、本位主义，决不允许"上有政策、下有对策"，决不允许有令不行、有禁不止，决不允许在贯彻执行中央决策部署上打折扣、做选择、搞变通。总书记这里讲的是政治问题，铝工业乃至于整个有色金属工业在贯彻国家产业政策方面一定要提高这方面的行业自觉性。经济发展有科学规律可循。从战略上讲，电解铝工业向西部转移的大方向是对的。一个地区能否快速发展电解铝工业，不仅要考虑氧化铝、能源、电网、铝加工等上下游产业链方面的因素，也要考虑交通区位、销售市场半径、人力资源、环境保护等方面的因素，还要考虑科研设计、工程施工、技术与管理等方面支撑。即使符合以上诸多因素的区域，承接电解铝工业战略转移，也需要一个相当长的建设施工、资源配置、经济运转过程，需要中央与地方政府的统筹规划、形成合力。否则，仅靠企业自身的奋斗是难以取得良好的投入产出效益的。

二是贯彻落实科学发展观，要坚持优化存量、科学发展增量的原则，推动电解铝工业持续协调发展。放眼全国，铝工业在河南、山东、山西等中东部省区已经形成了庞大的存量资产与综合能力；新疆、内蒙古、甘肃、青海等西部省区正在成为中国铝工业发展的增量地区。河南铝工业经过近十年快速发展，呈现出以下特点：（1）产业集中度高。已经形成氧化铝1000万吨、电解铝425万吨和铝加工600万吨的综合能力，前四家氧化铝企业产能占全省的80%，前五家电解铝产能占全省的82%，铝加工均围绕电解铝企业、沿黄河及陇海线的郑州、洛阳、三门峡、商丘、焦作和南阳布局。（2）有良好的资源能源保障。河南煤炭保有储量245亿吨，又处在晋煤南运通道上，保障能力较强。铝土矿资源储量全国第三。2012年，有色金属工业用电量563.94亿千瓦时，占全省社会用电量的22.78%，工业用电量的27.64%，其中电解铝用电量占有色金属工业用电量的90%。（3）产业关联度高。电解铝关联产业产值3000亿元以上，涉及10000兆瓦发电装机、2000万吨煤炭和125万吨烧碱的正常生产，带动铝行业和再生金属、煤炭、电力及化工等行业几十万人就业。（4）区域位置好。河南是产业转移的重要承接区域，是全国扩大内需促进城乡协调发展的重要实施区域，目前已成为全国最大的铝原材料消费地区。（5）具备实行"走出去"发展的产业基础。河南铝工业的技术装备、研发设计、建设施工、专业管理等资源闻名国内外同行业，无论是向西部实行战略转移，还是走出国门，河南都有"走出去"发展的产业基础优势。

三是坚持发挥企业主体作用与发挥政府引导作用相结合的原则，着眼于提高资源配置效率，调整优化产业结构，培育发展具有国际竞争力的大企业大集团。当前，河南铝工业发展中存在着不平衡、不协调、不可持续的问题。主要问题：其一是要素配置不平衡。煤电铝一体化发展是在河南起步的，但是近年来在兄弟省区却成果丰硕，河南的煤电铝产业链还不完善，资源分割配置。其二是政策不协调。国家实施发电机组"上大压小"政策以后，河南电解铝企业原来的自备小机组大部分被淘汰，近年来新上一批大机组。到2013年上半年，省内5大电解铝企业自备机组自供电量可以达到80%。但是，新机组建设政策不协调，管理体制不顺。如果抓住机遇，借助本次国家加快推进重点行业企业兼并重组与中原经济区建设的东风，进一步优化存量，加强与改进"煤－电－铝"产业链，推动"矿山－冶炼－加工－应用"一体化经营，实现规模化、集约化发展，加快铝工业精深加工基地建设，必能出现新的更大发展。

（本文发表于《中国有色金属报》2013年2月5日头版）

也说企业家移民潮与资金外流

（2013 年 3 月 28 日）

今天，看到一篇文章称：近些年来，中国公民移民国外的现象越来越多，先富起来的群体，更有某种争先恐后之势。2012 年 12 月，中国与全球化研究中心和北京理工大学法学院联合发布《中国国际移民报告 (2012)》，这是中国第一部年度国际移民报告，数据显示，个人资产超过一亿元人民币的超高净值企业主中，有 27% 已移民，47% 正在考虑移民；个人资产超过一千万人民币的高净值人群中，近 60% 的人士不是在考虑投资移民，就是已快完成移民手续。相关数据与 2012 年 8 月发布的《2012 胡润财富报告》及 2011 年 4 月由招商银行与贝恩顾问公司发布的《2011 中国私人财富报告》基本吻合，大体可以判定，中国已出现新一波移民潮，而且来势较以往猛。

该文章作者为此呼吁：市场乃选人机制，企业家是市场机制的核心和灵魂。没有企业家的精明算计，就没有市场对资源的优化配置。企业家移民可使社会主义市场经济空心化，导致国家丧失优化配置资源的能力，进而被边缘化。中国企业家移民潮的深层原因在于信仰危机，对中国特色社会主义认同不足，缺乏家园感，可称之为"流动性泛滥"。如不能化解企业家移民潮及相关问题，中国不太可能赶超美国，而极其可能步印度后尘。

以我看来，这种观点不无道理，但是缺乏辩证观点。

有钱人才有资格移民，移民到国外的人，不都是为了贪图享乐，或者躲避灾难，也有不少人是为了在国外开辟一片创业新天地。鉴于国外特别是欧美发达国家不少人至今视中国人为"黄祸"，让那些持有大把美钞的中国人，到世界各地"耀武扬威"、投资创业，未必是坏事。反正中国目前美元多、美债烂，想尽一切办法，用包括外援、进口、投资、移民等不同手段，减少美元储备，减轻美债额度，于国于民，利莫大焉！况且，资本逐利而动，说不定哪一天，国内投资与生活环境好于国外，那些海外游子与游资，就会纷纷回流呢。

关于化解产能过剩的建议

（2013 年 5 月 27 日）

有色金属工业当前存在的问题，主要是需求不足，产能过剩，市场价格下滑，企业运转艰难。

铝工业是国民经济重要的基础性原材料工业。近年来，包括钢铁、水泥、电解铝、平板玻璃、船舶等工业项目大干快上，产能严重过剩，发展几近失控。

笔者认为，从辩证观点看问题，短缺与过剩是一对矛盾的两个方面。站在国民经济大局上看，供应短缺是计划经济时代常见现象，短缺就要发票证；市场经济鼓励竞争，竞争就会有过剩。在社会主义市场经济的环境下，适当的产能过剩有利于优胜劣汰，有利于市场竞争，有利于创新发展；严重的产能过剩，则会极大地浪费资源与财力，有害于经济社会持续健康发展。

企业过分追求大规模、跨行业、跨地域经营、科研院所与设计施工单位市场化取向、投资多元化下的资本盲目逐利、地方政府招商引资上大项目的冲动、产业区域无序转移中产能的趁机扩大化倾向、中央政府政令遇阻等多方复杂因素，造成了当前全国诸多工业门类产能严重过剩的局面。总之一句话，宏观调控不力造成了产能严重过剩。

5月22日，国务院参事陈全训（中国有色金属工业协会会长）、张洪涛（原国土资源部总工程师），与北京大学经济学院教授李庆云、国务院参事室特约研究员保育钧以及中国有色金属工业协会副会长文献军等一行9人，到河南调研河南电解铝工业。在听取了省发改委、省工信厅、省环保厅、省有色金属行业协会以及5大电解铝企业汇报后，对河南铝工业的成绩、贡献与地位予以充分肯定。明确表示当前铝工业出现阶段性产能过剩中，河南铝工业不存在产能过剩问题，并对其所遇到的困难表示理解，对河南铝工业克难攻坚、抓住机遇、科学发展的劲头表示支持。

笔者认为，化解产能过剩，要有统一认识，要有严厉而有效的政策措施，要注意坚持以下原则：

一是增强行业自觉性，坚决贯彻落实产业政策。产业政策是指导产业科学发展的纲领，是制约违背经济发展规律、不顾客观条件一味蛮干的笼套。经济发展有科学规律可循。从战略上讲，电解铝工业向西部转移的大方向是对的。但是，一个地区能否快速发展电解铝工业，不仅要考虑氧化铝、能源、电网、铝加工等上下游产业链方面的因素，也要考虑交通区位、销售市场半径、人力资源、环境保护等方面的因素，还要考虑科研设计、工程施工、技术与管理等方面的支撑。即使符合以上诸多因素的区域，承接电解铝工业战略转移，也需要一个相当长的建设施工、资源配置、经济运转过程，需要中央与地方政府的统筹规划、形成合力、循序渐进。不能仅靠企业自身的努力，单打独斗。

二是要坚持优化存量、科学发展增量的原则，推动电解铝工业持续协调发展。要盘活优化存量，强化增量管理，加快产业结构转型升级，增强经济发展的活力。从中央到地方，严禁核准产能严重过剩行业新增产能项目，坚决停建违规在建项目，并按照谁违规谁负责的原则，区别不同情况稳妥处理。铝工业在河南、山东、山西等中东部省区已经形成了庞大的存量资产与综合能力；新疆、内蒙古、甘肃、青海等西部省区正在成为中国铝工业发展的增量地区，实行产业转移，应该循序渐进，切忌一哄而起。

三是坚持发挥企业主体作用与发挥政府引导作用相结合的原则，着眼于提高资源配置效率，调整优化产业结构，培育发展具有国际竞争力的大企业、大集团。

四是发挥比较优势，鼓励企业抱团走出去，到国外发展。在工业生产领域尽快将"中国制造"，转变成"中国研发""中国创造"；在金融领域尽快由"资本输入"为主，转变为"资本输出"为主。新乡金龙精密铜管集团生产的空调与制冷用精密铜管，已经占据了世界总量的五分之一。今年就抓住机遇，在美国建设工厂，不仅获得了免费的土地、实惠的能源、税收，还开启了美国地方政府为外资"买单"反倾销税的先河。半个多世纪以来，我国与广大亚非拉美国家关系密切，近些年来也与澳洲关系融洽，国家外汇底存充裕，铝工业装备技术与管理处于世界领先水平，只要组织得当，完全有条件抱团"走出去"，到海外发展。

五是令行禁止，强化全国一盘棋意识；同心协力，化解产能过剩问题。习近平总书记强调：要防止和克服地方和部门保护主义、本位主义，决不允许"上有政策、下有对策"，决不允许有令不行、有禁不止，决不允许在贯彻执行中央决策部署上打折扣、做选择、搞变通。总书记这里讲的是政治问题，经济社会发展方面同样需要令行禁止，强化全国一盘棋意识。为此：

（1）要根据产能过剩行业现状，适时修订相关产业政策。

（2）要积极创造条件，扩大社会需求。我国铜资源贫乏，在许多领域，以铝代铜技术上可行，经济上节省，早已是不争的事实。据测算，如果能将以铝代铜列入国家电网特别是农网改造准入目录，就会极大地扩大电解铝的市场需求，目前的阶段性产能过剩也会得到很大的缓解。

（3）金融机构、国土资源与环保等部门都要认真执行相关政策措施。

（4）要结合开展党的群众路线教育实践活动，在集中解决形式主义、官僚主义、享乐主义和奢靡之风这"四风"问题中，与化解产能过剩工作有机结合起来。将这项工作任务列入地区、部门领导班子工作范围予以考核，作为对领导干部考核、任职、奖惩的重要依据。对于已经造成严重后果、恶劣影响的，不论其在职与否，都要追究相应的政治、经济乃至法律责任。

集思广益解决建设与环保的矛盾

（2015 年 1 月 15 日）

今天，看到一则消息，说是"环保部叫停数条高铁遭无视，被指不如铁道部门强势"。网友们对此，赞成的，反对的，说二话的，都有，可谓莫衷一是。

世上有矛必有盾，建设与环保就是天然的一对矛盾。

如果讲环保，原始森林最环保，没有开发前的北大荒最环保。但是，"高高的兴安岭，一片大森林"，经过几十年过度的砍伐，不少地方目前已经无树可伐，原来的森工后代在加速种树，恢复原生态。昔日的北大荒经过几十年的农业开垦，已经变成国家的大粮仓。"棒打狍子瓢舀鱼，野鸡飞到饭锅里"，早已经成为老辈人头脑里经常萦绕、嘴里不时哼唱的民谣。但是，如果纯粹为了环保，恢复北大仓的原生态，恐怕那些销售到全国各地的东北大米就得断货。据说，今天中国为解决"民以食为天"而进口的粮食油料，已经相当于 6 亿亩耕地的产量。看来，解决 13 亿人口的吃饭问题与保持优美生态环境，是当今中国一大矛盾。

就说修高铁吧，有了高铁要通京城。今天的北京，早已经寸土寸金，车站放在哪里，路线从谁身边通过，都不好使。这也让我想起了一件往事，20 世纪 90 年代初，我到北京出差。一位当年的知青朋友好心问我：愿不愿意调到京城工作？看起来他可能认识几个人，有门路。我却不识抬举地回答：京城米贵，白居不易。以后每次进京办事，都看到首都日新月异，但是也常常听老友们埋怨"行路难，办事难，白居不易"。

怎么处理好建设与环保的矛盾，是世界性的难题。作为媒体与网民，要开动脑筋，集思广益，促进解决这一世界性的难题。

修建小浪底水库究竟值不值

（2012 年 6 月 21 日）

又到了一年一度的黄河小浪底水库汛前调水调沙时期，上部分雪白下部分浑浊的黄河水从水库大坝喷薄而出，水浪上彩虹闪烁，场面极为壮观，成千上万的游客前去观光，已经成为当地一大盛会。

据黄河水利委员会提供的数据显示，自 2002 年始，黄河小浪底水库已连续实施了 13 次汛前调水调沙。经过 10 年的"冲澡、净身"，黄河累计入海总沙量达 7.62 亿吨，河道下游主槽河底高程平均被冲刷降低 2.03 米左右，主槽最小过流能力由 2002 年汛前的 1800 立方米恢复到 2011 年的 4100 立方米每秒，取得了明显的经济效益和社会效益。

也有人对此不以为然，认为小浪底水库压根就不应该修建。他们的理由是原来修建的三门峡水库由于解决不了黄河泥沙沉积问题，不几年成为废库，虽然经过几次改造，但收效不大，所形成的"潼关高程"至今犹在，富饶的八百里秦川深受其害。

实际上，凡事有其利必有其弊，水利工程修不好就会成为水害工程。

小浪底水库正是在总结吸收了三门峡水库的经验教训之后，修建起来的。自从小浪底水库大坝合拢之后，黄河中下游的河南、山东等地一年一度夏秋防汛，不再使国家和群众那么揪心。中下游也不再断流，对于沿岸各地的工农业生产及社会生活所带来的便利、产生的效益，更是难以计量。

调水调沙，降低了悬河河床的深度，增加了过水能力，泥沙大量入海，扩大了黄河河口三角洲的面积，这些可都是水利工程之利啊！

也有人担心，小浪底是否也会淤积，只有小浪底不会淤积，所修的水库才是成功的。

海晏河清，说的是四海风平浪静，黄河水清，是历代中国人民的期盼，但是做不到。

每年台风数次吹来，除了渤海外，黄海、东海、南海及其沿岸都难以躲过，风平浪静只是期盼。

黄河从西北大漠中间穿行而下，大量的泥沙卷入河水，夏秋之际，浑浊的黄河水向有斗水七升之称，只要在黄河上修建水坝，坝底淤积问题总是会发生的，小浪底调水调沙正是为了利用夏季减库防洪的时机，排泄水库淤积的一种手段。黄淮海平原，是中国中原地区的大粮仓，就是历史上的黄河出郑州花园口以东，历经无数次决口后，呈扇形南北横流淤积而形成的。豫北浚县，有一座镇河佛寺，号称七丈庙宇八丈佛像，如今因为黄河夺淮入海，河道南迁，那里早已经成为千里沃土，又是著名的小麦育种基地。

所以说，完全否定新中国成立以来的治黄工程之功绩，是站不住脚的。

国民经济运行周期与
气候上的一年四季有时差

（2014 年 3 月 10 日）

近年来，国民经济运行状况往往是"一季度瞎，二季度抓，三季度赶，四季度缓"。也就是一季度诸多经济数据往往强差人意，摸黑见底，俗话说"瞎了"。从二季度，各级政府及其经济管理部门大力贯彻国家经济大政方针，狠抓落实。到了三季度，时间过半了，许多经济数据大都难以过半，于是乎从上到下，紧赶慢赶，大干快上。到了三季度末，本该"八月十五见光明"，但是天不随人意，四季度经济增长速度与效益反而逐渐放缓。

笔者认为，我们所说的一年四季，是千百年来农耕时代以春夏秋冬为转移而约定俗成的，与现代化的国民经济运行的周期有大概一季度的时差。"一季度瞎"的原因，应该考虑到中国人春节放长假的因素，上年经济数据往往在 2 月底、3 月初才陆续发布，全国两会又在 3 月中下旬才结束，国家经济大政方针，从上年 11 月底至 12 月中旬前后召开中央经济工作会议高层设计，到两会结束，才能够真正完成法定程序。所以，从 4 月份起，也就是二季度全国才能够开始认真抓经济运行。

以此看来，英国财政年度是从每年 4 月 1 日到次年 3 月 31 日，是有其道理的。如果考虑到西方过圣诞节因素，他们在 12 月 24 日后一周时间年休，其前年经济总结与新年经济运转准备，比中国要早一个月时间，而欧美主要经济体的年度经济运行走上轨道，也是从二季度才开始的。

以上见解对否，恳请方家指点。

小资料：

1.财政年度，又称"预算年度"，是指一个国家以法律规定为总结财政收支和预算执行过程的年度起讫时间。从财政角度看，称为"财政年度"；从预算角度看，称为"预算年度"；从会计角度看，称为"会计年度"。这三者应当是一致的。

2.通常以一年为单位，叫做"财政年度"。世界上多数国家，包括中国、朝鲜、南斯拉夫、匈牙利、波兰、德国、奥地利、法国等，财政年度均采用历年制，即自公历1月1日起至12月31日止；有些国家的财政年度采取跨历年制，如英国、加拿大、日本、印度等，从当年4月1日至下年的3月31日止；瑞典、孟加拉国、巴基斯坦、苏丹等，从当年7月1日起至下年6月30日止；美国、尼日尔、泰国等则是从当年10月1日起至下年9月30日止。采取跨历年制的预算，一般是以预算年度终止日所属的年份作为该期间的预算年度。

也有资料显示，2008年9月25日查找的美国本土上市公司，其财报中显示财政年度结束时间为7月31日。

腾格里沙漠污染与
生态环境脆弱地区经济发展问题

（2014 年 10 月 4 日）

近日，内蒙古阿拉善盟腾格里工业园区的环境污染问题，引起党中央的高度重视，习近平总书记等中央领导同志作出重要批示。

据报道，在内蒙古阿拉善左旗与宁夏中卫市接壤处的腾格里沙漠腹地，分布着诸多第三纪残留湖，这里地下水资源丰富，地表有诸多国家级重点保护植物，是当地牧民的主要集居地。它与黄河的直线距离也仅有 8 公里。腾格里额里斯镇沙漠深处，数个足球场大小的长方形的排污池并排居于沙漠之中，周边用水泥砌成，围有一人高的绿色网状铁丝栏。其中两个排污池注满墨汁一样的液体，另两个排污池中是黑色、黄色、暗红色的泥浆，里面稀释有细纱和石灰。

改革开放以来，经济持续发展，成果斐然。但是，也要看到，中西部省区为了承接东部沿海产业转移，大力招商引资，大上工业项目，特别是大上块头大、投资大、产值高的以钢铁、水泥、电解铝、煤化工为代表的重化工业项目。尤其是 2008 年世界金融危机之后，企业急剧的扩张欲望、地方发展经济的规划驱动、设计院所走向市场后一张图纸卖全国的经济行为、设备厂家给钱就制造的商业举动、建设公司全国找活干的讨饭热情，交织碰撞，加上宏观调控不力，短时间内使得许多产业急剧过剩，使得不少地方很短时期内不见了蓝天白云，丧失了大片农田草场，喝不了甘甜的净水，没有了纯净的空气，生不了健康的孩子，再一次验证了市场无序竞争的威力与恶果。

谁都知道，在目前的经济技术条件下，重化工业形成的环境污染治理起来，成本是很大的；一旦对所处自然环境的生态平衡造成破坏，则需要很长时间才能够治理恢复。在本轮产业严重产能过剩的竞赛中，生态环境相对脆弱的内蒙古、新疆、甘肃、青海等省区，决心大、行动快、项目多，尤其令人担忧。

毛泽东同志说过："错误和挫折教训了我们，使我们比较聪明起来。"

另据报道，9月30日，内蒙古自治区党委书记王君、自治区政府主席巴特尔先后主持召开自治区党委常委（扩大）会议和全区进一步做好环境保护工作紧急电视电话会议，全面传达重要批示精神，研究贯彻落实意见，安排部署全区生态环境保护工作。10月1日，内蒙古环保厅紧急召开党组会议，研究讨论如何进一步贯彻落实中央、自治区领导批示和自治区党委常委会议及电视电话会议精神，研究部署下一步重点工作。

笔者建议，各地要对此种破坏生态的教训举一反三，引以为鉴。经济发展一定要与本地区在全国的位置与作用相适应，一定要与本地区生态、文化、民俗、经济发展水平通盘考虑，不可以东施效颦，弄巧成拙。一定要注意吸取教训，防患于未然，绝不能够图一时之利，草率上一些污染严重、产能严重过剩的项目，到头来既破坏了生态环境，又贻害子孙，还得不到实际效益，造成巨大的社会与资源浪费。

舍弃了发展重化工业一条道，生态环境脆弱地区经济发展就成了问题吗？显然不是。发展生态旅游、加快民族村镇及新农村建设、开发太阳能与风力发电、建设大型坑口电站、实施西电东送等等，振兴民族地区经济、发财致富门路有的是。机遇总是给予有头脑、有实力、有准备者，人云亦云，比葫芦画瓢虽然省事，但往往难以成就大事。

河南省有色金属工业开局向好

（2016 年 4 月 6 日）

　　一季度，位列国内有色金属工业第一方阵的河南有色金属工业，开局向好。1~2 月，在全国 10 种有色金属产量下降 4.3% 的大环境中，河南省产量 85.6 万吨，占全国总产量的 11.25%，同比增长 3.21%。河南有色金属工业经过"十二五"大规模的结构调整与技术改造，产业链更加完善，企业生存发展能力提高，促进了有色工业大省向有色工业强省的转变。

　　政府坚持政策引导与扶持，推动有色金属工业由大变强。一是加快淘汰落后，压缩过剩产能，严格环保治理。2010 年前，河南省已全部淘汰了烧结机 – 鼓风炉还原炼铅等落后生产工艺，近年来鼓励企业新上了一批富氧底吹熔炼 – 鼓风炉还原、液态高铅渣直接还原、铅闪速熔炼等先进技术装备，使铅锌工业稳居国内领先地位。"十二五"期间，国内电解铝产能从 2200 万吨扩张到近 4000 万吨，猛增 80% 以上；河南省同期电解铝产能由 450 万吨压缩到 350 万吨，今年在线产能 330 万吨，实际淘汰压缩了 26.7% 的产能。据统计，"十二五"期间，全省有色金属工业累计完成固定资产投资总额 3581 亿元，年均占全国同行业投资总额的 10%~12%，主要不是扩能而是用于大规模技术改造与环保治理。二是支持兼并重组，推动转型升级。全省电解铝企业数量由 2005 年的 21 家缩减到目前的 7 家，前 5 家产能占了全省的 90%。铅冶炼企业数由 2005 年的 68 家减少到目前的 10 家，在线生产企业 7 家，集中在济源、安阳和灵宝等市县。豫光金铅集团坚持走高效、节约、低碳、环保的绿色发展之路，开展技术改扩建，成为国内领先、世界一流企业。一季度铅、锌、黄金、白银、阴极铜产量同比分别增长 8.4%、4%、20.7%、–5%、32.8%。预计实现销售收入增长 9.6%，利润增长 364%，利税总额增长 468%。洛阳集中了全省大部分钨钼采选、冶炼及深加工企业，成为国内最大的钼生产基地。三是注重行业整体性协调发展。目前，河南省铝工业产业链两头大中间小，氧化铝产能 1200 万吨，铝加工产能 900 多万吨，电解铝产能 330 万吨，成了氧化铝与铝加工材调出省，电解铝调入省。2015 年出省铝锭 10 万吨，而从新疆、山东等地调入铝锭超过 150 万吨。政府部门在协调有色金属经济运行中，重视解决产业链系统问题，引导行业补短板，帮助企业排忧解难。

企业运用市场倒逼机制，加强内部管理，加大科技投入，提高市场竞争能力，积极走出去。五年来国内电解铝价格从 16000 元 / 吨连续下跌，最近仍在 12000 吨 / 元以下徘徊，长期低于企业实际生产成本，造成全国行业性亏损。河南各骨干企业直面市场倒逼机制，危中求机，发挥集团内具有发电机组、氧化铝、电解铝、铝加工等产业链完备，产品多元化等特点，加强内部管理挖潜，加大科技投入，不断降本增效。地方国有的万基控股集团新班子于 2014 年 9 月调整后，狠抓管理挖潜，遏制了巨亏势头；调整产品结构，加大国内外市场开发力度；2015 年同比减亏 9.57 亿元，减亏幅度达 77.12%，上缴税金 6.67 亿元，增长 30.78%；今年一季度各项成本与去年同期相比明显降低，同比减亏 1.24 亿元，减幅 92.74%。伊川电力集团一季度各项经济技术指标创 7 年来最好水平，铝加工板块产销两旺，铝板带箔累计销售 10.84 万吨，同比增长 47.81%，利润 2600 万元，已成为集团新的利润增长点。中孚实业公司通过实施全面预算管理内部挖潜，加大高附加值产品比例，实现经营增效，一季度预计实现利润 1 亿元，去年同期为亏损 4409 万元；随着其转型升级标志性工程——60 万吨高性能铝合金特种铝材项目实现达产创效，将完成原铝的全部就地转化，实现由传统产业向新材料制造产业的转变。有色金属工业是国内最早与世界接轨的行业之一。河南省铅产能为 150 万吨，所需要的铅锌矿 80% 从国外进口。钼精矿产量占全国近一半，洛钼集团是河南唯一一家在香港 H 股与国内 A 股上市的有色金属企业。该集团 2013 年收购了澳大利亚北帕克斯铜矿 80% 股权后，成为国内最大的钼生产企业、最大的钨生产企业、澳洲第四大铜生产企业，今年一季度在钼铁（60%）价格同比下降幅度 24.4%、钨精矿价格下降幅度 24% 的大气候下，仍然实现利润 1.8 亿元。

协会积极发挥桥梁纽带作用，促进行业转型升级、科技进步。多年来，省有色金属行业协会深入基层、调查研究，通过参加政府部门组织的经济运行分析活动，反映行业突出问题，提出政策建议，参与制定《河南省有色金属工业年度行动计划》等项工作，给政府当好参谋。通过举办高层论坛推动科技进步，组织协会专家团开展技术咨询，召开企业安全生产座谈会等，协调生产经营，受到一致好评。

当前，河南省有色金属工业保持与发扬了国内同行业第一方阵实力，铝工业具备了与新疆、内蒙等能源低廉省区竞争能力。为进一步发挥区域优势，推动产业转移，促进转型升级，企业希望政府能够解决的问题：一是矿山企业反映，根据财税(2015)52号文件规定，对伴生的应税产品暂不计征资源税，应该在目前已经对钼钨矿实行的基础上，对铝土矿也能够予以实行；并希望对伴生矿产品不征收资源税的政策成为长久之策，使企业有能力加大研发投入，开展资源综合回收、循环利用的技术研究，推进可持续发展。二是骨干铝企业反映，为解决自用电而自筹资金建设的机组，由于受当时政策环境约束，是以社会机组名义报批的，目前应纳入企业自备机组序列，降低向电网交纳的备用费，并允许企业建设机组局域网，以降低成本，实现资源合理配置。

（注：本文由苏俊杰执笔，省政府办公厅信息处的专报材料）

国有经济发展壮大和农村土地集体所有制不变更，是建设中国特色社会主义的重要经济基础

（2016 年 4 月 29 日）

今天的人民日报新闻早班车，把习近平总书记在安徽小岗村召开的农村改革坐谈会上的谈话，概括为中国要强农村必须强、中国要美农村必须美、中国要富农村必须富，而将其中关键的一句："不能把农村土地集体所有制改垮了"，却概括掉了，颇为不妥。不能认真准确全面地传达党中央的声音，恐怕也是《人民日报》近年来屡遭广大党员和人民群众批评的重要原因。

中国农村土地集体所有制之前，是农民个体所有；再之前是土改，土改时对原地主采取了无偿剥夺。如果改变了当前的农村土地集体所有制，就可能导致一系列的逆袭，发生地动山摇的破坏。这些问题，高层清楚，中层迷糊，百姓明白，《人民日报》一些编辑记者却揣着明白装迷糊。

改革开放三十多年来，党所制定的一系列发展农村经济的方针政策，有力地推动了农村巨大变化，农业稳定发展、农民安心创业。

坚持农村土地集体所有制下，农民对土地的承包权，放开土地经营权，是社会主义新农村政策的一大发明。坚持农村土地集体所有制不变更，才能维护社会主义公有制，才能建立健全党在农村的基层组织，坚持党的领导，确保党的战斗力。

近几十年来，中国的高速公路、高速铁路、南水北调工程、黄河小浪底水库、长江三峡水库等建成投用，各地工业园区雨后春笋般兴起，农村大中小水利设施改造发挥效益，没有农村土地集体所有制作支撑，能行吗？！外国人所惊叹不已的中国社会发展与经济建设速度，是由于中国共产党领导下能够集中力量办大事，得益于社会主义公有制占主体经济体制作出的伟大贡献。

这些道理，应该向人民群众作出广泛的宣传，通俗的解释，《人民日报》作为党的喉舌，有义不容辞的责任。

推荐一篇好文章

（2016 年 6 月 30 日）

看到《中国冶金报》6 月 29 日刊登的原冶金部老司长刘勇昌的一篇文章《僵尸企业究竟是哪些企业？》，在为其点赞之际，不禁想起杜甫"庾信文章老更成，凌云健笔意纵横"的著名诗句。

记得二十多年前，冶金工业正在爬坡上坎阶段。冶金部几位领导到洛阳市调研。一天清晨，我见刘司长在招待所院里扭腰伸胳膊，随口说道：锻炼呐。正值盛年的刘司长笑答："垂死挣扎罢了，年轻时只知道拼命，老了才开始锻炼，晚了！"

时光荏苒。十年前，我与一位同志到京出差，在原冶金部大楼即今天的中国钢铁协会一间办公室偶遇刘老，身健如故，相见甚欢。

产业如同森林，同一树种，往往有死树，无死林。

在充满阳光雨露的自然环境中，常见一些病树、枯树，竞争失败，逐渐衰亡。

在今天竞争异常激烈的环球市场，社会主义中国的大型企业集团，宛如享受着阳光雨露的硕大树木，生命力更为顽强。斩断多余的寄生藤蔓，剔除枯枝败叶，杀灭蛀虫，大树将愈发挺拔，生机勃勃。

借此向刘老致敬，感谢他再次笔意纵横，撰此佳作，我已经将此大作转发到了朋友圈。也希望更多的老朋友、新同志，向刘老学习，行动起来，为冶金工业和其他传统基础产业之众多企业，爬坡上坎、转型升级、攻坚克难、勇闯市场、再造辉煌鼓与呼！

国企联合重组与产能严重过剩纵横谈

（2016 年 8 月 4 日）

有消息称，有关方面考虑，将正在重组的 B 钢集团和 W 钢集团组成南方钢铁集团。同时，还计划合并 S 钢集团与 H 钢集团，组建北方钢铁集团。还说，B 钢、W 钢的钢铁资产将被注入 B 钢实体内，成为南方钢铁集团旗下的南方钢铁股份公司；两家公司的非钢铁资产则将注入 W 钢实体内，成为南方钢铁集团旗下的南方钢铁实业公司。

对此，上述涉及的 4 家钢铁企业均表示不知情，而多位行业内人士也表示暂未听说，发布消息者也在上述稿件中表示，该计划尚未最终确定，可能存在变数。

上述 4 家钢铁企业都是国有企业，都是国内钢铁企业的大块头，都在国际钢铁行业占有一定分量。来自世界钢铁协会的统计显示，H 钢、B 钢、S 钢、W 钢 2015 年的粗钢产量分别为 4774 万吨、3493 万吨、2855 万吨和 2577 万吨，分别位居全球的第二、第五、第九和第十一位。如果按照传闻的方案联合重组，北方钢铁集团去年粗钢总产量将为 7629 万吨，南方钢铁集团去年的粗钢总产量将达到 6070 万吨，二者将成为全球第二和第三大的钢铁企业，仅次于安赛乐米塔尔。

毫无疑问，这一方案是否可行，能否落实，不可能由企业自己拍板，此举涉及生产力战略布局的高层设计范围，需要企业所有者即国家有关方面决定。4 家都是国有企业，其联合重组属于国企改革发展的重要内容。

笔者以为，S 钢生产主体在 C 店，与 H 钢集团重要基地 T 钢均在 T 山，两者若组建北方钢铁集团，有利于资源优化组合。B 钢与 W 钢若能够组建南方钢铁集团，国内可形成南北钢铁两雄，既有益于做强做优做大国企，也有利于市场竞争，是件好事。

有关资料显示：这样一来，国内钢铁行业的集中度将进一步提升。2015 年，中国排名前五位钢企的产业集中度为 22% 左右，排名前十位的钢企粗钢产量总计达到 2.75 亿吨，产业集中度为 34.2%。如果两大钢铁集团成立，上述两组数据将分别提升为 27% 左右和接近 40%。行业集中度快速提高，可以减少钢企间的同质化竞争，避免同行业企业在设备和技术方面的重复投入。

钢铁企业联合重组势在必行。H 钢集团中的 T 钢本来就是央企，这两家国企合不合并，关乎着中央与地方事权及利益的调整，关键在于国家和省两级政府的态度。钢铁产能严重过剩，作为钢铁大省的河北省去产能任务艰巨。问题久拖不决，企业难免被拖垮。京津冀经济发展一体化，需要中央通盘考虑，集中统一。解决严重过剩产能，需要大刀阔斧，推动实施。

一些经济界人士认为：企业兼并重组十多年，基本上没有成功范例，若予强推，违背市场规律，恐留后患。

笔者以为，看问题要运用辩证的观点、发展的眼光，不可一概而论。国企问题复杂，其是否兼并重组，主要不是由企业，而是由国企所有者，经多方调研、权衡利弊拍板决定的。其中，国企亏损不完全是自身问题造成的。有历史原因，有社会原因，有环境因素，当然也有经营者的责任。有些时候、有些情况下，需要国企所有者，采取一定的手段、出台相关措施加以调整扶持。

笔者观察，适当的产能过剩，有利于市场竞争，优胜劣汰；严重的产能过剩，责任不在企业而在宏观调控不力。这次造成包括煤炭、钢铁、电解铝、水泥产能严重过剩的问题十分复杂。市场经济下企业做强做大的本能驱动，各地政府招商引资发展经济的强烈欲望，推向了市场的设计单位、科研院所一张图纸全国出售的经营方式，设备制造与工程建设单位自找饭吃、自寻项目、见钱就上的无奈，宏观失调中的市场无序竞争，使得一段时间内，大河上下、长城内外多资本跨行业齐头并进，大干快上，才造成了今日众多产业产能严重过剩的局面。

企业不论大小，办好的关键在人。为什么一些人在创办与管理中小企业的时候能够得手应心，一旦上升为大企业、尤其是国有及国有控股大企业的领导者、管理者以后，就力不从心，愈挫愈败？究其原因，往往一是自己摆不正位置，视公权为私权，假老板胡作非为。这类国企中，一人专权或者少数人霸权屡见不鲜，党委会等同虚设，董事会员不懂事，监事会员难监事，企业所有者对其放任自流。二是能力有限，经营无方，管理混乱。这类企业负责人，往往眼光短浅，心胸狭窄，官大脾气涨，瞎指挥，乱决策，改规划如儿戏，上项目乱点兵，视金钱如粪土。三是腐化变质，热衷于经营小圈子，贪污腐败，企业倒霉，职工遭殃。

有鉴于此，不少有识之士呼吁，按照习近平总书记提出的"必须理直气壮做强做优做大，不断增强活力、影响力、抗风险能力，实现国有资产保值增值"的指示精神，站在"增强政治意识、大局意识、核心意识、看齐意识"的高度，选拔具有国际视野、战略眼光、综合素质的经营管理人才，作为加快国企改革、做强做优做大国企的重要内容。

必须指出，推行企业兼并重组、深化国企改革、开展反腐倡廉等项工作，不能等待观望，要努力推进，见诸成效。这些事项也有交叉，并不是同一层次的任务，不能混为一谈。

近年来，笔者在诸多场合呼吁：解决产能过剩不能让企业单独买单，尤其是不能让常年奋战在一线的广大企业员工买单。可喜的是，今年国家出资1000亿元解决煤炭、钢铁行业产能过剩问题，将进一步推动企业转型升级、安置去产能企业职工、维护社会稳定。

社会主义市场经济是一个大题目，加快国企改革、促进国企创新发展是一篇大文章。国企是公有制的重要基础之一。国家拥有国民经济发展的决策权、改革开放的领导权、市场竞争的主导权、竞争法规的话语权。国企办好了，国家之幸，国民之福；国企垮了，国民经济基础就会发生动摇；国家动乱了，民企想搞好也好不了。看看国外的现实，就明白了。

市场规律，是不断发展变化的，决非金科玉律，一成不变。马克思主义与中国的革命实践相结合，有了新中国，也改变了世界格局。经过改革开放三十多年的艰苦奋斗，今天的中国已经是世界第二大经济体、拥有世界上最大的13亿人口的大市场，离开了中国的参与制定，现存的国际市场、国际贸易、市场体系、市场法规就不完备，更不可能发挥有效作用。

冶金工业（包括黑色冶金、有色冶金及其相关的门类）是基础产业，企业生存发展，任重道远。大家都在冶金工业干了几十年了。回想起这几十年来，冶金行业没有一年没遭遇过困难，企业没有一年过上了扬眉舒心的"好日子"。往往在取得了一个又一个胜利之后，接着又将遭遇到一个比一个大的困难。国家发展规划与区域发展之间、政府部门与企事业单位之间、银行证券金融部门与企业生产经营之间、企业集团供产销运之间、央企与地方企业之间、沿海企业与内地企业之间、大企业与中小企业之间、国企与民企之间、内资企业与合资外资企业之间、乃至国内外市场之间，相互牵扯、盘根错节、矛盾重重、问题不断、争奇斗艳、竞争发展。认真总结一下经验，组织写一篇毛泽东同志当年《论十大关系》那样的文章，肯定精彩。

古人云，物之不齐，物之情也。任何时候，任何情况下，不平衡是绝对的，平衡是相对的。困难之中孕育着希望，成功之后往往面临着更大的困难。作为冶金战线的老职工，我经常对年轻的企业经营管理者与广大员工说：今天就是好日子，明天日子更难过。自强不息，厚德载物，市场不相信眼泪；挺直腰杆，顽强拼搏，你就是英雄；转型升级，发展创新，坚持下去就是胜利。

（本文于 2016 年 8 月 25 日在《中国有色金属报》二版首发后，被收录到中央党校中国历史唯物主义学会编辑、中共中央党校出版社出版发行的《党的建设与思想政治工作优秀成果汇编》一书。文中 B 钢即宝钢集团，H 钢即河北钢铁集团，S 钢即首钢集团，W 钢即武钢集团，C 店即曹妃甸，T 钢即唐钢，T 市即唐山市）

谈巨额的外汇储备与一带一路建设

（2016 年 8 月 31 日）

国家发改委一专家认为：目前 2.5 万亿 ~3.7 万亿美元的巨额外汇储备规模，不再适合中国，应该采用多渠道予以纾解降储，我认为此观点有道理。

外汇储备是国家开展对外交流活动的必要资本。一个国家外汇储备是采用一种或者一篮子外币、储备数量多少为宜，不同国家、不同时期应有所不同。

第二次世界大战以来，美元挟其在世界贸易中享有的主要定价权与结算权之优势，成为各国主要外汇储备工具。由于美元发行权在美联储手里，量化宽松即加印美元成了美国剥削掠夺别国的主要金融手段，所以中国不宜储备过多美元外汇。

从某种意义上说，2.5 万亿 ~3.7 万亿美元外汇储备，全部留在手里是绿纸，用到外经外贸、对外项目上是投资。国内多数严重过剩的产能，从根本上说是需求不足的富裕产能，而不是落后产能。以美元外汇为投资，助其走出国门，使用到"一带一路"上，就是对外友好交往的推手。接受中国投资的国家与地区，基本上要使用中国的装备、技术、施工与管理队伍。其中的意义，不需多说。

有的同志认为，以往对越南、朝鲜、缅甸、古巴、阿尔巴尼亚、甚至非洲多国成千上万亿元的投资，不少都打了水漂，有的国家还成为我们的仇敌或麻烦制造者，很有些得不偿失的感慨。

国际交往要从大处着眼，有大局思维，讲战略谋划。还是要学点毛泽东，甚至学点佛教的辩证哲学，今日之果，缘于昨日之因。我下乡时，农民说：庄稼不收年年种，一年收成管二年。正如今日关注台湾乱局，预测美国大选，不能光看谁当选了，要看不当选一边有多少能与我们搭上话的人。或者说，从长计议，不必计较一城一地得失，笑到最后者，才算是笑得最好的。

1978 年我刚成家，住一户一室连体平房。一位来自农村的女工，没啥文化，学唱豫剧《朝阳沟》，把"朝阳沟今年又是大丰收"，唱成"今年又是大半收"，惹得大家当笑话传了好几年。后来我常想，世上之事，多半如此。满心希望，满腔热情，往往事倍功半。

今日我们谈论起巨额的美元外汇储备，有用无用，用到哪里最好？既要有精心谋划，也要有底线思维，应该是不变成废纸了就行。如同你我家中至今保存的全国粮票，除了得空看一眼，有价值么？至于回报率高低、有无，还有一句话，叫做：谋事在人，成事在天。

产能严重过剩是实施
《十大产业调整与振兴规划》造成的吗?

（2016 年 9 月 29 日）

有媒体报道，经济界著名的自由化派代表人物张维迎近来强调：产业政策仍遗留着浓厚的计划经济色彩，甚至会扼杀企业家精神，滋生寻租土壤，于创新并无益处并终将失败；实现创新的唯一途径是经济试验的自由，政府不应该给任何企业、任何行业任何特殊的政策。说："推行的十大产业振兴计划导致了严重的产能过剩"，这是一个极不负责任的判断。

计划与市场，是国家管理经济的手段，资本主义有计划，社会主义有市场。政策是政权的宣示，产业政策是产业发展的准绳，当今世界，任何国家都不会放弃制定产业政策的权力，对产业放任自流。中国作为发展中的社会主义大国，要建立独立自主的经济体系，实现中国梦，更不可能没有产业政策。当然，发达国家与发展国家，大国与小国，经济发展阶段不同，产业政策是不可能一样的。

张维迎提到 2009 年国家出台实施的十大产业调整振兴规划，造成了当下产能严重过剩，是指鹿为马的谎言。就拿《有色金属产业调整与振兴规划》来说吧。其指导思想明确提出："以控制总量、淘汰落后、加强技术改造、推动企业重组为重点，推动有色金属产业结构调整和优化升级；充分利用境内外两种资源、着力抓好再生利用，大力发展循环经济，提高资源保障能力，促进有色金属产业可持续发展。"

现实是，当年已经纳入国家严格控制总量扩张的电解铝，产量从 2009 年的 1289 万吨，猛增到 2015 年的 3141 万吨，增长 243.68%；产能从 1900 万吨，猛增到 3600 万吨，增长 189.47%；到 2016 年，继续增长到 4000 万吨，增长 210.52%。究其原因，恰恰是一些省区尾大不掉，拒不执行国家出台的产业政策造成的恶果！电解铝工业以外的一些电投企业、煤炭企业、轻纺企业，纷纷跨行业投资电解铝工业，一些地方政府视产业政策、环保政策如儿戏，一些金融单位违规争相发放贷款，一些地方干部借招商引资贪污腐败。当人大代表的资格都可以用市场价格购买时，国家制定的产业政策还能发挥作用吗？！

按照张维迎们的企盼，中国实行了经济自由化、政治多元化、文化西方化、国防附庸化，13亿人口的中国大市场成为国际经济巨头竞争掠夺的对象，中国恐怕要国将不国，中国的主权、政权、人权，也就不会存在了！

所以说，产业政策是引导产业发展的准绳。当务之急，是要全行业牢固树立"政治意识、大局意识、核心意识、看齐意识"，强调全国一盘棋思想，明确"绿水青山就是金山银山"的观念。下决心处理一些违法乱纪者，调离一些无所作为者，选拔一些敢作敢为者，严格执行产业政策、环保政策，切实去库存、去产能、去杠杆、降成本、补短板，推动有色金属工业稳步、协调、健康发展，为加快建设社会主义强国，实现中国梦作出应有贡献。

（本人发表于《中国有色金属报》，2016年9月29日头版）

统计与估计

（2016 年 11 月 7 日）

统计是科学管理的一项基础工作。在现实经济生活中，人们从"统计数据有水分"的现象出发，对经济运行的一些数据常常产生怀疑。

应该承认，在今天的经济社会环境中，"统计数据有水分"是一种难以避免的事实，由此对行业经济、区域经济乃至宏观经济的一些大数据产生怀疑，则不是科学的态度。

这是因为，一是经济大数据，是对各行各业、全国各地千千万万原始数据的科学汇总。我国是一个拥有 56 个民族、13 亿人口、960 万平方公里国土面积和 472 万平方公里海域面积的大国，历史的原因造成东中西部及各省区之间，经济科技文化发展不平衡。目前条件下，由于这样那样的原因，统计数据中出现一些纰漏与偏差是难免的。二是政府有关部门与科研单位，本着实事求是的原则，不断完善统计体系设计，及时对失真的数据予以校正，逐步提高了数据链的科学性、数据的准确性。三是统计学作为一门应用科学，其产生发展运用，与一个行业、区域、国家经济技术发展有一个相适应的过程。一般说来，一门应用科学的产生，都是在对实践进行总结升华，产生出理论框架后，还需要经过实践的检验，不断深化、提高、创新、完善，再应用于实践。实践—理论—实践（经过再总结与创新）—理论，往返以至于无穷。广义上看，任何科学理论不会也不可能穷尽真理。统计数据的准确性会随着时代的发展与科技手段的进步，不断提高。

笔者 40 多年来在农业、工业、政府经济管理部门与行业协会工作，参与了乡、县、省级经济管理及运行分析活动，对于农业、工业经济数据的准确性，有切身的体会。

"统计离不开估计"，在一定的时空条件下，有其相对的合理性。笔者

1968 年秋到大别山区做知青，1970 年春被临时抽调到新县田铺公社生产办公室，主要工作是听电话、要数据、整材料。春种春耕，县革委生产指挥部天天向下面要数据、材料。细致到对全公社多少亩田育了秧苗，多少灌水犁过了，多少还没有灌水没有犁，多少旱地要种什么品种等，一天一上报。公社八九个大队，山高路远，农村电话与有线广播共用一条线路，"抓革命、促生产"合二为一。传达最高指示与落实各项政策，是每天雷打不动的政治任务。各大队部要在新闻广播之后，将有线电话线切换下来，才能够与公社通话。遇上刮风下雨，线路出故障，就只好分头步行十几、二十几公里，跑下去要数字，弄得我们焦头烂额。

　　一天，我好不容易跑到河铺大队（许世友将军老家），找到会计老许，向他倾诉苦水。老许哈哈大笑说："'统计离不开估计'，我教你一个土办法，以后就不必瞎跑了！"他说：公社各大队在册的田亩是一个定数，其中水田与旱地也不难以分开。随着天气暖和，雨水增多，农民们自然会从水库塘堰放水犁田，你只需要每天将全公社水田数的 1/5、1/4、1/3、1/2、2/3 等面积，逐日上报，就是当前春耕或春种的数据了。记住：各种数据要有整有零，无零不成数啊！我惊讶地说：这不是糊弄上级吗？老许说：县里要的这些数据，本来也是糊弄上级官僚主义的。老农民不比他们更操心不误农时，抓紧春耕春种啊？老许还告诉了我一个惊人的消息：山区耕地面积多年来是一本糊涂账，实际面积远大于政府登记在册数目。这是因为，当年登记田地时，沟沟洼洼，田地层层，弯弯曲曲，不好测量。时值隆冬，天寒地冻，工作人员爬上爬下，十分艰难。不少村庄，在实测了一二条山沟之后，就对其他山上沟下的田地，照顾当地干部的意愿，实行了低限估测，加上这些年开荒造田，谁也说不准田地的准确数目。老许特意交代我："一定要按照公社统一口径，统计上报生产数据，千万不可以自以为是，招惹麻烦。"

　　从实践中总结的"经验公式"，在一定的时空条件下，能弥补统计工作的一些疏漏，纠正一些偏差。1971 年春天起，我在河南省信阳钢铁厂综合化验室工作了三年。每天对矿石、烧结矿、生铁、焦炭等原料、辅料和产品进行化学分析，向生产一线提供动态数据。"处处留心皆学问"，一块从高炉拿来的生铁小样交来，用钻头钻一些铁屑，再用强酸将其溶化，用分光光度计检测，确定是否合格，标定铁号。时间久了，我发现合格铸造生铁的铁屑，能利索地装入样品纸袋，炼钢生铁的则不容易入袋，袋口边沿沾了一层黏糊糊铁屑的，都是硫含量过高的废铁。这个小经验使我可以更迅速地判断本炉铁水是否为废品。厂化验室的化验报告，仅对样品负责，化验样品是否有代表性，关系极大。按照规定，大宗铁矿石进厂，取样工要到铁路专运线上，对每个车皮分层取样，每层按照 9 ～ 12 个网点取矿，然后按对角线原理，逐步缩减、破碎、研磨成样品，交付化验分析。钢铁厂进一次矿石，几十个车皮。标准取样工作量巨大，很难操作。取样工往往偷懒，随意抓取几块有代表性的矿石回来，制取成样品交付检测，其结果理应打折扣。但是，高炉炉长不仅依靠化验室提交的分析报告指挥生产，炉台值班室还有多种监测仪器。熟练的炉长在实践中也总结出来了"经验公式"，使高炉得以安全生产。前几年，传闻一些领导人为规避宏观统计数据失真，比较重视运输量、发电量、贷款量之变化而被外媒称之为"宏观经济三指数"，实际上也是在运用一定时空条件下的"经验公式"。

生产工艺复杂、产业链长的工业企业，各类统计方式交叉，数据链变动量大，却不一定能够反映真实情况。1973 年年底到 1985 年秋，我在厂办公室工作，逐渐熟悉了工业企业计划、生产、基建、统计、会计等项工作流程，参与制定了经济责任制考评工作。发现对于同一事项，计划统计、生产统计、财务统计、经济责任制统计所反映出来的数据并不一致，这几种统计有交汇，也有盲区。以某产品产量为例，从生产线出来是一个数据，进入产品库是一个数据，销售出去是一个数据，财务记账是一个数据，货币回款中应回款是一个数据，实际回款又是一个数据。企业当期盈亏额，是企业当期回收的货币资金与总成本之差额。长流程工艺的钢铁企业总成本中，采、选、冶、炼、轧，供应、运输、销售，环节众多，总厂、分厂、车间、工段，单独核算，各环节消耗成本、安全生产、产量质量效益，互相扯皮。要准确进行考核奖惩，以哪些数据为准才能够综合平衡、体现奖勤罚懒呢？1985 年年初，我结合学习系统论、信息论与控制论，写了一篇《中小企业的系统管理与经济责任制初探》的论文，指出："计划、统计、财务、经济责任制，几种核算所依据的基础数据不一样，实施的标准不一致，在实行时就造成了误差，下面很容易钻空子，会出现月月考核月月奖，年终留个大窟窿的被动局面。所以说，放弃必要的监督、管理和指导，所谓搞活经济、提高效益就可能成为一句空话，或者仅仅在账面上算出一个高效益，实际效益并不理想。"为此，设计了一个具有三维时空的系统管理模型，以求解决问题。论文发表以后，引起了省内工业经济界的注意。

　　统计数据体系的科学设置与全程监督，是加强经济管理、推动经济发展的重要手段。1986年我调至河南省冶金建材厅办公室工作后，开始接触行业经济管理工作，对于全省冶金工业、有色金属工业和建材工业一些统计数据的真实与水分，有了更深的体会。省内钢铁工业企业，主要是被冶金部列入地方骨干企业的安阳、洛阳钢铁公司与四家中型炼铁厂，各种数据相对准确及时；有色金属工业以央企为主，地方企业尚未形成气候，有关数据也容易获得。对于产品广泛、企业数量众多、能力大小不一的建材工业数据的获取，是一件头疼的事儿。厅领导多次批评我这个综合材料执笔者，"长着一颗钢铁脑袋"，起草的文字材料缺乏建材工业的东西。并指示：建材的材料数据，先找计划处长要，再找建材处长要，不够了再找厅副总工程师要，这些索要来的数据，有些就是拍脑袋拍出来的。那些年里，河南省冶金建材工业经济数据，就是这么统计加估计合成出来，出现在本厅综合材料之中，使用于领导讲话稿、上报省里的冶金建材工业经济运行分析，以及向新闻单位提供宣传报道稿件之中，其中的水分无须掩饰。好在省厅对口的冶金部、国家建材局、有色总公司三个部门，都只要本行业的数据，省统计局是按照国家统一口径设立统计科目。我们撰写的经济运行分析与预测，对当时行业的发展进步，起了促进而不是促退作用，在档案及年鉴、史志等方面，留存下来。1999年，国家限制钢铁产量，当年八九月的冶金部生产报表中，出现了钢材产量大大多于钢产量的怪现象，我经过调研、并向专家求教，写了一篇有关全国钢产量出现瞒报的材料，被省政府办公厅《政府工作快报》采用编发，成为当年厅里信息工作的亮点。而材料报到《中国冶金报》内参编辑部时，一位编辑用电话告诉我：请部里有关领导看过了，为了顾全行业大局，认为此件还是不发表为宜。看来，实话有时也说不得。

　　改革开放以来，科技飞速发展，各行各业统计工作有了质的飞跃，有力地促进了经济社会的发展创新。国土资源已经使用了卫星监测，农业、林业、矿业用地情况，能够随时掌控。工业产业链延伸、企业联合重组、装备技术水平提升，互联网、信息技术、机器人、大数据等先进科技广泛运用，使统计数据的准确性空前提升。2015年，河南省834户规模以上有色金属工业企业，平均用工人数共30.2万人，实现营业收入6608.4亿元，利润总额293.1亿元（含黄金企业），税金总额95.6亿元。其中，据测算，大型企业集团所占统计的企业户数不足 10%，但营业收入、利润、税收等占行业的 75% 以上。因其组织结构健全，管理体系完备，各类经济数据准确性好于占户数 85% 以上的中小企业。所以说，由统计部门提供的有色金属工业数据链，不能说没有水分，但其准确性是不容置疑的。

有资料显示：我国工业，在广度和高度两方面与新中国成立前相比，发生了翻天覆地的变化；与世界强国相比，差距在迅速缩小。在广度上，中国拥有 39 个工业大类、191 个中类和 525 个小类，是全世界唯一拥有联合国产业分类中全部工业门类的国家，形成了一个举世无双、行业齐全的工业体系；在高度上，中国工业产品的质量和技术水平在不断攀升，除全面占领中低端产业外，也正在向高端产业发起冲击，在部分领域已经取得了世界领先的地位。

毋庸讳言，一些地方与单位"干部出数据、数据出干部"的现象，为单位及集团利益弄虚作假、肆意更改统计数据等问题，屡屡被媒体曝光，亟待纠正。

还需要指出，正如中国特色社会主义市场经济不能够照搬别国的模式一样，服务于中国经济社会的统计学也不可能照搬别人的模式。以 GDP 统计为例，服务业作为第三产业是在其统计范畴之内的。但是，中国人历来有做家务的优良品质，亿万家庭中的家务活动，恐怕至今还难以用货币量统计。全国 60 岁以上的老年人已经超过 2.2 亿，即使有 1/10 目前在给子女带孩子、做家务，这 2200 万人的劳动，按照第三产业的统计标准，所产生的"GDP"也是十分可观的。更不用说亲友之间，帮忙互助、钱物赠借方面，产生的"GDP"则更是难以统计了。

加快建立健全中国特色科学的统计与监督体系，是一项浩大的基础工程；确保千千万万原始数据的准确及时，更好地为改革开放和经济社会发展服务，应该是举国上下、各行各业义不容辞的责任。

（本文发表于《中国有色金属报》，2016 年 11 月 7 日二版，发表时有删节）

经济运行周期谈

（2016 年 7 月 14 日）

经济学家姚洋提出：要注意经济运行的周期，当前中国经济运行七年一个小周期，十四年一个大周期。这一建议，值得探讨。

早在 3000 多年前，中国古人就从实践中观测到，农业生产以五至六年一个小周期。五六年中的农作物收获，丰年、灾年、平年，大体各占三分之一，所以才以六年为期，之后反复一次，即十二年一个循环。据说，这也是十二地支，即十二属相的来源。农谚：牛马年，好种田，就怕鸡猴这两年。大概是千百年来小农经济环境下，农民对自然气候下农业生产规律的一种认识。

当年，毛泽东在领导制订全国五年计划时也说过：农业生产怎么计划？还是以五年为期，一个丰年，二个平年，二个灾年计划，不要算满了，这样比较有利，较少有害。

自由是对自然的认知和对客观世界的改造。研究经济发展实际问题，找出其运行的规律性，有助于顺势而为，破解难题。

回眸 2016 河南省有色金属工业

（2016 年 12 月 22 日）

2016 年，河南有色金属行业面对全球经济复苏乏力、中国经济进入"新常态"的状况，认真推进供给侧结构性改革，加快结构调整，加强技术改造，完善产业链，经济运行稳中向好，保持了国内第一方阵的地位。预计 2017年在化解产能过剩、降低成本压力难减态势下，仍具有较强的市场竞争能力。

2016 年河南有色金属工业运行特点是：

（1）生产平稳增长。1~11 月，河南省十种有色金属产量共计 496.62 万吨，占全国总产量的 10.39%，同比增长 1.44%，增幅高于全国平均增幅 0.14个百分点。原因是电解铜增量大于电解铝减量。其中：电解铝 287.32 万吨，占全国的 9.91%，同比下降 4.83%，降幅大于全国平均降幅 4.13 个百分点；电解铜 43.58 万吨，同比增长 74.29%；铅 127.7 万吨，占全国的 32.31%，同比增长 3.28%，增幅低于全国 1.82 个百分点。铝材 1005.47 万吨，占全国的18.83%，同比增长 11.89%。铜材 57.89 万吨，同比增长 4.98%，增幅低于全国 7.92 个百分点。氧化铝 1006.84 万吨，占全国的 18.21%，同比下降 7.26%，全国为增长 2.4%。

（2）经济效益缓慢回升，行业盈利三季度好于二季度，四季度继续向好。1~10 月全省 873 户规模以上有色金属工业企业实现主营业务收入 5614.3亿元，同比增长 3.3%；利润总额 287.4 亿元，同比增长 16.2%；实现税金总额 80.6 亿元，同比增长 2.3%。其中，亏损企业数 92 户，同比减少 2 户；亏损企业亏损额 24.1 亿元，下降 40.9%。

铝工业经济运行态势继续好转。327 户铝工业企业实现主营业务收入2393.6 亿元，同比增长 4.53%；利润 94.6 亿元，同比增长 30.89%；税收 48.5亿元，同比增长 3.63%。其中，62 户铝矿采选企业主营业务收入 217 亿元，同比增长 8.4%；利润 21.4 亿元，同比持平；税收 8.4 亿元，同比下降 1.2%。23 户铝冶炼企业主营业务收入 807.1 亿元，同比下降 5%；利润 4.5 亿元，同比增长 115.4%，税收 20.9 亿元，同比增长 15.3%。242 户铝加工企业主营业务收入 1369.5 亿元，同比增长 10.4%；利润 69.4 亿元，同比增长 25.4%，税收 19.2 亿元，同比下降 0.5%。

25 户铅锌冶炼企业实现主营业务收入 553.2 亿元，同比增长 18.2%；利润 11.7 亿元，同比增长 51.9%。税收 8.4 亿元，同比增长 44.8%。

17 户铜冶炼企业实现主营业务收入 71.6 亿元，同比增长 4.2%；利润 5.8 亿元，同比持平。48 户铜加工企业实现主营业务收入 367.4 亿元，同比下降 7.6%；利润 11.5 亿元，同比增长 35.3%。

44 户钨钼矿采选企业主营业务收入 111.7 亿元，同比下降 12%；利润 0.1 亿元，同比下降 90%。32 户钨钼冶炼企业主营业务收入 140.7 亿元，同比增长 5.9%；利润 15.8 亿元，同比增长 20.6%。

（3）重点企业经营势头好转。豫光金铅集团实现销售收入 184 亿元，同比增长 8.06%；利润 1.27 亿元，同比增长 55.79%；利税总计 5.4 亿元，同比增长 24.7%。河南明泰铝业前 10 个月实现销售收入 60 亿元，同比增长 12.65%；利润 1.67 亿元，同比增长 47.80%。洛钼集团 9 月底实现营业收入 34.96 亿元，同比增长 10.12%；利润 5.84 亿元，同比下降 8.96%，扣除重大资产重组相关费用，实际盈利增长 2.96%。

（4）固定资产投资保持了一定势头，一批高精尖项目建成。1~10 月河南省有色金属工业施工 271 个，完成固定资产投资 682.09 亿元，占全国同行业的 12.81%；与上年同比下降 7.49 个百分点，降幅与前 9 个月相比有所收窄，低于全国平均水平 0.03 个百分点。豫联集团年产 60 万吨高精铝建设项目建成投产，这一高精铝项目被誉为中国铝工业转型升级标志性项目，业内专家认为其热轧及冷轧成品的凸度精度、温度精度和厚差、表面质量及生产成本均达到国际先进水平。

（5）科技进步、环保治理取得新成绩。骨干铝企业自建的发电机组，实现了或正在抓紧进行超低排放环保治理。中国恩菲工程技术有限公司与河南豫光金铅股份有限公司共同研发、在豫光首次实现产业化应用的"双底吹"连续炼铜技术达到国际领先水平。其最大的优点就是解决了车间内部的低空污染问题。

（6）重点企业加快走出去步伐，初见成效。洛钼集团 2013 年收购了澳大利亚北帕克斯铜矿 80% 股权后，到 2016 年 6 月，已经盈利 10 亿元人民币，为集团提供现金流 20 亿元人民币。目前，洛钼已经成为国内最大的钼生产企业、最大的钨生产企业、澳洲第四大铜生产企业。洛阳钼业继以 15 亿美元收购全球矿业巨头英美资源集团位于巴西的铌磷项目，从而使洛阳钼业成为全球第二大铌生产商之后，又以 26.5 亿美元收购了自由港麦克米伦公司位于刚果（金）的 Tenke 铜钴矿项目 56% 股权。这意味着洛阳栾川钼业集团股份有限公司已跻身成为全球最具竞争力的铜生产商之一和全球第二大钴供应商。

2016 年河南省有色金属工业行业运行稳中向好的原因是：

（1）加快淘汰落后，压缩过剩产能，企业竞争力有所回升。全省电解铝企业数量由 2005 年的 21 家缩减到目前的 7 家，前 5 家产能占了全省的 90%。铅冶炼企业数由 2005 年的 68 家减少到目前的 10 家，短流程炼铅新工艺在全省推广应用，使铅冶炼工业稳居国内领先地位。"十二五"期间，国内电解铝产能从 2010 年的约 1900 万吨（产量 1695 万吨）到 2015 年的 3600 万吨（产量 3141 万吨），增长了 89.47%，到 2016 年年底逼近 4000 万吨，使得本来就需求不足的产能更加过剩。其中，河南产能从 450 万吨（产量 367 万吨），淘汰、关停到 340 万吨（产量 325 万吨）。目前，由于电解铝去产能，出现了河南产 1/3 左右氧化铝向省外年输出（350 万吨）、需从外省调入 150 多万吨电解铝（相当于 1/2 河南产量），以满足产销两旺铝加工的新局面。

（2）完善产业链条、推动转型升级。铝工业发挥煤电铝产业链优势，铅锌工业中豫光金铅等企业不断延伸产业链条，加大综合回收力度，提升了企业的市场竞争力。

（3）企业运用市场倒逼机制，强化内部管理，亏损大幅度下降。万基控股集团从二季度扭亏为盈，到 10 月底实现利润 2.16 亿元。11 月份，中铝中州铝业整体盈利 3867 万元，环比增加 2084 万元。1～11 月份，累计考核利润较预算进度减亏 7591 万元，累计实现盈利 1545 万元，提前实现本质盈利目标。

（4）行业协会积极发挥作用，深入基层、调查研究，组织产业发展、技术交流、专项攻关活动，推动了行业"去产能、降成本、补短板、调结构、促发展"行动。

2017 年，有色金属工业发展的宏观环境不容乐观。有色金属作为战略性新兴产业支撑材料的地位没有变，随着科学技术的发展，轻金属结构材料对钢铁、水泥、木材等传统材料的替代作用明显，国内对有色金属的需求正旺，拓展应用空间广阔。但是，河南有色金属工业面临的风险和挑战不容忽视。

一是全球经济复苏乏力，国内经济增长压力仍在，去产能任务艰巨。前一个时期，国内大型有色金属矿山项目和电解铝项目的集中建设所新增产能，还在不断释放，加剧了市场供大于求的局面。

二是去杠杆风云多变，金融杠杆的负作用牵制了实体经济发展创新。有色金属产品具有衍生金融属性，在市场活跃期间，其金融地位上升，成为融资的重要工具，金融杠杆成为推动价格上涨的重要动力，也对企业经济效益的提升起到了重要作用。前几个月铝价突涨，不排除有相当数量的游资炒作因素。随着市场出现疲软，监管部门加大管控力度，游资出逃，铝价下滑，加上金融机构对企业抽贷，一些生产企业资金链越绷越紧，凸显了经营风险。

三是国内外市场融通问题仍待解决。2017 年，国际有色金属市场竞争的加剧，贸易摩擦不可避免。随着美元加息、人民币弱化，不利于铅锌矿与氧化铝的进口，国外动辄制裁的举措阻滞了铝加工产品出口等，在新的一年里将给有色金属工业稳中求进增添新的变数。

（本文发表于《中国有色金属报》，2016 年 12 月 22 日）

工作篇

GONGZUO PIAN

谈信息与信息工作

（2006 年 4 月 26 日）

一、信息的重要性与信息工作的紧迫性

信息（情报、情况），是对于以往工作的总结、当前形势的描述以及发展趋势预测的概括。信息工作包括信息收集、分析、处理与反馈的全过程，是一切工作中不可或缺的重要环节。

战争中信息就是生命，就是胜利。

从古代的烽火戏诸侯，抗战时期的鸡毛信、消息树，到伊拉克战争中美军巡航导弹的狂轰烂炸，反美武装力量运用肩抗式导弹打下直升飞机等，都离不开准确的或者错误的信息引导。

和平时期信息就是稳定，就是发展。

从中央到地方，从国务院到省政府，每天都要处理大量的政务事务，千头万绪，信息第一。国务院与省政府办公厅信息快报、省国资委的《国资信息》、离退办的《老干部工作信息》等，都属于政务信息的范围。

神州 5 号、6 号载人飞船发射成果，举国欢庆，世界震惊。"嫦娥登月"工程研发等，都是中国国家科学技术开发水平的整体展示，也是中国信息化水平整体的最高展示。

经济工作中信息就是金钱，就是效益。

面对瞬息万变的市场，科学管理需要及时准确的信息支撑。预测产品价格走向，决策企业发展方向，都离不开对各种信息的收集处理、研究分析。管理会计中有固定成本与变动成本的划分。在固定成本不变的前提下，企业效益往往产生在变动成本的下降中，或者说产生在生产经营的增量中。为此，及时提供各种准确无误的信息，极为重要。

以往发生过许多投资失误、盲目决策的教训是深刻的,除了急功近利的指导思想作怪以外,信息不灵、预测不准也是很重要的因素。

进一步改进与加强信息工作,是改进加强省国资委老干部工作的需要。

客观地说,国资委老干部信息工作取得了一定的成绩,在省国资委有关信息和省委老干部局的《老干部工作》中,都有所反映。但是在《河南日报》《河南电视新闻》上,有关省国资委老干部工作的信息、消息稀少,还不能够全面反映我们工作的真实成绩,这主要是由于我们自己的工作力度、广度和深度不够造成的。

要解决信息工作与国资委老干部工作不相适应的问题,需要从观念上、技术上、工作上予以全面的改进。

一些同志观念还没有从传统思维中摆脱出来,习惯于旧的行政管理方式方法,对信息化认识不足。国资委离退休干部工作系统虽然配置了电脑,但是技术手段落后,基本上是各台电脑各自为战,没有建立起全面覆盖各项管理工作、灵活高效的信息网络,不能够发挥应有的作用,也没有在省国资委网页中占据一席之地。

以上充分说明了改进与加强信息工作的紧迫性。

在实现现代化管理方面,要提倡超前意识,工作上等一步不如先走一步。

二、进一步建立健全省国资委离退休干部工作信息网络

依靠现有省国资委的信息网络,整合现有资源,建立健全河南省国资委离退休干部工作信息网络,作为我们信息工作的综合平台,提高国资委老干部工作信息发布权威性,已经成为我们信息工作的重要内容。

省国资委老干部工作信息网各单位之间,要注意定位与分工。远景定位:离退办的网页应该是主网页,各单位的网页是分网页,或者是网络节点。工作分工:中心网页负责总体工作安排、信息发布和活动预告,分网页负责将本单位的工作信息,及时反映到中心网页上来。近期安排,以纸质传载信息为主,加强信息工作。

信息网络成员之间应该相互支持,资源共享,应该是义务与权利的统一,责任和效益的结合。信息出效益,它的前提是需要投入,需要建设。

当前需要尽快确定信息员,需要开展学习培训工作,需要建立信息工作的考核与激励机制。

三、开展信息工作需要注意的几个问题

信息的分类：从内容上可以分为政务信息、经济信息、经营信息、科技信息等；从形式上可以分为上报信息、交流信息、内部信息、外发信息等；从内涵上可以分为工作信息、调研信息等。

信息的基本特点是：准确性、时效性和公务行为。

信息的准确性：信息是对于某项工作与问题的忠实反映，发布信息的目的是为领导和领导部门的正确决策提供可靠依据。所以，准确无误是信息工作的基本要素，造假失真是信息工作的大忌。

信息的时效性：信息要及时采集与报出，这是信息工作的重要环节。错过了时效的信息，就是古人所说的"明日黄花"。盛开的鲜花是最美丽的，最有欣赏价值的，但是你却推迟到明日才把它拿出来，失去了最佳机遇。

信息的发布是一项公务行为，发布信息需要有关领导审核批准。个人不能随意发布单位信息，意气用事是信息工作者的大忌。

提倡调查研究，多搞有深度、有分量的调研信息，努力揭示事务的本质与发展趋势，提高信息的质量与权威性。

少唱"四季歌"，巧唱"四季歌"。所谓"四季歌"，即是一年四季平平谈谈地宣传成绩。成绩不是不可以宣传，而是要看怎么宣传。要抓特色，注意本单位本时期的不同点，争取巧唱"四季歌"。

对信息工作者的工作要求是：

（1）每一位从事信息工作的同志，要注意加强政治理论和专业技术学习，提高政策水平，拓宽知识面，提高工作能力。

（2）要勤勉，注意多学多思。在采集信息尤其是在调研过程中，要力求掌握宏观态势，树立时空观念，注意上下比较、内外联系、今昔对比，善于抓有分量的活鱼。

（3）要讲求写作技巧，短文也可以出彩。公文写作的主要特点是文风朴实。但是，朴实不是干瘪。古今中外，短小精悍的美文精品很多。文字工作者，特别是信息工作者，应该在精通或者熟悉本职业务的基础上，更加热爱生活，兴趣广泛，拓宽知识，博采众长，争取能够把比较干硬的经济文章、短篇信息，尽量描述的生动一些，使人留下更深的印象。

（4）要沉得下来，耐得寂寞，抛弃浮躁，扎实工作。

（5）对于各级领导来讲，要支持信息工作，鼓励信息工作者，许多领导同志本身就是秘书出身，是搞信息的老手、老师，要注意运用言传身教帮助年轻人，还要尽可能地为他们解决一些实际问题。

四、需要注意处理好几种关系

一是要注意处理好领导支持与工作努力的关系。信息工作与其他工作一样，有为才会有位。信息工作需要领导支持，但是只有取得了一定的工作成绩，才更能够得到领导支持与同志们的认可，才可能有一定的地位。

二是要处理好上报信息与新闻消息的关系。注意信息与新闻的联系与区别。反映同一件事务，采用信息与采用新闻报道是有着不同手法的。信息是内发文，新闻是外发文，要注意内外有别。信息往往是上行文，阅读的对象是各级领导，内容要求短小精悍，点到为止，多摆事实，少讲道理。新闻报道是平视文，作者与读者处于平等地位，阅读的对象是普通读者，是国内外广大受众，即使短小的消息也要注意交代背景，用深入浅出的语言，讲清楚专业性比较强的科技新闻。有的信息要求保密，有些信息稍后则可以改写成为公开的新闻报道，要注意打时间差。

三是要摆正信息采用率高低与信息质量的关系。注意分清单个信息与普遍信息的联系与区别，局部与全局的联系与区别。不是所有的基层信息都可以被上级或者社会注意，只有典型信息才具有广泛意义。在上级信息媒介或者网络中发布的信息量少，不一定就是工作量小；上级也不会仅仅以信息发布多少来定优劣。

四是要摆正搞好本职工作与开拓进取的关系。要注意自己的工作定位。秘书人员，是在为单位及单位领导撰写公文；信息工作者，是在为本单位采集发布信息。所以应该学会在普通的岗位中跟上领导同志的思想水平与工作能力。为此，精神要解放，思路要开拓，工作要勤勉。一定要时时处处对自己高标准，严要求。要做本职工作的有心人。勤于作好工作，善于总结经验，不断提高完善。要注意学习，积极把哲学与现代科学知识结合起来，学会透过现象看本质，在深入浅出中下功夫，在厚积薄发中求实效。做一个本职工作的有心人，努力成为本单位、本行业中的工作佼佼者。

（本文是作者 2006 年 4 月 26 日在河南省国资委离退办信息工作座谈会上的发言摘要）

老干部工作谈

（2007 年 4 月 20 日）

老干部是党和国家的宝贵财富，老干部工作是党委的重要工作，爱岗敬业是老干部工作者义不容辞的责任。

尊老敬贤是中华民族的优良传统，是和谐社会的基本要求，是党员干部的基本素质。

几千年来，我们中华民族"老吾老及人老，幼吾幼及人幼"的优良传统，熔铸了家庭、民族和社会生生不息的基石，彰显了自立于世界民族之林的实力。

爱国守法、明理诚信、团结友善、勤俭自强、敬业奉献。社会主义公民道德的主要内容里，就包涵了尊老敬贤的基本原则。

尊老就是尊重历史，敬贤才能开辟未来。

任何人都不是从石头缝里蹦出来的，都是父母生、家庭养、社会大环境下成长的。孝敬父母、照顾家庭、和谐邻里、报效社会是每一个人的良知。孔夫子说"三年无改于父道可谓孝矣"，又说"父母在，不远游，游必有方"，是有其历史渊源与现实意义的。

从事老干部工作，首先要解决思想认识问题。要理解老干部，尊重老干部，热爱老干部。要懂得老干部是我们党 7000 多万名党员中的前辈，是几十年革命建设改革开放中的功臣，是各级党政事业机关人员的老师。过去，老同志们在各自的岗位上辛勤工作，受人尊敬；今天，老同志们在党和政府的关怀下安度晚年，同样应该得到尊敬。

曾经有一个笑话，说是一位年轻人刚进机关，见了自己的顶头上司，恭恭敬敬地喊一声"李老师"。随着时间的延长和上司的升迁，其称呼也逐渐改称为李科长—李处长—李厅长，后来厅长快要退休了，就喊他李老。

等到厅长办了退休手续了，又喊他老李了。然后这位当年的年轻干部逐渐提升起来，他偶然再提起自己的老领导时，往往很随便地说我们单位的那个李老头。

李老师—李科长—李处长—李厅长—李老—老李—老李头。称呼的变化，既显示了一个人趋炎附势的嘴脸，也说明了另一个人由在台上时的威风凛凛，到退离休下台后冷冷清清饱受世态的炎凉。

做好老干部工作，要注意作到真心实意，千方百计。

爱岗敬业，是每一位工作人员的责任，尽快成为本职工作中的佼佼者，首先要切实成为本职工作的有心人。

古人说"世事洞明皆学问，人情练达即文章"，今人称"无佛处称尊"，我认为，只要刻苦努力，你终究会成为本职工作的最优秀者！

最近，省委在全省处以上党员干部中开展的"讲正气树新风"主题教育活动，受到了胡锦涛总书记的高度赞扬。

讲正气是中华民族的优良传统，是中华民族传唱了5000多年的主题歌。

孔夫子说过：政者，正也。子率以正，熟不正？又说：其身正，不令而行；其身不正，虽令不从。

孟子也说过：我善养吾浩然之气。有人问他：何谓浩然之气？他答道：难言也。其为气也，至大至刚。以直养而无害，则塞于天地之间。其为气也，配义与道；无是，馁也。

文天祥有一首著名的正气歌，开篇之句就是：天地有正气。

孙中山题词中有"天下为公"的古语，也有"养天地正气，法古今完人"的对联，而且注明是"介石兄嘱书"。蒋介石奉化故居奉镐房内，有一方为儿子蒋经国四十周岁题写的"寓理帅气"的匾额，还注明这是他1949年年初下野蛰居时，夜不能寐，重读《孟子》时的心得。

讲正气是中国共产党人的一贯宗旨。

我们党从成立到今天，80多年来领导全国人民进行革命建设，改革开放，已经为历史证明，并且还在继续证明，是举世无双的正义事业，取得了世界公认的辉煌成就，促进了富民强国，振兴中华。1926年入党的李悦民同志，生前曾经撰书过一副对联：开放学先进，改革谋发展。20年过去了，这副对联仍然熠熠生辉，激励后人。作为共产党人，我们可以问心无愧地说，我们的党，我们的绝大多数党员和党员干部，上无愧于列祖列宗，下无愧于黎民百姓，心无愧于妻儿老小。我们几十年来，艰苦奋斗，辛勤工作，为党为民，主要依靠的是身上一腔热血，依靠的是胸中浩然正气。

讲正气是巩固党的执政地位、提高党的执政能力、促进党和人民事业兴旺发达和国家长治久安的有力措施。

讲正气是坚持科学发展观、推动和谐社会建设的有效保障。我们不能够总是摸着石头过河，而是要不断总结经验，实行科学发展，可持续发展。

讲正气是修身养性、健康长寿的有效途径。常言说：心宽体胖，随遇而安。

生活，不应该是一团团混乱的麻，而应该是一首首优美的歌。人生在世，岁月如梭，七灾八难，在所难免。好话坏话都是说，哭着笑着都是过。大家都是为党工作多年，不论是历经了大风大浪的老同志、老党员，还是年富力强的新同志，都需要正确对待生活，正确对待同志，正确对待他人。对于一些过去的无谓争论，一些难解麻团，一些难忘的旧事，如今需要忘掉、去掉、丢掉。

工作，不应该是一座座山峰，而应该是一条条道路。世上无难事，只要肯登攀。只要我们真心实意，扎扎实实，一步一个脚印，没有攀登不上的山峰，没有干不了的工作。

党组织，不应该是一盘散沙，而应该是百战百胜的战斗堡垒，应该是奔腾不息的浩荡江河。我们每一位党员，是堡垒上的一块合格砖瓦，是江河中一滴闪闪发光的水滴。涓涓细水汇聚起来，才能够形成江河波澜，形成巨大能量。从某种意义上看，党章党纪是江河的堤岸，没有规矩不成方圆，没有堤岸，河水就会泛滥成灾。党建工作是千秋大业的重要工程，是三峡大坝，是保障江河造福国家、民族和人民的有效保障。

《管子》说：政之所兴，在顺民心；政之所废，在逆民心。苏联解体，源于苏共垮台，源于失去了民心，失去了执政的基础。50多年前，蒋介石国民党被我们赶到台湾，主要也源于他们腐败无能，失去民心。今天国民党又失去台湾政权，沦为被人屡屡戏弄的在野党，也是在蒋经国去世以后，后继无人，后继无能，既体现了人亡政息，也说明了家天下的破产。

不可否认，由于我们是执政党，各级领导干部手中都多多少少有一些权力。这些年来，出现了许多令人发指的贪官污吏，许多腐败案件，普通的老百姓深感痛恨，我们共产党人更是深感痛心。老子的《道德经》中有一段话：

"罪莫大于可欲，祸莫大于不知足，咎莫大于欲得。知足之足，常足矣。"从已经揭发处理的贪官污吏、犯罪分子来看，他们虽然曾经为所欲为，曾经那么不可一世，曾经使干部群众咬牙切齿，但他们一旦被揭发出来，一旦被严肃处理，一旦被绳之以法，就成了人人耻笑的小丑，成了被钉在历史耻辱柱上的反面教材。"人人都说神仙好，惟有金钱忘不了，日日盼望金钱多，等到钱多眼闭了。"《红楼梦》中的这首歌，形象地刻画了这些贪官污吏、腐败分子的人生残梦。

所以说，今天我们每一个党员，特别是每一位党员干部，都应该积极参加这场"讲正气树新风"的主题教育活动，按照党委的统一部署，认真学习，提高觉悟，转变作风，促进工作。

（本文是作者在河南省国资委离退办党委学习班上的发言提纲）

新闻宣传工作要守土有责主动出击
——致河南省委副书记王全书的一封信

（2003 年 8 月 20 日）

我参加了 8 月 15 日省委报刊整顿工作会议，对于整顿党政机关所办报刊、加强宣传工作、加大宣传河南力度等项工作，得以了解，颇受启发；对于改进宣传报道工作，也产生了一些想法。

我们党是执政 50 多年的大党，党报党刊有主渠道作发行保障，但是近年来的发行工作却甚为艰难。我作为长期在国有企业和省直机关办公室从事文秘兼宣传工作的工作人员，看到每年报刊发行大战中，从中央到地方各级党委办公厅下发的要求订阅党报党刊的文件，总会产生一些难以名状的悲哀。

在革命战争年代，党为了与敌人争夺新闻舆论阵地、武装干部群众思想、扩大革命队伍而认真办好延安《解放日报》、重庆《新华日报》和晋察冀《人民日报》，总是要求全党把报纸发行作为一项重要工作来抓，有其历史原因。今天，我们已经拥有 6300 多万名执政党党员和全国健全的各级组织机构，却还要下大力气，与一些二三流小报争夺读者群。究其原因，我看无非一是主渠道不通，二是办的报刊不吸引人，没有发挥出党报党刊应有的宣传教育作用。

这次中央下决心，整顿各级党报党刊，意义重大。目前许多打着党政机关旗号所办的报刊，真正为党政机关增光的不多，帮倒忙的不少。正如中央与省委文件上说的，有一些成了单位的小金库，有些采编人员干脆把手中的采编权变成了敲诈勒索别人的手段，影响十分恶劣。压缩党政机关办的报刊，首先会减轻经济扰民现象；其次有助于拆掉机关"小金库"，保护干部少犯乃至不犯错误；其三，可以起到"削藩"作用。下面一些报刊采编人员，政治理论和政策水平相对不高，难免有一些与中央和省委政策规定相悖的东西发出，给党和政府造成负面影响。而一些基层党政领导同志，工作作风欠踏实，却很热衷于在自己经营的报刊电视上频频曝光亮相，容易造成群众的反感情绪，也是宣传上的败笔。至于非党政机关的报刊所发表的东西，毕竟不代表党和政府的声音，出了杂音也容易处理。

我从 20 世纪 70 年代中期起，就在企业为《河南日报》当通讯员，从 80 年代中期起，调到省直机关又兼了《中国冶金报》和《中国有色金属报》两家行业报的特约记者，自认为是新闻战线上的"票友"，也懂得办报人的辛苦与报刊发行工作的艰难。对于新形势下如何进一步办好党报党刊，不好多嘴。应该说，今天的《河南日报》比过去好看多了，70 年代那种对于"《河南日报》的标题布置得像贴门神"的批评意见，早已经成为历史。但是，好无止境。报纸办的既有用又好看，需要长期的努力工作来实现。把要求读者订报变为读者自愿订报，更需要报社全体人员付出极大的努力。真心希望《河南日报》能够越办越好看，报业集团能够取得更大的成绩。拓宽主渠道，唱响主旋律，打好主动仗，应该是全体从事党的新闻宣传工作的同志们，长期奋斗的目标。

说到主动仗，我这个"票友"也有一点体会。前些年，孩子沉迷网吧影响学习，我常被老师喊去训话，因而对网吧深恶痛绝，又无可奈何。为了怕他彻夜不归就在家里购置了电脑。去年孩子在外地大学毕业又参加了工作，电脑闲在家里。过年时他回来教我上网，我才明白所谓第四新闻媒体的存在及其威力。看到新浪网、中华网上如同潮水般的各种奇谈怪论，我作为一个党员干部深感吃惊。有一次中华网上有一个帖子，说现在的处以上干部，大都是一些老家伙，上不了网，就是骂死他们，他们也不知道。我不服气，让年轻人教自己电脑打字和上网的办法，要在网上和年轻人谈谈心。有一次看到一些帖子嘲笑河南人，我费了很大功夫，打了一篇"欢迎您到河南来"的文章，发到了《中华网·时事纵横》上，前后有七八百人点击观看，还被网管放到"精华区"长期保留。从此，在中华网上骂河南的帖子几乎没有了。后来我在网上看到，不少帖子对于国际国内问题发表了十分荒唐的言论，有些明显带有敌对势力的背景，我又忍不住和他们争论起来。最近孩子问我上网有没有乐趣，我说：尽管老眼昏花，常打错字，老子可算又找到了贴"大字报"的地方！

通过学习上网，我慢慢地体悟出，第四新闻媒体的作用不可小觑。出于党性与良知，目前我实际上在中华网里充当了河南义务宣传员与不大称职的国际问题观察员。

我认为在加大宣传河南力度方面，不但要强调守土有责，还应该在更大范围内主动出击。比如，可以在一些知名网站论坛上定期不定期地组织文章，宣传河南。还可以在别的报刊上主动策划，发表一些宣传河南的东西。当然，这些要作的实在而又巧妙，才有说服力。

今年"五一"放假期间，我结合了前几年的一次俄罗斯远东考察和对前苏联解体后一些问题的观察思考，整理打印了一份《远东散记》。其中"北海"一节，记述了一位苏共老党员"寻找真正的布尔什维克说心里话"的情节，很是感慨。七一前我将此文发表到中华网上，被作为推荐帖子，反响热烈，被网管保留到了"精华区"里。

（注：今年，不少纸质媒体举步维艰，有的干脆停办了。这个教训值得宣传部门与新闻界深思。退居台湾的国民党每况愈下，前些年连《中央日报》都办不下去而改办《中央网路报》，如今更落了个被台独势力整得惶惶然如丧家之犬的可悲下场。

中国共产党历来重视新闻宣传工作，毛泽东强调："凡是要推翻一个政权，总是先造舆论，总是要在意识形态领域做工作，革命的阶级是这样，反革命的阶级也是这样。"

十几年前给省委领导同志的这封信中列举的一些问题，至今仍有待解决）

老干部要成为和谐社会建设的骨干力量
——致河南省委书记徐光春的一封信

（2004 年 7 月 15 日）

现将两期省国资委离退办《老干部工作信息》、我在国资委离退休干部党支部书记学习班上的讲稿《文化信仰与和谐社会建设》，以及两篇上网帖子送上，请予参阅。

我是省国资委离退休干部工作办公室一名普通党员，从 1968 年下乡做知青起，先后在农村、工厂和机关办公室工作了 30 多年。工作之余，爱翻闲书，近年来又热衷于上网，因而知道了网络的厉害。有些人在网上肆无忌惮地攻击我们的党和党的领袖人物，大肆污蔑改革开放的路线方针政策与巨大成果，尽情美化欧美日本，疯狂鼓吹台独，非法传播宗教，散布封建迷信，抹黑中国传统与当代优秀文化。党性与良知，令我愤慨，催我反击。我以东坡传人为笔名，三年多时间中，在网上发表了近百十篇共 20 多万字的评论文章，宣扬唯物论，批评唯心论，教育年轻人。内容包括：宣传我国睦邻友好、和平发展的外交政策；揭露美国在台湾问题上多年玩弄的"不独不统、不战不和"战略的真相，用历史与现实的经验教训说明国民党的出路在中国，民进党玩火（鼓吹台独）必自焚；强调在维护国家统一方面要文事武备、强武促和、以武逼和，更要抓住机遇，加快发展。说明只有祖国强大了，和平统一才有可能实现。还分析了布什政府武装入侵伊拉克的目的，除了要推翻他们扶持过的逊尼派萨达姆政权、对世界上其他代理人起到杀一儆百的威慑作用之外，主要是借反恐之名，在中东建立新的军事基地，抢占更多的石油资源，确保美国的霸主地位。谁知道聪明反被聪明误，使伊朗什叶派毛拉政权坐大，造成美国至今在伊拉克战场进退两难，对于伊朗政权虽然软硬兼施，却陷入无可奈何的尴尬境地。以苏联解体、东欧剧变、国民党下台为实例，说明我国改革开放 20 多年来，经济发展、社会进步、民族团结、人民幸福的基本国情，充分证明了 13 亿中国人民在共产党领导下，坚持走中国特色社会主义道路的必要性。我在网上公开亮明党员身份，欢迎各界朋友参加争论。事实证明，今天的中国，毕竟是共产党领导下的社会主义国家，几十年来改革开放的伟大成果是最好的丰碑。那些躲在网络中发出的乌七八糟的东西，毕竟见不得阳光，也经不起争论。我在争论中发现，网络中有隐藏着敌对势力的网特，他们经常有组织、有预谋、有步骤地播发一些东西，占领我们的舆论阵地，与我们争夺群众、特别是争夺年轻人。

我把自己的《东坡网评录》先后结集成 4 册，每册自印 100 本送给有关同志朋友，供他们参阅。但是，也常常觉得势单力薄，觉得前几年我们党和政府对于迅速发展起来的网络监督管理不足，在如何运用网络为改革开放大政方针服务方面，则更为欠缺一些。

作为基层党员和机关普通工作人员，我欣喜地看到党中央国务院先后发布了《关于进一步繁荣发展哲学社会科学的意见》和《关于深化文化体制改革的若干意见》等重要文件，提出了"坚持马克思主义在意识形态领域的指导地位，确保国家文化安全"的战略任务。回首往事，也为自己几年来业余战斗而感到欣慰。

我在这次老干部党支部书记学习班上以《文化信仰与和谐社会建设》为题，和老同志们交流思想，畅谈感受。我在会上问大家，其实自己也在经常思索：当年入党究竟为什么？为公，为私，还是为了投机钻营？今天应当为党干什么？增光，还是抹黑？当然，作为离退休老干部，不可能有多大的增光或者抹黑能力。但是，不能够无所作为，不能当改革开放的冷嘲热讽者，不能够忘记了自己的身份。老党员要自觉发挥社会稳定工作中的基石作用，老干部应该成为和谐社会建设的骨干力量。不要在人家骂娘时我们也跟着胡乱骂娘。人家骂娘，是巴不得共产党尽快垮台；我们骂娘，是痛恨党内存在着风气败坏、贪污腐化等严重问题，是恨铁不成钢。作风腐败，败坏了共产党的优良传统；干部贪腐，亵渎了共产党的干部队伍。共产党有能力有办法，整顿作风，惩治腐败，教育干部，纯洁队伍。对此，老同志们一定要有坚定的信心。苏联为什么解体？国民党为什么下台？我们中国几十年的改革开放取得了巨大成就，令国内外刮目相看，我们党更加赢得了 13 亿人民的拥护和信任。蒋经国晚年开放党禁，使台独合法化，搞军队国家化，忘记了他老子蒋介石一辈子信守的"有枪才是草头王"的经验。共产党牢记毛泽东"组织起来""枪杆子里面出政权"和"党支部建在连上"的教导，坚持党对军队的绝对领导权，坚持加强党的建设、特别是党支部的建设，坚持提高执政能力、不断巩固执政地位。国民党历来只有党部，没有支部，仅从组织体系上说，就如同一颗根系不发达的树木，一遇到大风浪，很容易被连根拔掉。我们的党支部，作为基层组织，遍布各个行业，扎根各地基层，团结带领党员，密切联系群众，发挥战斗堡垒作用。人生在世，要登高望远，与时俱进。我们是拥有7000万人队伍的世界上最大的执政党党员，是振兴中华的领导者和实践者，要有创业光荣的自豪感，更要有百战百胜的自信心。要在社会主义和谐社会建设中坚守岗位，尽职尽责，积极主动，为党工作。老同志们对于我的这些说法还是认同的。

省委提出建设文化大省的战略目标是完全正确的。近几年省市各有关部门通力合作，在文化上搞了几个大动作，出了不少精品，得到了国内外的好评。每当听到外地朋友们夸奖河南时，我总是不无揶揄地说：欢迎常到河南来，更多的精品还在我们家里呢！过去，人们总喜欢出河南人的洋相，其实是我们河南人谦虚谨慎有余，不善宣传。

作为一个河南人，我为家乡的发展进步而自豪；作为一名党员，我愿意为建设文化大省而尽力。为此，我提两点建议，供省委参考。一是进一步调动各方面的积极性，投入到文化大省建设中来。比如，对于网络管理方面，不但要管好，更要用好，组织多方面力量，运用多种方式，把握好正确导向，正面宣传，主动出击，让新兴的网络为建设文化大省服务。二是要显示大家风范。一些专家在网络中与网民交流时，提出要有大国国民心态的建议，很符合中国网民目前的实际。我由此而想到，建设文化大省要体现大家风范。目前，国内不少电视剧、电影、戏剧、小品、相声，越来越吸引不了观众，原因很多，脱离生活、胡编乱造、品相低俗又小家子气，都是其中重要原因。有些作品，几乎全是钱堆出来的，往往多俗套、少新意、应时景、虚热闹，风格上小鼻子小眼，端不上台面。河南地处中原，文化深厚，集中力量，多出精品，显示大家风范，当是应有之义。

浅谈师德

（2006 年 5 月 16 日）

　　我们中国，作为拥有 5000 多年文明历史的泱泱大国，自古就有尊师重教的优良传统，有以德治国与以法治国相辅相成的宝贵经验，师德之说更是古已有之。

　　早在 2500 多年前，孔夫子就在这片古老的大地上开创了民办教育的先河。子曰："自行束修以上，吾未尝无诲也。"束修，十条肉干。未尝无诲；没有不教诲的。也就是说，学生只要交一定的费用，孔夫子都会将其接纳为弟子，因材施教。那时候，孔夫子与弟子们同吃同住，不开小灶，十条肉干恐怕只够佐餐烧菜，连基本伙食费都难以维持。看来孔夫子的民办教育，收费十分低廉，所以至今也没有见到家长们埋怨学校乱收费以及遭到官府审计的记载。

　　孔夫子的教学方针和教学方法，也是很值得后人借鉴的："三人行，必有我师焉""温故而知新，可以为师矣""默而识之，学而不厌，诲人不倦，何有于我哉？"子曰："不愤不启，不悱不发。举一隅不以三隅反，则不复也。"愤，发愤；悱，想说又说不出来。不悱不发，不到对方想说又说不出来时，不去启发他。隅，向隅而泣的隅，中国古人认为，天圆地方，地有四隅（四个角落），教学时要能够举一隅而反三隅。反，领会，融会贯通。

　　孔夫子那个时代，自然科学还不发达，老先生的私塾里主要教授的是一些人文科学、社会科学的学问。在他晚年岁月精心研读，曾使"韦编三绝"，并为之大量作象加注的《易经》中，为首的是乾坤两个主卦。乾，代表苍天，阳刚，男子，父亲；坤，代表大地，柔媚，女子，母亲。"天行健，君子以自强不息""地势坤，君子以厚德载物"。这是孔夫子及其门徒们，分别为乾坤两卦注解的非常有名的卦辞。近代大学问家梁启超为清华大学写的校训：

"自强不息、厚德载物"，就出于此处。

我们现在所称的新儒学，也叫程朱理学，又称洛学，其创始人是北宋伊川程颢、程颐兄弟二人，集大成者是南宋人朱熹。朱熹《四书集注·大学章句》，开宗明义就是：

"大学之道，在明明德，在亲民。在止于至善。" 这里，大学指的是大人之学，不是现在的大中小学校的大学。是治国理政之学，不是文字考究之学，后者称之为小学。明明德，第一个明是光明的明，第二个明是明白的明，德是指美德、道德。亲民，亲当作新。新者，革故鼎新之新。

"古之欲明明德于天下者，先治其国。欲治其国者，先齐其家。欲齐其家者，先修其身。欲修其身者，先正其心。欲正其心者，先诚其意。欲诚其意者，先致其知。致知在格物。"这里，格，极致；格物，物格，穷尽事务的道理。

儒家文化到了朱熹这里，已经把德育、德治抬上了无以复加的高度，把德育、德治与"修身、齐家、治国、平天下"非常紧密地融和链接起来。

教师的责任，在唐朝著名大文豪韩愈的《师说》里，已经交代得十分清楚，"师者，所以传道，受业，解惑也"。韩愈所谈的"道"，到朱熹那里演变为"理"，程朱理学是韩愈道学的继承与发展。我们今天所说的"道理""道德"，出处就在这里。

现在培养教师的学校叫师范学校、师范学院、师范大学。"学问为师，行为称范"。范，规范，模子，翻砂造型的模子。道德规范，作为学校的教师，不仅要学问精湛，还要为人师表，讲究道德规范。

常常听到有人谈论，依法治国，说话办事，只要合法就行了，为什么还要提倡道德规范呢？现代社会，法制国家，强调"有法可依、有法必依、执法必严、违法必究"，法律是治国的依据，也是治国的底线。道德比法律要宽泛，有人比喻说，法律是河岸，道德是河水。没有河岸，河水会泛滥成灾；没有河水，河岸就会成为摆设。

学校、家庭、社会，是道德教育的不同类型、不同时段、不同层次的课堂。作为学校的教师，讲究师德，强调德育，弘扬社会主义公民道德，教育学生具有"爱国守法、明理诚信、团结友善、勤俭自强、敬业奉献"的基本道德规范，培养一代又一代有理想、有道德、有文化、有纪律的社会主义公民，是我们义不容辞的责任，"得英才而育之，不亦乐乎？"要实现这些，首先要提倡讲究师德。

讲究师德需要把握哪些方面的内容呢？

要有坚定正确的政治方向。学校是教书育人的重要场所，国家的性质决定了社会的导向，社会的需求决定了办学的方向。我们的国家，是中国共产党领导下的社会主义国家。宪法规定，马克思主义、列宁主义、毛泽东思想和三个代表重要思想，是实现国家统一、推动社会进步、加强民族团结、促进人民幸福的重要指导思想，我国目前处于社会主义初期阶段，坚持科学发展观、坚持改革开放、全面建设小康社会是 13 亿中国人民的共同奋斗目标。提倡讲究师德，应该围绕以上方面的政治内容进行。

要有纯洁高尚的优秀品德。一个普通人，往往其人格的优劣、人品的高下，决定了他在社会、单位、家庭中的实际地位。优秀的教师，必然具备优秀的品德。子曰："其身正，不令而行；其身不正，虽令不从。"光明磊落、公而忘私、胸怀坦荡、舍己为人等等，都是中华民族传统美德的具体表现，都为社会、家庭和他人所称道不已；心口不一、口是心非、阳奉阴违、惟利是图、损人利己等等，都是人民群众所鄙视，也为社会、家庭和他人所嘲笑的不良行为。我们是唯物主义者，我们相信人的品德不是先天就具备的，而是后天所养成的。人有错误并不可怕，可怕的是顽固坚持错误，不愿意改正。孔夫子的弟子子贡说过："君子之过也，如日月之食焉；过也，人皆见之；更也，人皆仰之。"

要有精益求精的知识水平。教书育人是非常辛苦又很要能耐的工作。要想教好一课书，必须翻遍百部书。诗人杜甫有一句"摊书解满床"的诗，这里的"床"不是现在我们睡觉的床铺，而是古代的书桌，有一点像东北火炕上的炕桌。那个解字，道出了诗人创作的辛苦。"吟得一个字，捻断数根须"。作诗尚且如此艰辛，何况教书育人！教师常年坚守三尺讲坛，满头青丝化作银发，培养出一代又一代高徒，赢得桃李满天下，靠的是精益求精的真功夫。

要有锲而不舍的创新精神。时代在发展，社会在进步，科技水平日新月异，学校的教科书也在不断更新，优秀教师更要善于开拓创新，与时俱进。锲而不舍，金石可镂，开拓创新，其乐无穷。

要有鞠躬尽瘁的牺牲情操。"只有状元学生，没有状元老师"，乃是社会俗见；名师出高徒则是不变真理。"春蚕到死丝方尽，蜡烛成灰泪始干"，是对于教师——人类灵魂工程师最为形象、最为真实的描述。不计名，不计利，一条教鞭，几根粉笔，鞠躬尽瘁，默默无闻，是多么高尚的牺牲情操！

要有包容天下的宽广胸怀。百家争鸣，形成于战国时代，出现了儒家、道家、法家、阴阳家等多种学派；百花齐放，万紫千红，方显得满园春色。毛泽东同志曾经寄希望于社会主义的科学文化教育园地里呈现"百家争鸣、百花齐放"的绚丽景象，我们今天的社会主义和谐社会建设，就是要进一步实现先贤前辈们的美好愿望。"海纳百川，有容乃大；壁立千仞，无欲则刚"。我们作为中国的知识分子，作为教书育人的教师，虽然身在基层，却要胸怀天下，要有包容万物的襟怀。叶公问政。子曰："近者说，远者来。"说，应念作喜悦的悦。为人处世，依然如此。师生之间，同事之间，上下左右，学校内外，要提倡和谐共处，教学相长。有的时候，有的单位，不论是领导，或者是群众，和谐相处，欣欣向荣；纷争不已，乱象丛生。这也是辩证法中的应有之义。

要有恬淡自足的人生哲学。人生最大的财富是什么？是金钱还是财产？是权力还是地位？依我来看，是自己能够自由支配的宝贵时间。爱岗敬业，是我们每一个国家工作人员应该具备的品德；恬淡自足，是我们每一个知识分子应该具有的人生哲学。孔子曰："学而时习之，不亦说乎？有朋友自远方来，不亦乐乎？人不知而不愠，不亦君子乎？""知者乐水，仁者乐山。知者动，仁者静。知者乐，仁者寿。"乐山、乐水，念作"要"山、"要"水。"君子有三戒：少之时，血气未定，戒之在色；及其壮也，血气方刚，戒之在斗；及其老也，血气既衰，戒之在得。"子夏曰："仕而优则学，学而优则仕。"优，优裕的优，与悠哉游哉的悠为通假字，是时间宽裕的意思，不是优秀的优。所以说，学而优则仕，原意是学习时间优裕了，可以尝试着去找一点事情干干，做事时间优裕了，应该静下心来学习一些知识。看来，中国古人早就有了在职学习、学习终生的可贵思想。在古代，仕是一种职业，是当时的知识分子阶层，不是什么官员。目前的一些解释违背了《论语》的原意，是强行附会。现在有的对于论语的解释，往往运用今义而不依古义，把孔夫子的原意弄拧了。比如，"惟女子与小人为难养也，近之则不孙，远之则怨。"多少年来，人们把这一句话当作孔夫子鄙视妇女的根据。"文革"批孔时，这句话更被当作"孔老二的反动言论"，而大加批判。实际上，孔夫子一生下来就死了父亲，是母亲颜氏（颜徵在）含辛茹苦将其抚养成人。一个只有母爱而缺失父爱的伟大哲学家、教育家，不可能也没有道理去鄙视妇女。所以，那个女子应该读为汝子（女字偏旁加三点水，是以后才衍生的字）。在孔夫子时代，文字还没有加上偏旁。在《论语》《孟子》中，"女"字大都是指第二人称的"你"的意思。老夫子话中的"女子"，不是说"妇女"而是说"你们这些小子们"。孔夫子弟子3000，并不都是德才兼备的好学生，除了贤人70以外，许多还是令老先生头痛不已的赖孩子。对于这些赖孩子，过于亲近了，他们就会与老先生耍赖；稍为疏远一点，他们又会埋怨不休。在孔夫子那里，小人与君子是相对的两种人物。小人是宵小之徒的意思，为老夫子谴责的对象。子曰："德之不修，学之不讲，闻义不能徙，不善不能改，是吾忧也。"

毛泽东《水调歌头》一词曾经引用了"子在川上曰，逝者如斯夫"的典故。此典故也出自《论语》：子在川上，曰："逝者如斯夫！不舍昼夜。"据我推测，老夫子这句感慨，应当始发于淮河北岸的明港。

据《史记》记载，孔夫子63岁时，派弟子子贡出使楚国，向楚昭王介绍他的治国御民道理。京剧里有一出《文昭关》，讲伍子胥的父兄被楚平王杀害以后，为过昭关一夜之间急白了头发的故事。伍子胥逃到吴国以后，出任吴国大元帅，于昭王十年带领吴国军马回楚国来兴兵问罪。当时平王已死多年，太子珍被立为昭王。昭王兵败出逃，伍子胥攻下楚国京城以后，挖开楚平王的坟墓，鞭打其尸体。这段故事在司马迁的《史记·楚世家》中也有记载。昭王二十七年春，吴国伐陈国，楚昭王发兵救之，屯兵城父（今信阳市淮河南岸楚王城一带）。正好子贡来到，昭王听了孔夫子门徒的一番宏论，甚感兴趣。起初打算兴师迎孔子于城父，"然后得免"。为什么会出现先要迎接，而后又拒绝的事情呢？原因是昭王一时兴起，打算"书社地七百里封孔子"。这里的"里"，不是长度，而是户籍计算单位，一里为25户。七百里即17500户，大约52500人。这很有一点像设立特区，实行改革开放的味道。楚国的令尹子西很不同意，劝说道：大王身边的臣子们没有孔子的弟子那么有才华，如果封给孔子七百里作试验，他们日益强大起来，若与我们作对起来，如何得了？要知道，我们楚国的祖宗当年被周封为子男（爵位）时，才得到五十里（1250户）呀！昭王一听有道理，于是把这件事放到一边去了。当年秋天，楚昭王死于城父。他的儿子，年仅十岁的楚惠王即位，再加政务繁忙，没有人再提邀请孔夫子的事了。孔夫子徘徊在今天的淮河北岸明港一带，最后也只能望河兴叹，怅然北走卫国，最后返回鲁国，教书治学，终老故里。

1957 年的毛泽东同志将孔夫子的名言引入自己的诗词，1992 年邓小平同志南巡讲话时提出"抓住机遇，发展自己，主要是发展经济"的著名论断；2002 年江泽民同志在党的十六大报告中强调指出的"二十一世纪头二十年，对我国来说，是一个必须紧紧抓住并且可以大有所为的重要战略机遇期"；2006 年胡锦涛主席在新年献辞中指出："中国各族人民正在意气风发地推进全面建设小康社会进程，为创造更加美好的未来继续努力。我们将坚持以科学发展观统领经济社会发展全局，着力加快改革开放，着力增强自主创新能力，着力推进经济结构调整和经济增长方式转变，着力提高经济增长的质量和效益，努力推动经济社会又快又好发展，使全体人民共享改革发展的成果"。

从孔夫子到毛泽东，从邓小平、江泽民到胡锦涛，我们可以发现，中国历代大学问家和历代领导人，都十分强调抓住机遇，加快发展，天下为公，振兴中华。这些领袖人物，和普通人物一样，作为个人，往往在一定场合也会发出"人生有限而事业无穷"的感叹来。生活和工作在今天社会主义和谐社会的普通人员，能够为了实现千百年来中华民族志士仁人的美好希望，为了造福于国家、社会和人民，为了无愧于今生、无愧于家庭，是否也应该更进一步地理解社会、理解他人、理解自己呢？是否应该更加爱岗敬业、有所作为、恬淡自然、潇洒今生呢？李瑞环同志从全国政协主席位置上退下来以后，热心于京剧继承创新，在全国传为佳话。他主持改编的传统京剧《韩玉娘》中，有两句人物道白："不少不多钱够花，不穷不富好人家。"很是普通的话语，形象刻画了普通百姓的生活向往，准确表达了这位平民出身的老党员，对于全面建设小康社会、促进社会主义和谐社会建设的真诚愿望。

（本文是作者在河南省工业学校教师座谈会上的发言摘要）

谈新闻摄影

（2006 年 4 月 26 日）

新闻摄影的特点

新闻摄影，既是新闻，又是摄影。但是不能仅仅理解为新闻加摄影，而是新闻与摄影的有机组合，是两者的艺术集合，是以摄影为传播媒介的新闻作品。

新闻，是新近发生的实事。新闻必须真实，真实是新闻的生命。

传闻不是新闻，再新的传闻也不是新闻，只能是道听途说。造假是新闻工作者的一大忌讳，依靠造假制造轰动效应，是最不为社会大众所容忍的造假行为。一旦被揭露出来，往往是身败名裂。

新闻工作者通过新闻采访，发现新闻线索，并且经过一番去粗存精、去伪存真、由此及彼、由表及里的加工，才有可能成为供媒体使用的、向大众传播的新闻。

新闻摄影，是新闻工作者借助于摄影手段，向社会大众提供的新闻作品。

新鲜、新活、新颖，是新闻摄影的突出特点。

新鲜，是指新闻摄影的实效性要强。再好的新闻，发表的不及时，就成了旧闻。作为以摄影画面为依托的新闻作品，必须新鲜。

新活，是作品的生动性。拍摄的画面要尽量活灵活现，生动有趣。

新颖，就是画面要有艺术性。画面所反映的内容应该寓意深刻，耐人寻味，使读者观看以后有美的享受，能够从中学习一点东西，感悟一点东西。

新闻摄影作品的特点

意在笔先。写文章是如此，摄影作品也是如此。写文章要打腹稿，讲究文章结构；摄影要注意拍摄意图，讲究画面构图。

画面构图要讲章法。所谓章法，就是基本规矩。要注意绘画作品构图与摄影作品构图的异同点。

绘画与摄影的构图，相同之处都应该突出主题，色彩和谐，主辅人物或者景物位置准确，避免看似五颜六色，实际杂乱无章。

画家绘画可以从容布局构图，除了临场作画，很少仓促就章，往往是多日思索，久久谋划，想好了再挥笔作画。所谓一挥而就，实际上是胸有成竹。

摄影家摄影的构图随机性强，需要临场发挥。虽然事先也可以打腹稿，但是往往摄影现场变化多端，难遂人愿。这是由于摄影所运用的素材，是现实生活中的人和人在活动中形成的，以及周围形成的氛围，尽管可以事先交待，但由于人物、景物、光线等变动太快，来不及拍摄就发生了变化，往往会使摄影家美好的设想或者叫构图化为泡影。

摄影构图与用光注意事项

构图要巧妙和谐。

风光摄影，以风光为主，最好要有人物活动，有时空标志。摄影家王援朝为拍摄嘉峪关古城，连续三天跑到嘉峪关城楼下盘桓构思，寻找理想的素材。只是到了第三天傍晚，才遇到一个牧羊人赶着一群羊从城楼下经过，作者依靠自己文学与艺术的功底，马上意识到机会来了，支起照相机，抓拍了一个场面，形成了一幅黑白照片。画面上远景是淡淡的祁连山影，中景是古老的嘉峪关城楼，近景是一群悠悠自在的白羊，前景是亘古的戈壁荒原。这种古与今、动与静、黑与白，简洁又精练地凝聚在画面上，呈现在读者面前。这幅《嘉峪关牧歌》，以其巨大的艺术震撼力，赢得了广泛称赞，获得了日本佳能公司赞助的国际大赛一等奖，奖品是一台当时非常先进的高级佳能相机。

现在风光摄影，大多是彩色片；目前的照相机，绝大多数具有自拍功能。对于一般新闻摄影而言，摄影机的操作技术已经不占主要精力，画面构图成为重要因素。

彩色摄影，一定要注意色块搭配，要协调。所谓协调，就是要确定主色辅色，在主色中保留辅色，巧妙地运用辅色为主色添加光彩。"满园春色关不住，一枝红杏出墙来"。这个画面中，满园春色是一派翠绿，一支红杏花是绿中出红。"万绿丛中一点红"，正是有一点红才更显示绿意盎然的春天景色。在山水人物摄影中，穿红色衣服的人物往往会拍摄的更为生动，就是这个道理。"鹅鹅鹅，曲项向天歌。白毛浮绿水，红掌拨清波"。白鹅，蓝天，红掌，清波，鹅叫，景幽。虽然没有人物出现，也完全使读者领会到应有的情趣了。这个家喻户晓的画面如果拍摄出来，一定会非常生动活泼。

人物风光摄影，究竟应该突出人物，还是应该突出风光？要看实际需要。如果是宣传风光，拿人物作陪衬，人物应该为辅，风光画面为主；人物所占比例要小，风光所占比例要大。如果是为人物留影，则应该以人为主，风光为辅。画面上要注意突出人物，背景要显示所在风光的主要特点。画面主辅比例，大体以传统的三七开即黄金分割，比较符合人们的欣赏习惯。

不管是拍摄人物或者是拍摄景物，都要注意画面的空灵。简洁明快往往是一幅好的绘画作品或者摄影作品的特色。书法中的间架与"飞白"，绘画中的布白，都可以借鉴到摄影作品中来，都是符合中国传统文化欣赏风格的。

用光要准确自然。

摄影作品，是光与影的结合。摄影用光，一般分为自然光和灯光两大类。

灯光摄影，分为室内灯光摄影和室外灯光摄影。室内摄影，由于光线普遍不足，需要采用灯光照明。现在的照相机，大都配置了机内闪光灯。但是，远距离、大场面摄影，需要外接闪光灯。室外摄影，一般不需要闪光灯，但是，有的时候需要辅助闪光。

摄影用光，需要使用正面光、侧光、逆光、侧逆光、顶光、底光等不同类型的光线。有的时候，使用一种或者两种光线，有的时候，需要使用多种光线。

运用自然光线摄影，要注意选择被摄人物或者景物的拍摄角度。尤其是使用全自动照相机，由于整体光线充足，所拍摄出来的照片往往背景光线充足，主题光线特别是人物面部光线不足，应该在拍摄时进行局部补光。

人物摄影注意事项

人物摄影，忌讳呆板；风光摄影，忌讳杂乱。要想方设法调动被摄人物活动起来，又不要过分摆设人物，以免造成被拍摄人物紧张，使画面生硬。

拍摄人物，要注意画面拍摄的目的性，注意所拍摄人物的个性特点。所谓目的性，就是拍摄的照片是准备作什么用的。是提供给新闻媒体的，还是人家自己收藏的。提供给新闻媒体的，要符合新闻媒体的要求，符合新闻宣传的主旋律。留给人家自己收藏的，要按照人家的要求，拍出人家最满意的一瞬，最优美的记忆，最欣慰的画面。

拍摄人物，还应该考虑到人物的年龄、性别、身份、艺术修养、欣赏习惯等等方面的特征。譬如，拍摄小伙子，要注意拍摄出其阳刚之气中的妩媚；拍摄姑娘，要善于抓拍其柔媚之中显露出的英俊；拍摄老头，既要拍摄出岁月的沧桑，也要拍摄出他的现实精神；拍摄老太太，既要拍摄年龄的标识，也要表现出她当下的喜悦。拍摄年轻人，要注意拍摄出他老成的一面；对于中年人，一般不要使用近景特写手段，除非要刻意表现其额头上的抬头纹；对于老年朋友，一般不要过分表现其衰老的身影。这种拍摄手法，也可以称之为逆向思维。

新闻摄影者的素质要求

政治素质、艺术素质、生活积累、勤奋创作、加强交流，是对于一个新闻摄影者的基本要求。

政治素质，也叫政治敏感性。面对同样事务，有的人敏锐地觉察到了其中的新闻素材，有的人往往会在别人发现发表了以后，才产生共鸣。

艺术素质，也叫艺术修养。美在发现，艺无止境。面对同样的事务，有的人能够拍摄出优美的画面，有的人拍摄的画面却留下一些遗憾。

生活积累，也叫素材积累。世界上没有两片完全相同的绿叶，没有两个完全重叠的指纹。但是，新闻摄影也属于艺术摄影的范畴，也需要摄影者辛苦的创作。近代大学问家王国维，曾经利用"昨夜西风凋碧树，独上高楼，望尽天涯路"（晏殊《蝶恋花》）"衣带渐宽终不悔，为伊消得人憔悴"（欧阳修《蝶恋花》）"众里寻她千百度，蓦然回首，那人却在灯火阑珊处"（辛弃疾《青玉案》）三句宋词，讲三种艺术创作境界。"众里寻她千百度"，就是生活积累；"蓦然回首"，豁然开朗，才能够抓住思路创作出精彩的作品。

　　勤奋创作，也叫刻苦训练。好记性不如滥笔头，是说文字记者们的经验；袖手于前，方能疾书于后，是谈文章构思的艰难；废稿三尺，难出精品一件，是讲画家创作的酸辛。新闻摄影同样如此。一个名牌摄影家，终其一生，往往也拿不出几件传世之作。但是，没有一个有志气的人，会为一次次的失败而气馁。"天生一个仙人洞，无限风光在险峰"。

　　加强交流，互相切磋，是学习提高的有效途径。有比较才能有鉴别，互相切磋就容易互相提高。现在，有不少"文学沙龙""摄影沙龙"。"沙龙"是法语的音译，意思是客厅，就是情投意合的人们高谈阔论、相互切磋的场合。大家有志于此，渐次入门，相互交流，然后各自看书学习，融会贯通，就可以不断提高，逐渐登堂入室了。

　　（本文是作者在省国资委离退休干部管理办公室摄影学习班上的讲稿）

生活篇

SHENGHUO PIAN

写在照片上的记忆

（1992 年 2 月 10 日）

　　快过年了，爱人领着儿子打扫卫生。儿子从衣柜底层抽屉里清出一个大信封，叫道："爸爸，'出土文物'！"

　　是一叠黑白照片，一张张翻下去，往事历历，又上心头。

　　一张照片上题着"红卫岭上，1970 年 9 月。"照片上的我穿一条两个一尺多长补丁的裤子，站在一棵松树底下。红卫岭，原名黄毛尖，是湖北河南交界大别山上一座海拔 1021 米的山峰。1968 年 10 月，我和 70 多位高初中"老三届"同学被安置在这仅有三户人家、十几亩水田的高山上创办知青农场。开荒、耕耘、烧窑、盖房、种菜、养猪、砍柴、挖药，一年干下来，我反倒欠农场八块多钱。穿衣和零用钱自然得求救于父母。快到国庆节了，县照相馆摄影师兼省报通讯员张文新，到山上拍新闻照片，"宣传大好形势"，也兼营业。知青们纷纷留影。我这身装束往镜头前一站，老张警觉地放下照相机："你就没有一条不带补丁的裤子？"不带补丁的裤子有一条，但是平时穿的都是带补丁的。我引经据典说：毛主席他老人家还在延安窑洞前留下了穿补丁裤子的光辉形象呢。摄影师这才半信半疑地按下快门。

　　一张我穿着钢铁厂工作服和一位解放军战士的合影，摄于 1971 年秋天。我作为信阳钢铁厂建厂后的首批新工，到太行山下安阳钢铁厂水冶分厂学做化验工。解放军 2762 钢铁厂的同志也在此培训。星期日，我约一位同窗的战士小刘，到豫北名胜珍珠泉边合影。当年我 23 岁，月工资 22 元，工作服是最好的衣服。

　　"看看我们姐妹的尊荣！"爱人也抚摸着当时留下的一张旧照片感慨不已。照片上的几位，正当十七、十八一枝花的芳龄，也是清一色的工作服。那时候，有头面有办法的人能一块钱弄两条日本尿素袋子，用肥皂反复搓洗了，找一包黑的或蓝的颜料染一染做成裤子。尽管上面字迹依稀可辨，也足以让平头老百姓眼热。有一首顺口溜说"干部见干部，比比料子裤，前面'日本产'，后面是'尿素'，撅着屁股看，'含氮（N）45（％）'！"

"爸爸这张照的跟小妞妞似的。"被儿子取笑的照片，1972年6月摄于天安门前。1966年冬，我曾经从大别山步行串联到北京，20多天只顾得到几所大学转悠，看大字报了，连"天安门前留个影"这一神圣使命也忘了。1972年6月，我被抽出来当临时采购员，和别人结伴再一次进北京，头件大事就是奔天安门前照相。那时站在照相机前，心头也说不清啥滋味，身上穿的军上衣还是离厂时用一套大号工作服和一位转业兵调换的。

爱人拿着我1972年摄于西安临潼华清池畔的照片，满意地说："就这张有点笑容。"这次是我首次被厂里"放单飞"，到西安采购化验室电炉用的硅碳棒。此物当时异常紧张，有人告诉我产自西安。那时节，外出采购困难重重，加上工资低、补助少，吃住行十分不易。也有一套顺口溜形容采购员："坐车像公子，下车像兔子，求人像孙子，吃饭像叫花子，回厂报账像傻子。"当时每天4毛钱的出差补贴，请客送礼的事连想都不敢想。我凭着一盒0.32元的郑州出产的"三门峡"牌香烟，在河南老乡占绝对优势的西安城里，软磨硬泡，终于在临潼找到了那家从山东淄博内迁来的东风电热元件厂。圆满完成任务，心情自然喜悦，顺便到华清池一游，照相时我脚下还放着装硅碳棒的小木箱呢。

儿子问："怎么没有见过您们的结婚照？"我说："那时和你妈是旅行结婚。"爱人反驳道："什么旅行结婚，简直是仓皇出逃！"

确有点仓皇出逃的味道。1977年秋，年已29岁的我成了厂里的大龄青年。经人介绍，双方同意，25岁的她愿意和我组成一个中华民族基本的生活单位。我俩都是二级工，双方家庭也无更多的余钱剩米。四元五角一张长途汽车票，我把新娘领进大别山见公婆。结婚时没有像样的衣服，没有像样的家具，没有像样的场面，连个仪式也没有举行。更麻烦的是工厂住房紧张，我在厂办公室作"以工代干"，一间十六七平方米的办公室，靠门口放两张办公桌，靠里面放一张床。夫人从车间下班回来，坐没处坐，站没处站。孩子快要出生了，房子还没有着落。还有哪门子心思照相？

后来，改革了，放权了，厂里有钱了，新宿舍楼建成了。独生子女户优先，我们也分到了两室一厅。等眉头舒展开来，想照个相时，俩人中间已经扶起了小宝宝。这张全家福相片也是黑白的，但上了色。

再后来，我调到省冶金建材厅工作，举家迁回郑州。因为经常外出开会和下厂，留下一张张彩色照片。

爱人捧出影集，翻着那一张张春秋穿西装、羊毛衫，冬季穿皮夹克、呢子大衣，夏天穿各式短袖、T恤衫，笑容可掬的我的各种玉照，由衷地说："还是这些年日子好过。"虽然她常常对着大衣柜里那一身身套装发愁，说没什么可穿的，那心情我是理解的。眼看人近四十，孩子比她还高，你让她怎么打扮才合适呢？

"爸爸，这是怎么回事？"这是 1968 年春天摄于大别山革命烈士陵园的一张合影照。照片上一群中学生都戴着红袖章，上题"同学少年，风华正茂——红旗的战友们"。"红旗战斗队"是"文革"中我所在的 28 位高初中学生组成的战斗队的名称。回首当年，我们这群少不更事的娃娃被人鼓动，自认为是"天兵天将"。以后遭遇的七劫八难，风风雨雨，使我们聪明了，成熟了。

我对已经上了中学的儿子说："25 年前中国大陆出现过一场大风暴。那时候，这组织，那组织，谁都不服谁，实际上就是多党制嘛！眼前东欧和前苏联与中国当年喊得口号不同，结果差不多，都是国家动乱、经济停滞、百姓遭殃。"爱人赶紧搂住宝贝儿子说："中国可不能再乱了！老子吃足了亏，不能够让儿子们再吃二遍苦，受二茬罪了！"

天真的孩子听着，半天又问："这包'出土文物'咋处理？"我说："留着，这是历史，经常翻一翻，对我对你都有益处。"

（本文 1992 年春天曾经在《冶金报》上首发）

"家庭出身"的悲喜剧

（1992 年 5 月 7 日）

儿子报考初中，从学校带回登记表，问我家庭出身怎么填？夫人触电似地说："填我的，贫农！"

都 90 年代了，这令人难堪的问题怎么又冒出来了？

我出生时刘邓大军已经第二次解放了郑州，50 年代中期爸爸已经是共产党员，当时爷爷已经摘掉了帽子，并于 60 年代初期患病故去，这一问题在我初中毕业前没有遇到过麻烦。

1963 年将要考高中时，有人悄悄告诉我："家庭出身一栏由'地主'改为'革命职员'。"大凡在那个时代里生活过的人，都不会不知道"革命"二字的分量。我求之不得，欣然从命。

谁料到"文革"批斗校长时，此事被曝了光，广大"革命师生"对校长这一"反党"阴谋义愤填膺。我事后才知道，初中毕业那年，校长的姑娘、文教局长的儿子，还有本县一些老子是共产党员而爷爷的身份不很光彩的孩子，包括我这个县医院眼科主治医师的儿子共 7 位同学，按照当时"千万不要忘记阶级斗争"的政治要求，报考条件都是不合格的，难以继续上学。怎么办？校长问计于地区文教局长，终于商量出了让我们头戴"革命干部"、"革命职员"的"红帽子"这个办法混进了高中。

那年月，"出身不由己，道路可选择"是一句颇为中肯的话。高中三年，我多次写入团申请书，怎么也批不准。一位聪明的家庭出身不好的同学选择了一条"终南捷径"：学校门前有一条小河，河上有一座木桥，从没有听说谁从桥上掉下去过。我那位同窗一下晚自习，便举一支手电筒，虔诚地站在桥头为大家照路，电池当然是自费。如此坚持半年，光荣入团，时值 1965 年秋天。

　　"文革"时期，稀奇事情更多。有一次在大街上和人辩论，忽然有人"揭发"我出身不好。一位"好汉"当即挥手打掉我的近视眼镜，并勇敢地踏上一只脚。结果我回家挨骂，爸爸出钱再给我配一副眼镜了事。谁知那"好汉"后来一再到家道歉，原来他经常找爸爸看病，却不认识我。

　　再后来，下乡、招工、找对象、入党、提干，一个接一个问题都离不开倒霉的家庭出身问题。1985 年我被批准入党后，一位搞外调的老兄悄悄对我说："到新县调查你'文革'表现，有几位老红军、老八路说你'文革'中不搞打砸抢。"我老实坦白："凭我这德性，躲避尚且来不及，敢打谁？作为弱者，我本能的同情那些挨整的老同志。"

　　党的十一届三中全会以来，改革开放东风送暖。政治上解除莫须有的罪名、精神上获得解放之人士何止成千上万！假如哪位仁兄眷恋"左"的一套，要走回头路，在下不才，也愿送他一句旧诗词："春去也，多谢洛城人！"

　　儿子又问：家庭出身怎么填？我思忖再三，告诉他："你爸爸、叔叔、婶婶和爷爷都是共产党员，妈妈、奶奶也是有 20 年、30 年工龄的老工人，我们全家都是干社会主义的人，要写就写'工人'！"

　　　　　　　　　　　　　　（本文发表于 1992 年 5 月 7 日《冶金报》）

开会记趣

（1993 年 7 月 25 日）

生为中国人，此生不知参加过多少会议。有的会开过就忘了，有的会过了十年二十年仍然记得。

撞钟的和尚

1970 年夏天，大别山一小山村。

"一打三反"运动不断深入，干部中"阶级敌人"队伍不断扩大，已经严重影响到农村"三夏"工作。我和另外几位知青被紧急抽调到新县田铺公社"抓革命促生产"办公室（简称生产办），任务是跑腿、听电话、要数字、整材料。

一天下午，上级一个什么精神，要求"传达不过夜"。公社信用社营业所严主任带领我匆忙赶到十几里外的塘畈大队。

会场设在河边谷场上。山区分散，农村收工晚，吃饭更晚。好不容易喊来半场人，已是繁星满天，夜半时分了。

谷场上男人吸烟，女人谈笑，娃娃们打闹，乱哄哄的。场中间一张矮方桌上马灯发着黄光，照着我们和大队干部一脸的严肃表情。

大队支书清清嗓子站起来喝到：女人不要笑了，娃娃不要吵了，都好好听上面的重要精神！

自然是严主任传达。他并不站起来，只是直直身，头微仰起，眼睛繁星，全不顾会场的嘈杂，美帝苏修、亚非拉美、山里山外一路传达下来。

男人们仍旧吸烟，女人们仍旧谈笑，娃娃们却渐渐熬不住了，一个个趴在大人腿上睡着了。

"最后，"——健谈的严主任总算找到了最后，"我们要牢记毛主席他老人家的教导：当一天和尚撞一天钟！坚决把夏收夏种搞好，一定要保质保量完成夏粮征购任务，嗯？下面请小苏同志讲话！"

我还讲什么，赶紧散会吧。等人们一哄而散时，我好奇地问严主任：老人家在《反对自由主义》里"当一天和尚撞一天钟"的话是批评人的吧？谁想严主任瞪我一眼："你看这群人迷迷瞪瞪的样子，能当一天和尚撞一天钟也就不错了！"

留下的好人

1974 年秋，河南省信阳钢铁厂灯光球场上。

又是一次全厂职工大会。那时候搞生产没有别的手段，主要靠开会。我们办公室和宣传科早已分工合作，架了广播、搭了主席台。由于厂级领导人数多于一个班，桌子自然得摆放两排。为了防止有人溜号，会场上用白石灰粉划出整齐的道道，每个单位由头头带队。全厂直属的 1200 多名职工，除了上夜班的，来的也真整齐。

副厂长兼办公室主任宣布：今天的会议很重要。各单位要注意带好队伍，保卫科要协助维持好秩序。现在，先请厂长讲话，大家欢迎！

台上诸位，胖瘦不一，讲话长短有别，既然坐在台上，不说两句似乎不大合适。

没等第二位领导讲话，台下便开始溜号。先走的说方便一下，后走的说要接大夜班，白线划出的方阵后方逐渐空阔，前方也人烟稀少起来。主持人不得不再次吆喝，各单位领头人扭头看看那秃了尾巴的阵脚，只有苦笑。

总算到了时任一把手的党委书记贾希雨讲话的时刻，我台上台下数了数，包括主席台和工作人员在内，不多不少尚留一百单八将。

散会时，我把这 108 人的实数告诉贾书记，这位三八式的 13 级老干部宽厚地笑笑说："我看见了，留下的都是好同志，再批评他们岂不冤枉？"

不合格的团副

1984 年春，还是信阳钢铁厂。

省冶金建材厅派来的验收团对厂里的"企业五项整顿"工作验收了一个星期，定于下午三时向全厂宣布结果。

因为没有大礼堂，这次会场设在厂新建的办公楼前空地上。主席台朝北，职工面南，为了照顾大多数人不冲着寒意未退的小北风。

验收团团长、省冶金建材厅副厅长赵光第郑重宣布：河南省信阳钢铁厂本次企业整顿五项工作验收全部合格。全场掌声雷动，半年多的努力没有白费。

吃晚饭时，却找不到验收团副团长、厅人事处处长张恒顺。我到招待所一看，此公正在床上裹着被子上下牙打架呢。原来在主席台上坐了不足半小时，他的身体不合格了。

验收团的领导们进而听说建厂14年来，上级总是强调"先生产、后生活"，无论春夏秋冬，全厂职工开会、看电影一概在露天野外，无不感慨。

没多久，厂里修建工人俱乐部的报告从省厅批下来了，预算100万元，不过还顶着"大食堂改造"的帽子。

第一次发奖金

（1993 年 10 月 24 日）

如今工厂给每位职工发 5 元钱奖金，恐怕不是一件难事。可是十几年前，却有过一件为发 5 元钱奖金，几乎绞尽了厂长和助手们脑汁，又极大振奋了全厂职工精神的事儿。

70 年代最后一个秋天，国民经济逐步走向正轨，许多颠倒了的东西又一一被颠倒过来。"利润挂帅"不再成为企业领导们背负的罪名，"超额完成任务发奖金"也成为职工群众的正当追求。

当时我在河南省信阳钢铁厂办公室工作。国庆节快到了，各单位形势大好，书记厂长们大会喊小会说：九月份任务超额完成了发奖金！

厂里成立了考核办公室，财务科、劳资科、宣传科、调度室、厂办公室均抽人参加。那时党委书记是一把手，亲自领导"考核办"的工作。我们几位办事员不敢稍懈，跑车间、查资料、搞预测，好一阵子忙乎。

国庆节清晨，炼铁、烧结、机修、车队等单位敲锣打鼓争先恐后把大红喜报送上来。办公楼前一阵阵鞭炮炸响，大喇叭播放着欢快的音乐，书记厂长接到喜报乐得合不上嘴。

按照惯例，应该由我这个秘书起草贺信，然后由厂领导带队，敲锣打鼓送往各车间。这次车间书记主任们却说：还是把奖金和贺信一起送来吧！厂领导们连连答应，催我们快办。

哪知道主管会计丁胜勤却哭丧着脸说：经过初步核算，全厂九月份不但没有盈利，还亏损 2 万多元！大家一听愣了，尽管消息严加封锁，车间书记主任们还是一个个气呼呼地找上门来，埋怨"瞎参谋""乱干事"，说算不出来奖金可是没法交代。

党委书记李克诚更是坐不住马鞍桥，领着我们挑灯夜战，商量对策。第二天一早，李书记摸到各车间一处处察看。上班后又把我们几个找来，并叫小丁会计抱来了账本。这位解放战争入伍、在大别山打过游击、五十年代后期即出任地区重工业局长和信阳化工厂厂长的主儿，眼光果然了得。不大一会，只见他指着烧结矿成本账问："矿石消耗怎么这么大？""以工代干"的丁会计业务上还是很精的。他说，由于厂里工艺不配套，土法烧结成品率低，成本一直很高。李书记又问："烧结破碎后的粉矿，又返回重新烧结，在计算成本时考虑过吗？"丁会计说返矿品位很低，没有考虑。书记一听来神了："尽管单位含铁品位低，总量计算起来还是不少的。全月统算时要少吃一些铁矿石和精矿。所以，成本上矿石消耗数是不实际的。"

挤出了成本，奖金自然有望了。我们七嘴八舌掺和，有的说挤出 4 万元发奖，有的说挤出 3 万元发奖也行。李书记却说："企业管理还是要讲究科学，不能当戏法变。我看填了亏空，挤出五六千元就行。头回发奖，起点不要太高，人均 5 元钱"，并嘱咐我起草文件，上报厂党政联席会议通过后，要求各单位不准把奖金拿回去平分，一定要拉开差距。

奖金方案通过了，贺信写出来了，广播喇叭唱起来，锣鼓家伙敲起来，书记厂长们满面春风，带领贺喜队伍一路向各车间开去。

自学之路

（1992 年 2 月 12 日）

自学之路，曲折艰难。

我不属于幼年失学之辈。从 1954 年秋天不满六岁背书包进学校，到 1966 年夏天领到高中毕业证书，我没跳过一级，也没少上一级。可是姚文元一篇《评海瑞罢官》见报，风暴骤起，吹散了我和众多同学们进大学深造的美梦。

我也不是害怕读书的懒虫。早在 1964 年读高二起，开始通读《毛泽东选集》四卷，钻研过几本《中华活页文选》，翻遍了县图书馆的藏书，管理员熟悉我了，让进去随便翻阅。没想到这点墨水在"文革"中写大字报派上了用场。

60 年代末在大别山深山区下乡，寒冬夜长，雪大火旺。知青们扑克牌一玩半夜，我不喜此道，守着油灯硬是把一部合订本的《毛泽东选集》又啃了一遍。至今书中各篇文章后面标记的日期可为佐证。那时节，知青中流传着一部程伟元石印本《石头记》，我不知翻过几遍，大观园中不少诗句至今尚能诵记。一本龙榆生老先生选编的《唐宋名家词选》，破的不成样子，被我捡来视为珍品。说来奇怪，读这些书的初衷只是想弥补繁重体力劳动后的思想空虚。因为出身不好和身体瘦弱，几次招工落空后，还自修过《赤脚医生手册》，目的无需再言。

好不容易进钢铁厂当了工人，也没有耽误自学。在厂化验室自修了北京大学《化学分析》，不懂之处就向北大化学系 66 届毕业的高淑琴女士请教。为了弄懂高炉原理和财会工作，还自学了《炼铁学》《财务管理》等多类教材。从书中获取的那点知识帮助我从同辈中脱颖而出。"以工代干"的位子我在厂办公室整整坐了 12 年。60 年代中期是让学生们先报考高中后报考中专的，后者在 70 年代后期被视为知识分子，我这样的老三届高中生只能算是工人。

70 年代初大学复办，在厂办公室工作的我不能说没有上学的机会。眼看着一些原来的高中同学争着上大学了，一些年轻的小兄弟们也挤着上大学了，他们尽管起跑线各不相同，经过自己的艰苦努力，均大有长进，有不少还成为知名的学者。遗憾的是，我当时脑子里总是顽固地浮现出太史公在《淮阴侯列传》中写的一句名言："羞于绛灌等列"。这是我一生中的重大失误。

后来恢复高考，我却在小家庭中难以脱身。爱人在车间，时常加班。我每天工作之余，料理家务，照顾孩子。最紧张的时候，大冬天一个上午我洗过35块尿片。望着小屋前飘扬的五颜六色东西，仿佛置身于联合国的小广场。我想：真的上学走了，这娘俩怎么生活？

许多先贤自学成才，我虽不肖，愿走此道。为此，我购买了不少大学教材，挑灯夜读。自学也有收获。我没有上过经济类院校，企业里的几大管理，也能说个子丑寅卯。控制论、系统论、信息论等方面的书刊读了后，就想着结合实际工作撰写一些论文。从1983年起，我撰写的《中小工业企业系统管理初探》《关于开发明港工业经济区的建议》和《应当开展中观经济管理的研究》等论文，先后在省社科院、省科技干部管理局等单位的刊物与论坛上发表，受到奖掖并被编入论文集。一些工程技术人员找我修改晋职论文。可是，到了一些重要关头，人家却说："你主要是没有文凭……"

我明白了：文凭，至少在现阶段，如同商品上那华丽的包装纸，少了它则上不了档次。弄一张文凭，搞一张像样的包装纸，我要得到社会承认，要为老三届的哥儿们争一口气。

机会来了，1985年信阳地区首次举办高等教育自学考试，我立即选择一个专科报考。12门功课一次报考5门，其中4门一次过关。

人们吃惊，我更自喜，心想此路不难。但是，我错了。大学有大学的章法，考试有考试的规矩。离开校门20年，再进考场，并非易事。如果有人说，一位在工厂与机关当了十几年文字秘书的人不会写作，你会以为这是说笑话。不幸的是，鄙人就是一个。头一次考《写作》课，我考了58分。那位不知姓名的改卷先生少给了我关键的2分，让我多候了一年考场。我自认为最擅长的《国民经济管理》，竟然两次考不过关。人家就那么一本教材，那么一副标准答案。应试考试像过去科举考试考童生一样，在书中抽一段话，隐去几个关键的字，填吧你呐！答少了没有分，答多了白费劲。我当时已经年近不惑，二十多年前背诵的诗词歌赋尚且记得，新书上那十几个字的定义却怎么也背不下来。几次进考场，总觉得自己就是那个总也不长进的老童生范进。

1986年我已经调到省冶金建材厅办公室工作，承蒙领导厚爱，还让我兼了冶金工业部《冶金报》记者。新工作环境要适应，记者要从头学起，自学考试还能坚持下去吗？我后悔爬山选错了路线。如果说别人脱产到大学进修颇为辛苦，在我看来那还是从南坡攀登珠穆朗玛峰，而我却赌气选择了险象环生的北坡。

经人指点，我了解到省城里有不少自学考试自费补习班。胡大白女士开办的以辅导班为主的黄河科技学院，授课点分散，上课时间多在夜晚或节假日。我也报了个班。说来有趣，儿子白天背书包到文化路二小上学，老子夜晚又到二小上自考辅导班。教室里桌子低、凳子窄、间距小；挺费劲儿把身子塞进去，环顾四周，多数学员是像我这样的中年人。休息时一打听，大都是当年的老三届知青，有不少已经当上处长、科长、厂长、车间主任和技术骨干什么了。回首往事，感叹唏嘘。辅导老师比我们年轻得多。坐在教室里，脑子不时跳出韩愈老夫子《师说》里"生乎吾前，其闻道也""生乎吾后，其闻道也"那段高论。

那两年，我白天在办公室当秘书，节假日给报社写稿子，晚上骑车上夜校，有的夜校还在省城西区。眼看手里文债不少，头上白发渐多。夜晚听课，时常瞌睡，猛然惊醒，面有愧色。盛夏酷暑，隆冬严寒，夜半归来，车铃叮当，街灯可鉴，甘苦自知，俗话说：夜行人没好人，可我要说：深夜求学者，大都是不甘落伍之人。

1989 年 12 月，我在 41 岁生日时获取了大专毕业文凭，虽然它整整迟到了 20 年。爱人问我感觉如何，我答：包装纸更新了，商品质量不一定有多大提高，我还是我。

补记：1999 年前后，省直机关一位办公室主任打电话："老苏，咱们郑州大学同学录编印出来了！"那时，到处都有推荐买书的。我第一反应是对方让我们办公室买书，连忙诉说经费紧张。对方说：你误会了，《同学录》不要钱。由于你也是郑大毕业的，送给你一套。我一听大喜，过去总是羡慕别人有大学同学而自己阙如，一大批同学可不就"录"来么？于是，赶紧让通讯员取来，好家伙，几大本！一页一页翻下去，终究没找到我的大名。中午回家，翻出自考大专毕业证一看，上面赫然有"河南省高等教育自学考试办公室、郑州大学"两枚印鉴。思前想后，终于明白，郑州大学是省自考办批准的出题与评卷单位之一，我们这些自考合格生或者没有郑大的学籍，或者编印《同学录》的同学忘了我们的存在。看来，天上真的不会掉馅饼。

朋友，欢迎您到河南来

（2002 年 4 月 23 日）

我是河南人，尽管河南外边的人说了许多河南人的好话与坏话，我不但能够理解，而且在许多场合用自己标准的河南话告诉人们，我是地地道道的河南人。有一点请放心，地处中原的河南人，有广阔的胸怀，非常乐意学习全国各地和世界各国的长处，和他们交朋友。被世人评价为"忠厚有余、精明不足"的河南人，受得了诸多委屈，却从不乱说别人的坏话。我和我的9500 多万河南老乡亲一样，热情地欢迎您能到河南来看一看，然后再评论我们河南与河南人。

河南和其他地方一样，有城里人也有乡下人。多少年来，城里人不断编一些笑话嘲笑乡下人；乡下人不甘示弱，也经常编一些笑话嘲笑城里人。往往我在这些时候左右为难，因为爷爷是乡下人，爸爸到了城市，我才成了城里人。在河南人嘲笑河南人时，我不知道应该站在乡下人一边，还是应该站在城里人一边。

为什么全国流传那么多河南人的笑话和故事？我想可能是河南人多，到全国各地谋生的多，当兵的多，打工的多，笑话与故事自然应该比其他地方的人要多一些。河南地方戏曲多，农民更多，由于生活在底层，阿 Q 精神在河南人身上比别处更强烈些。所以，被人嘲笑，尽管与事实相差甚大，也不在乎。

顺便说一句，由于现在的普通话基本上是由北京音韵加上中州白话组成的，河南人在外面往往只说河南话，大家都能听懂。要是说普通话，反而会遭到讥笑。这一点外省人恐怕难有此待遇。许多小品就把河南人、主要是无权无势的河南农民，作为嘲笑戏弄的对象。其实他们所讽刺的现象，全国各地都有。可是，如果被嘲笑的对象说一口粤语或者闽南语，大部分人根本听不懂，能产生如此强烈的戏剧效果吗？

我建议说了或者准备说河南好话及坏话的朋友们，不要打口水仗，抽空到河南看看。

河南，古称"中国""中原"。仰韶文化、夏商文化、河洛文化从这里诞生，名扬海内外的《周易》《道德经》发轫于中原大地，佛教东来的第一座寺院是洛阳白马寺，禅宗发源于登封少林寺，著名的程朱理学源起于河南嵩山；现在的台湾人、闽粤人、江浙人和湖广人的先人，有许多根在中原。这里有美丽的青山绿水，有烈烈古战场，有滔滔黄河，有商城、殷墟、龙门石窟等数不尽的历史文化遗迹，全国八大古都河南占了一半。河南是中国的缩影，用河南人自己的话说："河南是中国的妈"；用一些学者的形容：一部河南史，半部中国史。

过去，在旧中国水、旱、黄（泛区）、汤（恩伯，国民党河南战区司令）的笼罩下，这里曾经是那么贫穷落后，那么丑陋荒凉。今天，在改革开放大潮中，这里正发生着巨大的变化，可谓日新月异。每一个到河南参观的人，对这里的经济发展与社会进步都会有深刻的印象。

我向朋友们夸奖自己的家乡，如同朋友们夸奖自己的家乡一样。但是我并不护短，正如同朋友们从不护自己家乡的短处一样。

来吧，朋友！河南欢迎您，我们河南人欢迎您来这里观光、游览、经商、投资！欢迎您到河南生活与工作！眼下北京人有句话叫：想赚钱，下河南嘛。到了河南，您才能说：我了解了中国！

淮河恩怨录

（2002 年 9 月 7 日）

看到一位不久前曾经在安徽淮河大堤上英勇抗洪的网友发帖子，说国家在淮河上游修了 20 多座大中小水库，大部分在河南。但是这次淮河抗洪，河南才出动了 9000 人，远远低于安徽出动的抗洪人数。言外之意，似乎是河南人使坏，放出洪水淹了安徽。

实际上，这是一种误会。

中国古书上有四渎之说，即指江、河、淮、济四水，也就是我们今天说的长江、黄河、淮河与济水。渎者，能够独自流入海洋之水也。其中，济水发源于河南省的济源市。千百年来，济水几经变迁，并入了黄河，今天只在济源市内保存下了一座济渎庙，在山东保存下来一个济南的地名。淮河发源于河南省的桐柏县，县城城西今存淮渎庙。淮河出河南省境内的桐柏山后，一路东下，经安徽、江苏，流入大海。但是，淮河从元代以后，就被经常南北决口的黄河夺去入海口，逼迫南入长江,并且憋出了一个偌大的洪泽湖来。

中国的气候是以秦岭淮河为分界线的。秦岭淮河以南，气候湿润、雨量充沛，农作物以水稻为主，是人们习惯上所说的南方地区。而秦岭淮河以北，大部分地区气候干燥、雨量偏少，主要农作物是一些旱庄稼，是大家公认的北方地区了。淮河两岸，兼有南北气候特征，自然资源条件好，人民勤劳，物产丰盛，为中华民族的重要发祥地之一。

古往今来，淮河岸边曾经发生过无数彪炳华夏乃至世界文明史的伟大开发与创新，也出现过许多令当时及后世扼腕叹息的战争及灾难。诸多志士仁人，曾经在这片热土创业立宗；不少学者才子，也在这里吟诵出大量华彩诗文。

2500 多年前，大思想家、大教育家孔夫子带领他的高足风尘仆仆周游列国，传播儒家治国牧民的道理。当时的楚昭王正在策划攻打淮河北岸的蔡国（在今河南新蔡、上蔡一带），托人告诉处处碰壁的孔老先生，愿意在淮河南岸的王城（今信阳市附近楚王城）见他一面。孔夫子闻讯，慌忙带领徒弟们赶过来。谁知道天有不测风云，刚刚赶到淮河北岸，即今天明港一带的孔夫子，听到了楚昭王已薨、年方十岁的楚惠王即位的消息。故步自封的辅政元老贵族们，不欣赏儒家那套东西，没有再向孔夫子发出访问的邀请。孔老先生只得折返卫国（今河南新乡一带），终生没有跨过淮河。据此推测"逝者如斯夫，不舍昼夜"那一句名言，应当是孔夫子面对滔滔东去的淮水，所发出的"人生有限而机遇难得"的感慨。2500 年后，大思想家、大革命家毛泽东畅游长江之余，所填写的《水调歌头》一词中，唱出了"子在川上曰，逝者如斯夫。"分明也是对于"人生有限而事业无穷"这一千古哲理产生了强烈的共鸣！

900 多年前的北宋大文豪苏轼，在新旧党争中陷入了著名的乌台诗案，从湖州知府任上被招回京城汴梁（开封），投入大牢。后来经过朋友们多方营救，才得以生还，被发配到长江边上的黄州出任团练副使。元丰二年（1079年）十二月，大难不死的苏学士从开封出发，经息县过淮河南下，走到光州西南（今罗山县南）时，见到当地有大苏山、小苏山，山下的河也名叫苏河，很是高兴。又应净居寺和尚邀请，饶有兴趣地住了几天，临离开时还赋诗云"徘徊竹溪月，空翠摇烟菲。钟声自送客，出谷犹依依，回首吾家山，岁晚将焉归？"。不久，苏轼到达黄州，筑屋城外东坡之上，自号东坡，世人始以苏东坡称呼先生。

苏东坡一生十渡淮河，留下诗文无数。其中有一句"淮南茶，信阳第一"，成为今天信阳毛尖最好的广告词。长期颠沛流浪的生活，使他比同时期的官僚与文士们更接近下层群众，更了解民间疾苦。他笔下的诗文也就更被人民所接受，被后人所传播。在他 66 岁病逝于常州后，其弟苏辙，按照兄弟两人早年相约，将苏轼的灵柩运到今河南汝州小眉山安葬。苏辙死后也安葬于此，以解乃兄"是处青山可埋骨，他年夜雨独伤神"之忧。

到了金朝，文学家元好问主政中州，仰慕苏氏父子，在苏轼、苏辙墓前又为其父苏洵修了衣冠冢，从此诞生了三苏墓和三苏祠。今天，历经八九百年春风秋雨的三苏墓祠，已经又修缮一新；风光秀丽的小眉山下，汩汩清水入沙颍河，最后流进了东坡先生魂牵梦绕的滔滔淮河。

淮河水系主要流经河南省的东南部，在河南境内主流长约 340 公里，加上众多支流在境内流域达 8.8 万平方公里，占全省总面积的 52.8%。淮河发源地的桐柏山区，海拔 1000 多米，其在河南东南部几条主要支流的发源地大别山区，海拔也在 800 ~ 1000 米之间，而距大别山北麓仅 50 来公里的河南固始县北东部，海拔只有 20 米。豫南地区，年平均降雨量为 1000 ~ 1200 毫米，又大多集中在夏秋季节。历史上，每当淮河上中游暴雨如注，洪水从山区呼啸而下，往往二三天的时间内，固始北东部以及淮滨、息县沿河乡镇便成了泽国，与其相邻的安徽淮河两岸各个县乡，也很快就是汪洋一片了。

新中国成立以后，毛泽东主席发出了"一定要把淮河治好"的伟大号召。党和政府动员沿淮各地人民群众，调动全国财力物力，历经几十年时间，在淮河上中游山区与洼地，采取"长藤结瓜"的方式，修筑了大中小 20 多个水库。还拨出一笔笔巨款，加固淮河堤岸，开辟滞洪区，帮助沿河地区人民抗灾自救。最近又从江苏开挖了淮河入海通道。可以预言，实现新中国几代人的梦想，根治水患，利用水利，让狂暴不驯的淮河更规矩地造福于人民，已是指日可待。

从上面可以看出，淮河泛滥，从来不顾及河南安徽的界限；治理淮河，始终是全国的一件大事。化害为利，只在有今天才能成为现实。

治理淮河 50 多年，我们还不敢说全部认识了淮河、驯服了淮河，这里包括有天时、地理和人事方面诸多因素。

人类到今天为止，还不能完全预测和控制天空降雨，不能准确知道地球上的某一个地区、某一时节究竟能降下多少雨水。这叫天时难测。随着时间的延长，一些早年修筑的水库不断出现险情，需要加固与翻修。这就需要大笔资金投入，而有的水库由于客观条件或者技术上原因，目前还无法翻修，只得在洪水到来之际带"病"运转。毋庸讳言，有些水利管理部门出现贪污受贿，使一些水利项目成了"豆腐渣"工程。以上这些原因，在滔滔洪水到来之际，会使抗洪抢险与生产救灾工作变得异常复杂又异常艰险。

几千年来，中华民族在与各种自然灾害的搏斗中成长壮大起来。历代不乏治理滔滔洪水的英雄豪杰。在中国共产党领导下的新中国，仅 50 多年来的治理淮河工作中，就出现过许许多多可歌可泣的英雄人物与先进事迹。

笔者从 1962 年起，在豫南淮河流域学习、下乡和工作了 25 年，亲身经历过 1968 年与 1975 年两次淮河特大水灾。1968 年夏秋，我还在大别山区上高中，农村"文化革命"还在进行，县城里许多干部被打成"走资派""牛鬼蛇神"。一天深夜，县城附近一个小水库要垮坝，许多干部职工连夜前去抢险救灾。大家干到天明时，才发现一位当时被打倒"靠边站"的原县委副书记不声不响地与他们一起干活抢险。当天下午，县委大门口的墙壁上贴出了一张大字报，高声赞扬那位在危难时刻敢于站出来抢险救灾的"走资派"，是真正的革命领导干部，同时痛斥那些躲在家里不愿意出门，不管国家财产损失与人民群众死活的所谓"革命领导干部"是共产党队伍里的败类！先父当时是县医院的医生，由于出身不好，在不少政治运动中经常被列为另类，多次经受批判下放。但是一听说山外的淮河又发洪水了，作为共产党员的他，义无反顾地报名参加了抗洪救灾医疗队，到淮河沿岸救死扶伤去了。

1975年8月，淮河流域连续几天暴雨而发生了特大洪水，由于中游的王家坝没有及时开闸泄洪，上游的石漫滩水库、板桥水库、薄山水库大坝垮塌及溢洪道冲毁，汹涌的洪峰冲断了京广铁路，驻马店一带十几个县区成为泽国。当时我在附近的钢铁厂办公室工作，曾经参与抗洪救灾活动。也亲自护送过家在灾区的职工返乡救灾。看到成千上万的人民解放军干部战士日夜不停地在灾区抢修道路，解救群众；川流不息的汽车往灾区运送物资，帮助灾民重建家园，恢复生产；所有进入灾区的汽车加油均不收费，广阔的救灾现场如同战场一样，场面十分感人。此时，只有此时，才能够感觉到作一个中国人的骄傲，才可以懂得中华民族生生不息、扶危救难的伟大精神是多么的坚不可摧。

这种伟大的民族精神在1998年长江、松花江抗洪斗争以及今年淮河抗洪斗争中反复重现。今年淮河洪水初起，河南省、安徽省领导同志就带领有关部门负责人赶赴抗洪一线，与当地干部群众一起抗洪抢险，解救群众。中央有关领导同志也多次深入下来，到基层体察民情，指导工作，安排救灾。应该说，近年来国家对于淮河治理作了巨大投入，所建成与加固的各项水利设施，在今年的抗洪斗争中发挥了重大作用。在党中央国务院领导下，全国各地，尤其是沿淮各省，如同一盘棋，共同治水患，才能够使今年抗洪救灾取得重大胜利。

古人云：上下同欲者胜。今年的抗洪救灾斗争，再次证明了这个道理。

官场酒话

（2015 年 10 月 24 日）

　　我生未晚，时运不济，四十余年，秘书生涯，九成以上。服务接触，大小官员，官场酒桌，见闻不少，偶尔想来，感慨不已。

找不着地缝的副县长

　　90 年代初，春节将至。

　　一天，我正在厅办公室舞文弄笔，一位任了副县长的老同学气呼呼地跑来，不无羡慕地说道：你这里真是个好差事，不如你去当副县长，我来做秘书吧！

　　副处级的长官不做了，要来做科级秘书？老同学叹一口气，叙说起了昨天晚上的遭遇。

　　原来，这两天他带领分管的几位科局长到省里拜年，感谢一年来对大别山小县的扶持帮助。所到厅局处室，领导们都很客气，说是帮扶老苏区尽快脱贫致富，义不容辞。这位老兄过意不去，盛情邀请大家晚上"找个地方坐一坐"，地点选择在金水路"白吃一条街"某酒店。

　　那时候，大哥大刚刚问世，BB 机还没有普及，厅处长们家庭电话还是单位内线，对外保密。县里同志来省城一次不容易，晚上找个地方一块坐坐是常事。尽管老兄一再表示诚意，但领导们大都婉言谢绝，有的说老婆下班晚，自己要给孩子做饭；有的说孩子要考学，需要自己来辅导云云，总之没空就是了。老兄一再表示，已订了桌，请务必光临。

　　夕阳落山，华灯初上，正是省城热闹之际。老兄带领部下及早赶到酒店，静候诸位宾客到来。

半个小时过去了，又半个小时过去了，不见客人露面，餐厅小姐含笑问道："先生，菜可以上了吗？"

老兄看看别的桌子，人家早已酒热脸红，划拳行令了，说道："先上凉菜吧。"

一个小时又过去了，又一个小时过去了，餐厅客人渐渐散去，小姐再一次催问："先生，你们的客人还来不来？"

这位在县城端惯了架子的副县长，只得对部下们说："不等了，我们自己先吃。"

说到这里，他痛心疾首地说："丢人呀，人家高低不给面子。那时刻，餐厅里要是有一条地缝，我都能钻进去了！"

我好奇地问：先说请客之后，没有再次邀请么？

请客需两次邀请，才算真心，乃古已有之的礼数。70年代初期，原籍信阳息县的美籍华人赵浩生，曾经写过这样的故事。某天下午，一位同事说：赵先生，今天家里来客，我先走一会儿，下班后到我家一块喝酒。赵浩生说，谢谢，晚上还有事要做。那人说，不行，这个朋友很重要，你一定要来陪陪。此人离开后，对面一位美国人说：赵先生，晚上有酒喝哟！赵说，哪里有。美国人说，刚走的那位不是请你去喝酒，你不是说谢谢了吗？赵说，这是我们中国人的客气话，我已经告诉他晚上有事去不了。美国人说：他不是请你一定要去吗？赵答：他也就是客气一下。如果他要非请不可，一定会再来邀请。果然，一直到下班，那位仁兄也没有再来电话，美国人耸耸肩膀说：搞不懂你们中国人。

礼失求诸野。此等古老的文明礼数，在"文化大革命"的狂风暴雨中，早已经被冲刷得干干净净。但是，偏远的大别山区却保留了下来。我的这位老兄，1966年高中毕业回乡，以后两次到大学深造，乃是根红苗正、土生土长的大别山人，熟知此种礼节。可两次相邀，人家就是不来。

他又告诉我，县小人穷，财政拮据，眼看过年了，来省城带了一些生板栗、粗茶叶之类东西，看着鼓鼓囊囊一大包，送办公室或者家里，人家高低不接。想来也是，一些不值钱的东西，被人看见，净抹黑了。

老兄说，请出来坐坐，可是真心呀。我说：不是有句顺口溜么，"小小酒杯真有罪，喝坏了党风喝坏了胃"。厅局里的处长们，接触下面同志多，真应酬不过来，时常需要躲酒；给老婆做饭，为孩子补课也是实情。

老兄说："请客不来坏了菜，丢人丢到省城里。这不，我才想和你换换工作。"

那年月，喝酒的确是个苦差事。我的一位小学弟，官拜县政府办公室主任，英年早逝，据说与经常陪领导们喝酒，关系不小。

喊几嗓子才好睡觉的副书记

90 年代中期，省直机关干部经常被抽调下去，参加整党、社教、扶贫之类的工作队。我的工作比较特殊，难以脱身。终于有一次组建乡镇党委整顿工作队，要从我们厅抽调一名领导带队，并要求有一名副处长参与服务，轮到我了。

我们工作队共 6 人，副厅长和我住在市招待所，其他 4 位分别驻到乡镇。

一天，市委副书记邀请副厅长共进晚餐，副书记原来在省里工作，与副厅长是老相识了。餐桌上觥筹交错，喝了不少，好不容易结束时，已经十点以后了。

副书记邀请我们：楼上有歌厅，要不要去唱一唱？

副厅长说想早点休息，我连忙说早已不胜杯酌，谢绝了人家的好意。副书记则说：你们不去，我得上去，喊几嗓子才好睡觉。

我回到房间不久，就听到了副书记的歌声。由于用的是卡拉 OK 伴奏带，音乐声传不出来，夜空中阵阵传来的，仅有歌唱者的干嚎。

后来，我听在县市下派锻炼过的同事们讲，因为每天都有上级下来的检查团、工作队，需要地方招待。家属不在本地的领导，大都住在政府招待所，大都与来客熟识，自然成了全天候的陪客。一天中午和晚上两场陪下来，胃口实在难受，到歌厅喊两嗓子，也是不得已之举。

不过，我也注意到，但凡那时期下派了回机关的干部，酒量普遍见长。

不修官衙的县太

2010 年，我们应邀到一家地处汝阳县的有色金属矿山调研，陪同的县工业局同志说，县委书记听说我们来了，中午一定要请到县里坐坐。

县委书记中等个头，圆胖脸，一口洛阳话，听着亲切。酒桌上一拉开话茬，知道他也曾经是一位下乡知青，其所上的大学附属工厂里，还有几十名我当年在大别山新县一中的同学及插友，彼此之间，感情又近了一些。

当天喝的是汝阳杜康酒。曹孟德一句"何以解忧，唯有杜康"从东汉末年流传至今，周恩来总理当年用杜康酒招待日本首相田中角荣，使得杜康酒名声大震。20世纪80年代，伊川与汝阳（又名伊阳）为争夺谁是杜康酒的正宗产地，发生了赫赫有名的"两伊大战"。

席间，我问书记：汝阳县工农业生产情况不错，为什么县委县政府还在七八十年代修建的大楼里办公？当时，就连大别山贫困县的办公楼，都已经脱胎换胎、焕然一新了。

书记淡淡地答道：古来有训，当官不修衙。

我一听颇为赞赏。是的，任何机关和事业单位，修造办公楼，都要费尽心机。请设计、找地皮、筹资金、催建设、搞装修，一档子又一档子事情，费钱费力费时间，往往大楼未起来，领导就调任了，即便是不出麻烦，也是"前人栽树后人乘凉"。近年来，从中央到地方，三令五申不准修建楼堂馆所，在旧楼里办公，领导们名声更佳。

餐罢人散，书记不忘友情，吩咐给我们三位来客送几瓶汝阳杜康酒，说是土特产，不成敬意。

不久，听说这位书记升任洛阳市人大常委会副主任。再不久，看见报纸上刊登了洛阳市人大常委会某副主任，"因涉嫌严重违纪违法，目前正接受组织调查。"一经回忆，正是原来汝阳县委那位书记，他送的杜康酒，我还没舍得喝呢。

这就奇了怪了，"不修衙"的官员怎么也出问题了？

后来网上传闻，说前些年汝阳县强拆严重，群众议论纷纷。

考察篇

KAOCHA PIAN

本篇的几篇见闻，大都在《中国冶金报》《中国建材报》《河南经济报》及一些内部刊物上发表过，多年后再次翻阅，仍然能够回忆起当年那些的真实感受，记起那些难忘的历程。

重访唐山（上）

（1992 年 7 月 19 日）

仲夏时节，我有机会到唐山参加《中国冶金报》社全国记者会议，重访了这座冀东名城。

白色的面包车驶出北京，在宽敞的京唐公路上飞驰。望着车窗外闪过的一座座漂亮城镇，一片片嫩绿秋苗，脑海中渐渐显现出 20 年前首次到唐山的情景。

1972 年夏天，我在河南省信阳钢铁厂工作，因采购炉前化验室高温电炉使用的磁舟、磁管，去过一次唐山。那时的唐山城还很不像样子：街道狭窄，旧式工房居多，很少见三层以上的建筑。厂区里那一座座高耸的烟囱昼夜吐着浓烟，染得天空黑蒙蒙的。街道上一辆辆运煤运水泥的汽车和马车驶过，洒下一片片黑乎乎的粉尘，与暑热的空气搅和在一起，使人无处躲藏。夜里，投宿的小旅店燥热难眠，只好待在院里，听看门老头摇着破芭蕉扇拍蚊子聊天。

从老头嘴里，我知道了早在光绪三年（1877 年），直隶总督李鸿章就在此开办了开平矿务局。中国的第一座采煤竖井、第一条铁路、第一辆蒸汽机车和第一袋水泥，都诞生在唐山。经过近百年的发展，唐山已经成为煤海钢城、瓷都电邑，为国家做出了巨大贡献。

"这城早晚得塌下去！"老头一口唐山腔像是皮影戏里的道白，"地下快掏空了，煤挖了四五层，楼也不敢往高处盖，怕压塌了地面！"

1976 年 7 月 28 日唐山大地震噩耗传来，在豫南的我猛然间想起来唐山车站旁边那简陋的小旅店里谈古论今的看门老头。他的预言竟成为可怕的现实，他自己能够幸免吗？

"唐山到了！"车里同伴们一声喊叫，把我从回忆中唤醒。急切地向窗外看去，一条条大道迎面而来，路面均成三块板式，主道两边建有绿化带，种植着花草树木。街道两旁是一栋栋漂亮整齐的楼房，一律采用外粉刷，主基调为银白色。各建筑之间距离宽阔。汽车从一座与北京亚运会主赛场相仿的体育馆前驶过，有人指点：1991年全国城运会就是在此举行的。

汽车在唐山钢铁公司招待所前停下。稍事安顿，我匆匆登上14层楼顶观光。居高远望，一幅壮丽画卷尽收眼底：远眺西北方向，依稀可见青森如黛的燕山山脉。郊外是一处处葱绿的田野，厂区里厂房挺拔，天空不见了昔日的浓烟。东北面一片建筑中，一座尖尖的天主教堂格外显眼，20多年前似乎没有见过此物。回首东南，望不断的琼楼玉宇，条条绿化带隔离出的街区显得错落有致。仔细看去，宽阔的中心广场、新颖的街头花园、玲珑的雕塑小景，体现出明快的城市规划设计特色。楼下马路上各类车辆往来如梭，浓烈的市声阵阵传来。此景此情，分明如同再生的凤凰，正展翅奋飞于冀东沃土、渤海之滨。

吃过晚饭，我乘兴赶到火车站寻旧。20多年后再相会，昔日的街景早已荡然无存。好不容易找到那条小街，却寻不见曾经住过的小旅店。记得旅店隔壁是一家门面不大的国营食堂。有一回，一位赶马车运煤的中年汉子想买一碗汤面条泡泡自家的干烙饼，因为掏不出二两粮票，女服务员不肯卖给他。我顺手给了他半斤全国粮票，招来他再三感谢和女服务员诧异的目光。如今这一条街上都是卖吃食的，空气中弥漫着各类食品的芳香，稍停步履，几位年轻的姑娘笑脸迎来，问起了20年前的旧事，竟无一人答上来。

在返回招待所的路上，蓦然觉得开滦矿务局唐山煤矿那三座高高井架上硕大的天轮仿佛旧识。一打听果然还是地震前的原物。面对这不知道运转了多少年的天轮，我沉默良久，不由得又想起了那位看门老头。旧地重游，人海茫茫，不知姓名，安问死生？真是"别有一番滋味在心头"。

重访唐山（下）

（1992 年 7 月 20 日）

　　来到唐山的人，无不想探寻当年大地震的秘密。好客的主人特意安排我们参观了地震遗址和唐山地震资料陈列馆。

　　唐山工程技术学院（原唐山地质学院）1976 年建成一座 4046 平方米的图书馆，没来得及使用即被震毁了。图书馆分为三层楼的阅览室和四层楼的图书室两部分。剧烈的震动使杯型柱基和预制装配结构的阅览室西部倒塌，东部震裂。更令人惊叹的是长 25 米、宽 12 米、高 9.30 米、现场浇注的钢筋混凝土柱基、柱体、无梁楼板、砖墙砌筑的四层图书室全部破碎，二至三层楼房竟然被整体剪切一旁，并向北东方向后移一米！这切下来的三层楼虽经破坏，居然没有倒塌，至今仍摞在那里。大家猜测，有可能是这层楼房内制作的一排排钢筋混凝土预制板书架，起了支撑作用。

　　陪同参观的《中国冶金报》兼职记者、唐钢宣传部的郑戈介绍：这座图书馆处于发震构造带西北 4 公里处，在 7.8 级地震的 11 度烈度区内。

　　"确实只有 7.8 级么？"我赶紧问，"当年曾经传说 8 级以上呢！"

　　小郑说："是 7.8 级。这是由当时设在西安、兰州、成都、渡口 4 个地震台的 513 型中强地震仪所记录的。这 7.8 级的威力，相当于一台 12.5 万千瓦发电机组连续运转 40 年的发电总量，相当于美国 1945 年在日本广岛投下原子弹爆炸力的 400 倍，比 4～5 个辽宁海城地震和 13 个 1966 年邢台地震威力还要大一些。这是一次极少见的城市直下型地震，被列为 20 世纪 10 大破坏性最大的地震之首。"

　　在唐山地震资料馆，大量珍贵的震时照片，使人目睹了 1976 年 7 月 28 日凌晨 3 时 42 分那短短的十几秒内，这座百年工业基地被夷为一片废墟的惨状：全市房屋倒塌、烟囱断裂、公路开裂、铁轨变形、地面喷水冒砂、通讯中断、交通受阻、供水系统毁坏。这场灾难披创京津，震惊世界。全国 14 个省区受到震感，北到黑龙江满洲里，西到宁夏吴忠，南到河南正阳。据统计，有 7000 多户家庭断门绝烟，24 万多人死亡，16 万多人重伤，36 万多人轻伤。其中唐山市人口伤亡最为惨重，共震亡 135919 人，占唐山市人口总数的 12.8%。郑戈当时在天津当兵，幸免于难，家中老母却被震身亡；开车的老王，侥幸从即将倒塌的平房中逃生，家人却被砸了进去。

时值华夏多事之秋，英雄的唐山人民在如此惨烈的灾难面前不屈不挠，奋力抗争。党中央、国务院急电全国火速支援，10 多万解放军官兵星夜驰奔，赶来排险救人，清理废墟，搭建住房；5 万名医护人员与干部民工运送物资、救死扶伤。短时间内，全国捐赠的数十万吨物资安全运达灾区。从中央到地方，各级领导多次亲临现场，指挥转运伤员，清尸防疫，通水供电，发放救济，解民倒悬。

震后 10 天，铁路通车，不到一月，学校相继开学，工厂先后复产，商店次第开业。冬前，抢搭了百万间简易住房；灾后，疾病减少，没有发生瘟疫。这是中外抗灾史上的奇迹。小郑一说到当年，眼眶就润湿了："外地来的抢险救灾的人员连喝的水都自己带来，忙活一天就躺在汽车底下睡一会儿。那年月，真正是共产主义精神大发扬啊！不是全国无私支援，唐山早没了！"

是的，靠着全国鼎力支持，发挥社会主义大协作精神，唐山站起来了。国家统一调集 100 多个建筑设计单位近 3000 名技术人员，用了近两年时间完成了新唐山建设的设计工作。自 1979 年，重建唐山全面铺开。国家拨款 50 多亿元，抽调 10 万余人的施工队伍和唐山人民一起艰苦奋斗 10 年，建成了令世人刮目相看的新唐山。到 1986 年 7 月，市区建成 1200 多万平方米居民住宅，600 万平方米厂房及公用设施。全市生产水平大大超过震前。1990 年唐山跨入全国产值超过百亿元的城市之列。同年，联合国为表彰唐山人民抗灾重建的业绩，将"人类居住荣誉奖"隆重授予唐山市政府。

走出肃穆的地震资料陈列馆，我们又来到宽阔的抗震纪念碑广场。纪念碑由胡耀邦题名，坐南朝北，分为主碑和副碑两部分。主碑身高 30 米，碑座高 3 米，由 4 个独立的梯形擎天柱组成，既象征着地震造成的建筑房屋开裂，又象征着新唐山各种建筑纷纷拔地而起。碑的上部犹如伸向天空的四肢巨手，象征着"人定胜天"。碑身下部四周，由 8 块浮雕组成一个四方形，象征着祖国四面八方对唐山灾区的无私支援。副碑在主碑之间，以废墟的形式出现，上面刻有记载唐山地震概况，抗震救灾和重建新唐山的丰功伟绩。尤其是那碑文的结尾，令人读来遐思不已：

"此间一砖一石，一草一木，都宣示着如斯真理：中国共产党英明伟大，社会主义无比优越，人民解放军忠贞可靠，自主命运之人民不可折服。爰立此碑，以告阵亡亲人，旌表献身英烈，鼓舞当代人民，教育后代子孙。"

重访唐山，像是重读一部凝重的历史教科书。

故城新韵

（1993 年 9 月 26 日）

位于吐鲁番市西 10 公里的交河故城，建于公元前 3 世纪，至今已 2300 多年了。

汉代这里为车师前部王国首都，唐代为安西护府驻节之地。当年，不论开通西域、促进中外经济文化交流的两汉王朝，还是逞威于漠北草原的匈奴王国，在争逐对交河的控制权时，不只是以兵戎在交河城头相见，还都注意用极大精力，组织屯田垦殖，发展经济。这里又是当年吐鲁番地区重要的交通枢纽：通达焉耆盆地的"银山道"，是古代丝绸之路的重要路段；前往乌鲁木齐地区的"白水涧道"和北抵吉木萨尔地区的"金岭道"等都要经过交河。

唐代诗人，曾为我们留下许多描述西域民俗、边塞风光的佳作，有不少诗句就说到了交河。诗人李颀在《古从军行》中唱到："白日登高望烽火，黄昏饮马傍交河"，其意雄奇悲壮。另一个边塞诗人岑参，在一首五言长诗中叙说："奉使按胡俗，平明发轮台。暮投交河城，火山赤崔巍。九月尚流汗，炎风吹沙埃。何事阴阳工，不遣雨雪来。"道尽了交河地区的干热风沙，寄托了戍边健儿的爱国情怀。

吐鲁番盆地是世界上第二低地，大部分地方处于海拔 100 米以下。这里年平均降雨量只有 16.6 毫米，夏日平均气温在 38℃。正是这一特殊环境、特定条件，使交河这座全部用土建筑起来的城市，虽然在 2300 多年中历经多次战火洗礼，风雨冲刷，但其以不同形式、规模、工艺的生土、夯土、土坯、版筑起来的、全部面积达 22 万平方米之多的屋宇、佛塔、殿堂等建筑群体和街道，至今保存完好，清晰可辨。

今天，游人们置身城中，深深感到吐鲁番盆地和中华大地历史命运紧密相连、息息相关；更加坚定了在社会主义祖国大家庭里各民族团结奋进、改革开放、发展经济、共同进步的信心。

丝绸之路上的六座清真名寺

（1993 年 11 月 16 日）

1993 年秋天，我借着赴新疆开会之机，专程访问了西安、吐鲁番、乌鲁木齐和伊犁的六座清真名寺。

清真寺，也叫礼拜寺，是伊斯兰教穆斯林进行宗教活动的主要场所。

中国的清真寺，是起源于阿拉伯的伊斯兰教与中原地区为代表的华夏文化长期交流、互相借鉴和影响下，在穆斯林建筑上的艺术结晶。

公元 2 世纪，汉武帝派遣张骞出使西域，打通了著名的丝绸之路，开创了中原地区与西域经济文化交流的先河。

公元 7 世纪即盛唐时期，一些头缠白布身着白衣的大食（阿拉伯）商人和波斯（伊朗）商人来到东土以后，逐渐习惯了中华大地水土，在这里娶妻生子、安居乐业，伊斯兰教也随之在中国开始传播。

公元 13 世纪，一代天骄成吉思汗率兵西征。葱岭以西、黑海以东，伊斯兰教的各民族土地被蒙元军队陆续占领,征服者强迫被征服者迁徙到东方。这些人来了以后就在中华大地上生存下来。他们中有些人认为自己"不是外来户而是回到了先人们的姥娘家"，元朝官方文书就将其称为"回回"，他们也以"回回"自称。由此，一个新的民族在中华大地诞生。

汉族与世界上其他民族不同，是多民族长时期融合形成的民族，没有统一的宗教信仰。宋明清各代，允许回、蒙、汉各族通婚。信奉伊斯兰教的回族，通用汉语，但是保留了本民族的信仰和习俗，进清真寺礼拜，还使用了一部分经堂语（阿拉伯短语），从而保持了民族特征，没有被融入汉族或者其他民族之中。

千百年来，我国形成了统一的多民族国家，在富饶辽阔的国土上，勤劳智慧的各族人民，共同创造了悠久历史和灿烂文化。

　　西安、吐鲁番、乌鲁木齐和伊犁，是古代丝绸之路上的重要都市和驿站。这些地方的六座清真名寺，集中体现了在伊斯兰文化与华夏文化交融中，各族信仰伊斯兰教人民的辛劳与智慧。

　　西安化觉寺，是明朝洪武年间（1392 年）全国修建的两座著名大清真寺之一（另一座是南京三山街净觉寺）。全寺占地总面积 13000 多平方米，寺内楼、台、亭、殿疏密得宜，南北建筑对称，整齐美观，四进院落，设墙相隔，前后贯通。据寺内碑文记载，寺的沿革可追溯到唐天宝年间。明永乐十一年（1413 年），三宝太监郑和奉命重修此寺。清康熙年间（1662～1722 年）对该寺大规模重修，大门即为清代所建。该寺大殿前的两通高大的雕龙石碑上，分别刻有宋代书法家米芾"道法参天地"和明代书法家董其昌"敕赐礼拜寺"手迹。

　　新疆的伊斯兰寺堂，建筑形制与风格分为两大类型。一类为回族清真寺，有着浓郁的民族建筑风格；一类为维吾尔礼拜寺，保持了较多的阿拉伯伊斯兰建筑特色。

　　乌鲁木齐和伊宁两座回族清真大寺，均仿照西安化觉寺建筑。伊宁回民大寺一位 60 多岁的阿訇告诉笔者：新疆的回民，大都来自陕甘地区。他祖父是陕西人，当年他祖父带着他父亲来到甘肃，又到伊犁地区安居，至今已经 100 多年了。这座大寺是清乾隆年间建造的。

　　我向老阿訇请教：都属于信奉伊斯兰教的穆斯林，为什么新疆的回民与其他少数民族不在统一的清真寺礼拜？老阿訇答：语言不同，教派不一。我又请教：中国信奉伊斯兰的少数民族是属于逊尼派或是什叶派？老阿訇答：绝大部分属于逊尼派，南疆塔吉克族有一部分人属于什叶派。我再请教：教外人士应该如何对待伊斯兰教派争斗？老阿訇说：伊斯兰教好比大树，各教派好比树上枝叶，教派之争乃枝叶碰撞，不会动摇根本。教外人士不宜厚此薄彼，妄加评判，更不要胡乱参与。

　　耐人寻味的是，在内地一些清真寺与商业楼宇竞相采用阿拉伯建筑样式的今天，位于西北边陲伊犁首府伊宁市内，供哈萨克族、蒙古族和维吾尔族居民进行宗教活动的礼拜大寺，仍然保持着清乾隆年间的古建筑。

　　清代的伊斯兰建筑，已经完成了中国特有的形制。总体布局多为四合院式，大殿及主要配殿都是大木起脊、用斗拱、前卷棚连带后窑殿式建筑。值得注意的是，这几座清真寺的望月楼（又名邦克楼，召唤穆民做礼拜）的顶部，多为六角塔的形制。我国许多古建筑，受易经八卦影响，平面及塔顶多使用八角形制。因为伊斯兰圣地麦加和麦地那在我国西方，新疆、西安等地清真寺大殿均坐西向东；而诸多皇室宫殿与佛教、道教大殿等寺观及庙宇，大都背阴向阳，坐北朝南。这坐西坐北之别，生动地区别了伊斯兰教与佛教、道教及其他宫殿庙宇的不同特点。

新疆多数少数民族礼拜寺与回族清真寺建筑风格不同，保持了较多的阿拉伯风格。建于清乾隆四十三年（1778 年）的额敏塔（又名苏公塔）礼拜寺是其中的典型。其主要特点：大殿略成方形，将礼拜堂与进厅周围休息室建在一座殿的建筑之内，此外更无院房。礼拜堂居于殿堂中部，特别高起。此地终年干旱少雨，大殿全用土坯砌造，用料极为经济。周围小房间全用土坯圆顶拱顶。额敏塔（邦克楼）高 44 米，与大殿连为一体，全用砖砌造，不用木料，塔身砌满花纹，技术艺术皆为上乘之作，是历史上我国邦克楼最为高大的建筑，在国外也极为少见。额敏原名苏莱曼，18 世纪前期和中期，曾在清朝政府统一指挥下，率领吐鲁番维吾尔族军民参与平息准噶尔部叛乱。额敏塔礼拜寺是维护国家统一、民族团结的历史见证。

1988 年新建的乌鲁木齐南门大寺，是一座典雅豪华的阿拉伯风格的维吾尔礼拜寺。寺内大堂可容纳 1500 人做礼拜，是该寺目前最大的伊斯兰寺堂。一位年轻的阿訇告诉笔者，他初中毕业后已经在此学习了三年，还要再学习二年方能够获取新疆伊斯兰大学毕业文凭，然后由国家统一分配到下面礼拜寺做阿訇。这座礼拜寺的一楼是大商场，大礼堂等在二楼以上。伊斯兰教创立于丝绸之路西端的阿拉伯地区，鼓励教民经商。回民有一句流传广泛的谚语："回回手里两把刀，一把卖牛肉，一把卖年糕。"这座礼拜寺的格局既符合伊斯兰教重商的传统，也显得寺堂高大雄伟。相比之下，内地有些佛寺、道观，在当今商品大潮的冲击下，搞的一些经营活动，避言"商"字，所挂招牌名曰"法物流通处"；比起伊斯兰教的礼拜寺来，自是别具风采。

家乡美景成真

（1996 年 2 月 25 日）

春节放假，回到郑州东郊的家乡拜了一回年，眼界大开。

正月初三上午，我们一家搭上出租车，走金水大道上 107 国道（即现在的中州大道）往南，到王庄老舅家拜年。"过新年，放花炮，穿新衣，戴新帽"。50 年代初期，爸爸在城里当医生，有工资补贴家用，我家日子要比别人强些。可是兄妹几人的新鞋也是妈妈、姥姥或奶奶赶做的。新衣是从供销社扯一些布，给每人做上一身胖大的、能罩着旧棉袄棉裤的衣裤。女孩过年会有块花布作头巾，男孩子的帽子大都是新买的。

那时节到了年下，家里要忙活几天，扫尘土、糊窗户、裱风门。爷爷亲自下厨，炸些肉方、豆腐和丸子；奶奶、妈妈忙着蒸馍馍、剁饺子馅。腊月二十三祭灶，灶台上供着麻糖，说是让灶王爷上天言好事；到除夕晚上再放炮，把他老人家请回来下界保平安。也许思想进步的爸爸不屑于参与此类封建迷信的活动，每年祭灶、迎神、敬祖、上坟的事，都是爷爷领着我这个长孙去办。到了年初二再由爸爸妈妈领着我们兄妹到三里外王庄姥姥家拜年，给姥爷姥姥磕头挣压岁钱。中等身材、胖如弥勒的姥爷是闻名乡里的中医先生，待人和善，又会讲笑话，去姥姥家是我们兄妹的一大乐事。

50 年代中期以后，河南省委省政府从开封迁到郑州，郊区成了省市领导们的实验田。互助组、合作社、高级社、人民公社越办越大，农民过年的年货却不见增多。在那位鼓吹"哲学的跃进，跃进的哲学"的省委书记指引下，我的家乡跃出了一串串"卫星"："大办钢铁"，农民们砸锅献铁，"赶英超美"。小学校停课，操场上垒起小高炉，人们日夜苦战，炼出了一堆堆非铁非渣的硬蛋蛋。"深翻土地"，提高亩产，男女老少齐上阵，好生生的庄稼地硬是挖成一道道"战壕"。小庄并入大村，"一大二公"了，我们东沈庄的人迁居到西沈庄，家里的房子成了队里的饲养室，邻村的台庄则全村迁走，原址上盖起了万头养猪场。那时节，村里办食堂，吃放不要钱，可是社员们从食堂领回的干粮越来越少，瓦罐盛回的汤水也越来越稀。就这样，谁也不敢说不好，还得"跑步进入共产主义"。否则，会被当白旗拔掉，沦落到"五类分子"队伍中去。

河南的实情终于惊动了中央。我的家乡原本就是中央首长们经常光临视察的地方，毛泽东、刘少奇、朱德、周恩来都来这里视察过。1960年5月上旬，我在燕庄小学上六年级，沈庄西边的铁路专运线上停下一列专车，两旁的麦地里站着便衣警卫，每天有小汽车来来往往。11日上午，我们班教室靠北面的窗户被钉上草苫子。当我们用手指头扣开缝儿数着马路上一连串驶过去的二十几辆小汽车后，才明白真的来大官了。

几天后，《河南日报》上刊登出了满面慈祥的毛主席和大队长吴玉山，站在燕庄东地麦田里握手的照片。"文革"中，那地方修了"毛主席视察燕庄纪念亭"，改革后群众集资又竖起了老人家潇洒的全身铜像。

老人家的笑容并不能拂去他心中的忧虑。不久就发生了大范围饿死人的"信阳事件"，农村食堂也撤销了。爸爸作为省医疗队的队员进了大别山，已经在城里上初中的我，也于1962年春天随妈妈南迁，爷爷奶奶不久就病饿故去，我们家离开了沈庄。多年来，每当一次次路过燕庄东头的视察纪念亭，少年的经历常常涌出脑海，令人感慨不已。

出租车在王庄村头停下。一年没来，这里又发生了许多新的变化。街上新修了水泥路面，两旁盖齐了外粉刷的小洋楼，昔日那黄沙路面、茅檐低矮的村落，已经不见了踪影。哪里是老舅家呢？我嘴在问，眼在瞅，心中总是浮想起身穿黑布棉袄棉裤、戴着老头帽、挟着针灸包匆忙行医的姥爷，和双手笼在袖筒、依门等待女儿外甥们归来的姥姥的形象。我们在一个挂着"退休医生诊所"的招牌下找到了老舅的家门。

60年代初期毕业于郑州市医师学校的老舅，前年提前办了手续，在家继承父业，坐堂行医。城里的老姨一家携儿带孙五口人早来了，老舅的大闺女带着儿子也从城里回来，在城里工作的大儿子和媳妇放假在家，一对双胞胎孙女儿跑前跑后，加上我们三口，小院子熙熙攘攘一下子聚了十八九口人。好在房子宽敞，两座小楼近20间房间，任凭浏览。老妗忙着招呼做饭，老舅拉着身为建筑师的老姨夫，商量着再往上接房子。邻居家的楼已经接到了四层，他的两层楼地基浅，不能够再往上接了。"舅舅，您出点设计费，让俺爸好好地给你设计设计！"老姨的儿媳妇打趣地说。老舅弟妹五个，四位姐姐先后进了城。姥爷姥姥过世后，这一头沉的家庭成了四位姐姐的扶贫对象。可是，眼下老舅的家业要超过四位姐姐的任何一家。

午饭上桌了，先是一轮凉菜，有白酒、啤酒和饮料；接着一轮热菜，烹炒煎炸一应俱全。我早吃饱了，老舅不让离席，说菜还没有上齐呢，原来还有一轮蒸碗和汤。这种场面远非当年那种熬粉条、白菜、丸子、肥肉片的大锅菜可比。恐怕姥爷在世时，怎么也不会想到，自己的儿孙们会摆出如此丰盛的家宴来。姥爷年轻时在铁路局一家什么长那里，教过一阵子私塾，多年后还念叨"中午管饭时的蒸馍挟肥肉片"的滋味。

俗话说："先生学医生，用不了几个五更。"妈妈说过，姥爷由教书先生变成医生的初衷，是因为姥姥体弱多病，看不起医生。姥爷先是自学医书，又拜师学了针灸，多年行医看病，后来进了联合诊所，在乡里名声颇佳。老舅退休后开办诊所，子承父业，远近闻名。一家在医院看门的外地人，常从城里打出租车来看病，说是"在医院看一次小病花六七十元，到这里七元钱的药加十几元的车费还不到那一半开销呢！"这小诊所按月缴纳税费，老舅是医师，老妗做助手，每月收入不会低，要不他们扩大房产的资本从何而来呢？

吃罢饭告辞，老舅坚持要我们每家背一盘"枣山"回家。"枣山"，就是插着红枣纽着花纹的大盘馍。家乡习俗，外甥过年回姥姥家，走时老娘家要送"枣山"，意思是希望外甥有靠山，红红火火早日长大成人。我让儿子背着，他笑着说："这是舅爷给你的，还是你背吧"；我说自己快奔50的人了，还需要"枣山"吗？老舅说："带上吧，这是我们的一片心意。"

从王庄出来，我们又回沈庄拜年。沈庄60年代前几乎没有瓦房，80年代前几乎没有楼房，近几年却大都换成了新式楼房。两层的、三层的、四层的都有，一律外粉刷或贴瓷片，铝合金门窗。村上道路整修一新，铺了水泥路面。"楼上楼下，电灯电话"，50年代描绘的共产主义美景，如今成了现实。爸爸堂兄弟6个，现存他和五大伯两人。78岁的大伯身体还很结实，只是耳朵背了，和他说话得大声喊。最令人惊奇的是77岁的五大娘去年随村上组织的旅游团坐飞机去了一趟大连，再坐船到天津，又坐汽车到北京游长城，然后坐火车回郑州。飞机、轮船、汽车、火车一趟坐，大连、天津、北京一路游，这对于一位一辈子生长在农村，只认得娘家门、自家门和闺女家门的小脚老太太，无疑是一件破天荒的壮举。

堂弟们告诉我：这些年随着城市的扩展，村上的土地一块块被征用，村里也办了些企业，集体积累逐年增多。去年大爷大娘两人全年分红 7000 多元。坐飞机旅游是村里按照每人 1500 元的标准集体组织的，大爷由于耳背，外出不方便，村里给了 600 元补贴费。我问大娘：长城上那么多台阶，您走得动吗？老人家笑着说："我比导游小姐爬得还快呢。今年村上再组织旅游，我还要去！"

堂弟不无遗憾地说："我这个城里工厂办公室主任，厂里不景气，去年 5 个月才领了一回 381 元工资。俺爹坐在家里不动，每月划 390 多元生活费。今年说啥也不能在厂里干了，得挪挪窝。"他又说，这几年城市占了地，来村上招工，年轻人却不愿去，说进城当工人，一月挣二三百元钱没干头。村上没有办法，只好对长大成人的年青人，每人发几万元钱后除去"村籍"，让其自谋生路。我的一位家在北郊韩寨的二姐，家里的大孩子、媳妇、姑娘加当上兵的二孩子，四人分了 26.5 万元的"谋生费"。

目前，保留"村籍"每年领取生活费补贴的是一些中老年和未成年的人。堂弟说：守着城市，活也好找。另一个堂弟所在的工厂，已经几年发不下工资了。他蹬三轮车为城里商店送货，每月也挣六七百元。50 多岁的二姐夫人称"垃圾王"，每天进城运垃圾，一天三趟挣 60 元。黑庄大姐夫是退休工人，包块地办了个猪场，养了 200 多头猪，一次出毛猪 30 多头，每年毛利也在七八万元。

堂弟一席话，使人茅塞顿开。100 多年前，我曾祖父因受"戊戌变法"的牵连而不幸夭折，家道中落。曾祖母携儿带女别离城市下到沈庄务农，至今已传五代人。男儿读书上进女儿嫁进城里，是沈庄人世世代代的追求。沧海桑田，白云苍狗。谁能够料想，到了 20 世纪 90 年代中期，富裕起来的沈庄、王庄乃至许多乡村的农民，不再向往城市，不再愿意离开自己辛辛苦苦建立起来的新家园。

目前，当城里的干部们正为一些不景气的中小企业发愁，担心躲避那些端着铁饭碗找饭吃的职工们上访时，郊区的农村干部们却明智地为没有铁饭碗的老弱病残农民，建立了较好的社会保障，并将年轻农民及早赶进了市场经济的海洋，让他们拼搏奋斗，自立自强。当一些吃惯了平安饭、养懒了身子骨的城里人为收入低、生活困难而怨天尤人时，从郊区和远乡来的农民兄弟却能够将大把钞票从城里人眼皮底下挣走。时耶？运耶？命耶？

拜年，是中国人辞旧迎新、互致问候的一种形式。新春佳节，农村家家户户会贴春联、表心意。解放前，沈庄一位乡亲在城里开杂货铺亏了本，地里的收成又不好，过年时自撰一副对联："吃一升籴一升，升升不够；借新债还陈债，债债未清"，横批"日子难过"。今年下乡拜年，看到的各色人等喜气洋洋，门前的对联也都是"五风十雨皆为瑞，万紫千红总是春""国泰民安"之类的好词佳句。

我还惊奇地发现，以往农民过年供奉的祖宗牌位、灶王神位不见了。不少家厅堂里挂着文雅的字画、鲜艳的年画，摆放着新式彩电，节日里和全国人民一样，走亲访友、出外旅游，或在家观看文艺节目。祖宗牌位供奉了多少年多少代，也没有使农民摆脱贫困愚昧。30多年前那场"大跃进""穷过渡"，更是折腾得父老乡亲们元气大伤。十几年来改革开放的春风，引导他们走上了艰苦创业、勤劳致富的新路。

一年回家乡一次，每次都觉得有新变化。上高中的儿子几年没有回来过，这次回来更觉得新鲜。家乡的叔叔婶婶邀他放暑假了和同学们一起再回来看看，他高兴地答应了。

补记： 这篇文章记录的几个农村，如沈庄、燕庄、王庄、黑庄、韩寨等郊区村庄，在近十几年郑东新区建设和老城扩建中，变成了城中村，老村庄被改造成数栋33层高楼围成的"新村"，原来农村的景物全部消失，仅留下村庄或街道的名字。此篇当年在几家报纸上发表了的文章，也算作"乡愁"留念了。

（2015年10月7日）

陕县地坑院

（2016 年 12 月 21 日）

　　近年来，我曾两次到陕县看过地坑院。历史上所称的陕西，即陕州（县）以西，现在的陕西省则是在陕县西面的灵宝市以西了。地坑院建在黄河之滨的土塬上，塬下黄土深厚，是黄河淤积与黄土高原千万年飘来风尘的堆积层，厚度达 50 ~ 150 米，地下水位在 30 米以下，可以挖掘地下窑洞居住。地坑院深 6 ~ 7 米，挖有坡道与地面相通。

　　当地年降雨量 500 毫米，地坑院建有自备水井，夏秋季雨水大时，居民用铁钎在坑院四周捣鼓一些洞眼，即可解决排水问题。也有的地坑院邻近沟壑，排水出口在沟底，所以不担心被水淹没。

　　据说，在旧社会还利用地坑院做过监狱，院内不设坡道，犯人与物资全部用辘轳提升，安全可靠。

　　历史上的地坑院，是外地逃荒者在塬上开荒种地之余，挖掘的穴居场所，一个地坑院挖掘时间长达 10 年左右。现在有人出资开发地坑院，将坑沿、门窗、墙面均以青砖与石条补砌，使其成为砖石修砌的土豪地下宅院，院内各室陈列出售土特产与小商品，以招揽游客。

　　依我看，这种面目全非的改建，实在是画蛇添足，有煞风景。试想，当年哪户有钱人家，会将自己的宅院建设在干旱缺水、少光闭气的土塬下呢？！

远东散记

序

这里记述的，是我5年前到俄罗斯远东地区的考察见闻。

1998年7月下旬，中国冶金报社组织了一个14人的考察团，到俄罗斯远东地区进行边贸考察。我们乘坐一辆内蒙古自治区海拉尔市的面包车，从满洲里出境，晓行夜宿，经过后贝加尔斯克、赤塔、乌兰乌德，绕过贝加尔湖，到达伊尔库茨克市。然后又原路返回，历时10天，行程3400多公里。我借此机会，对前苏联解体8年后远东地区的风物、人情、政治变化与社会生活进行了比较详细的观察，记有日记。回来以后，多次想整理出来，却一直没有空闲。

1998年8月初，我们离开远东地区以后，中国出现了百年罕见的大洪水，俄罗斯发生了由卢布危机引发的经济危机。据当年9月23日中国《经济日报》报道，俄罗斯国家统计委员会公布：8月份俄国国内生产总值比上年同期下降了8.2%，主要工业部门的生产全面下降。机械制造和金属加工下降17.2%，钢铁和有色金属分别下降15.8%和11.5%，化学与石化工业则下降17.2%。农业生产情况更令人担忧。8月份农产品产量比上年同期下降22.9%。情况最为严重的是种植业，到9月14日为止，已经脱粒的粮食仅为上年同期的一半多。被称为"第二粮食"的土豆比上年少收15%。全国许多地区食品供应已经发生困难，连首都莫斯科也不例外。莫斯科政府决定：鸡肉、肉罐头、面粉等27种食品禁止运往外地。

1998年全俄罗斯生产比1997年下降了近50%，穷人的比例从2%上升到40%。此后5年间，俄罗斯政局发生了很大变化，经济得到很大的恢复，生产水平也大为提高。2003年4月17日法国《回声报》上刊登的美国哥伦比亚大学教授、2001年诺贝尔经济学奖获得者约瑟夫·施蒂格里茨的文章

《俄罗斯：历史的教训》中指出：目前俄罗斯国内生产总值依然比 1990 年时低 30%。按照 4% 的年增长比例来计算，大概还需要再过 10 年才能恢复到 1990 年的经济水平。也就是说，俄罗斯的国民经济实际上将整整停顿 20 年。前不久，现任俄罗斯总统普京在向国家杜马的国情报告中提出：到 2010 年俄罗斯国民生产总值将要翻一番。也就是说要提前二三年，使国民经济恢复到前苏联解体时俄罗斯经济发展的水平。

这就是戈尔巴乔夫提出"新思维"、搞垮苏联、解散共产党的直接后果；这就是苏联解体后，叶利钦推行休克疗法、大搞西方式的私有化所付出的经济代价与社会成本。

从 1998 年到现在，5 年时间过去了。那段在异国他乡的见闻，以及回来后的多年思索，经常在我心中萦怀，挥之难去。

当年在俄罗斯远东地区见到的情况，可能已发生了很大的变化，新闻媒体也不断报道俄罗斯经济发展与社会变革情况。趁"五一"假期全国闹"非典"，闲来无事，正好整理旧章，追忆往事，理清思路，希望这些见闻与思考，对于关心俄罗斯变革以及中俄交往历史的朋友们，读后有所裨益。

（2003 年 6 月）

懒　鸡
——俄罗斯远东地区散记之一

7 月 23 日清晨，天亮一个多小时了。我们几位远方来客，在俄罗斯远东边陲小城——后贝加尔斯克的街道里，已经转悠了很大一会儿才听到一声声公鸡啼唱。同行的伙伴一声笑道："懒鸡！"

我看了看手表，北京时间 6 点 15 分。的确，中国农村的公鸡，恐怕在几个小时以前已经完成了每天歌声嘹亮的早课，正在四处觅食呢。我说："这里经度与北京差不多，纬度更高，按说天亮得更早。也许公鸡和人一样，习惯了使用比较晚的莫斯科时间吧！"导游却告诉说，辽阔的俄罗斯横跨 11 个时区，这里属于赤塔时区，天亮的时间比北京时间要早一个小时，现在应该是当地时间 7 点 15 分了。

后贝加尔斯克是一个属于俄罗斯赤塔州的远东小城，位于中蒙俄三国交界地带。距满洲里市仅 9 公里，人口 7000 余人。这里是欧亚大陆桥的重要枢纽站。铁路与中国的滨洲（哈尔滨—满洲里）铁路网直接相连。俄罗斯和东欧各国到中国、朝鲜等国的国际列车、货物、邮件均由此发出。从此地上行 85 公里，即到达了博尔贾市。从博尔贾可直达蒙古国的额伦察市、乔巴山市。沿博尔贾北上，在卡雷姆斯科耶与西伯利亚大铁路相接。由此东行可以直达海参崴进入日本海。

这座小城镇与相邻的中国海拉尔、满洲里比起来，要破旧的多，落后得多。城区没有三层以上的建筑，没有柏油路，更没有水泥路。我们昨天晚上投宿的罗斯旅馆，据说是这里最好的，每一个床位 60 新卢布（当时是一个新卢布兑换 1.3 元人民币）。室内无卫生间，无毛巾、牙膏、牙刷及拖鞋；有衣柜、床头柜及一对沙发，都是中国产品。枕巾上印着"中国银帆宾馆"的字样。房间里不供应开水，服务员从开门把钥匙交给我们以后再也没有露面，说是下班走人了。幸亏我们自己带来了毛巾、牙刷、肥皂与卫生纸。

从房间的窗户向下看去，有一户人家。院子不小，房子建筑简洁，木板墙石棉瓦顶。院子用木栅栏围着，土地上种着土豆、甘蓝等农作物。院子四角也是用木板和石棉瓦搭建的厕所、猪圈。房子一侧放着一辆越野汽车，很像过去在国内常见的嘎斯 –69。据说 25% 的俄罗斯家庭有小汽车，大部分是拉达和吉普车。这里不少的家庭房子旁边有一个用木板钉的像集装箱似的东西，一问才知道是简易的车库。

后贝加尔斯克火车站附近，有一栋正在建设的新楼。导游说，这是齐齐哈尔一家建筑公司承包的工程。当地俄罗斯人工作效率很低，三年盖不起一栋三层楼；而在这里的中国人一年盖起一栋三层楼，被他们视为奇迹。就连这里的火车站，也是由齐齐哈尔铁路局承包管理的。在前面的博尔贾，还有中国大兴安岭森林工程局，在那里承包森林开采。几天以后在伊尔库茨克市，我们团里一位细心的李老先生发现，宾馆对面有两位俄罗斯人用空心砖砌一个有拱顶的楼门，我们到的那一天下午已经开始施工，第二天是星期天没有上班，第三天这两位老兄在一个工作日里总共才砌了 24 块空心砖！这样的工作效率，三年里要是能盖起来三层楼，才真算怪事呢！

在远东地区考察，深深感到俄罗斯人是遵守作息时间的模范。7 月 26

日是星期日，机关不上班，商店也关门休息。我们 25 日下午赶到伊尔库茨克市，导游老王抓紧时间与俄罗斯接待方面联系，人家已经准备开车下乡度假去了。此前在乌兰乌德旅馆门前有一个小商亭，窗口贴一个告示：每天 9 点至 20 点营业，星期天休息，星期一是 15 点至 16 点营业。那天到赤塔一家很大的百货商店观光，我看到一个男式手袋和自己用的一样，断定是中国货。一个同伴正好想买一个用，让服务员拿来看看。东西刚刚拿到手，店里电铃声大作，服务员伸手把商品夺回去。我们十分惊奇，只见她手指着墙上的钟表，正好 11 点。原来商店中午要关门，服务员要休息。顾客想买东西，下午 2 点再来吧！

沃 土
——俄罗斯远东地区散记之二

到了俄罗斯，才体会到"辽阔"二字的含义。

到了俄罗斯远东地区，更能理解什么是沃土。

前几天在我国的呼伦贝尔，见到一望无际的大草原，体会到了"风吹草低见牛羊"的壮观景象。不料一出国境，坐上面包车从后贝加尔西行，看到的草原比呼伦贝尔还要壮观。天上白云朵朵，远处山峦起伏。公路两旁，平坦如畴的草地上，开着红黄白紫各色野花。条条曲折蜿蜒、水面宽阔的河流，时而静静地穿梭于公路两旁，时而又静静地流向草原深处。和国内不同，这么辽阔美丽的草原上，竟然很少看到放牧的牛羊。

导游兼翻译老王原来长期在边境公安部门工作，对中俄两国边境的事情十分熟悉。他告诉大家，两国关系正常化以后双方签订了协议，边境两边 100 公里以内互不驻军。我们进入俄方边境 100 公里之后，见到了三座废弃的军营。后来几天行车中，发现这一地区人烟稀少。在 192 公里处，有一个坦克兵营。据介绍，这里曾经驻扎有 13000 名军人，3000 辆坦克。1979 年 3 月 23 日，此处坦克向边境我方地区潜伏运动 30 公里，被我军情报人员发现，7 分钟后将情报上报中央军委，我军立即采取对策。事后该情报单位受到嘉奖。翻译老王当时也在该部队服役，我好奇地问他，你们是潜伏在此地弄到情报的吗？老王笑着说："是在国内从截获他们的电报中发现的问题。"20年过去了，当年的侦察兵成了中俄友好交往的导游与翻译，大家都说真是化干戈为玉帛了，和平真好！

看着肥美的大草原，伙伴们有的说，俄国人真懒，放着这么好的草原不放牧。有的说可能人家搞的是圈养，更有利于保护草原生态。不过，我们也确实遇到了满载着牧草的拖拉机，还看到了放弃的水泥杆与铁丝网围着的牧场。

中午，在距边境 300 公里处一个路边店午餐。小店生意红火，木栅栏围的小院子，收拾得挺干净。地上放着几个漆成白色的废旧轮胎作的花盆，一些废啤酒瓶子也被围成花池，养着时花。顾客大都是中国来的旅游者、俄罗斯的倒爷，以及过往重型运输汽车的司机。因为人多，我们还在外边溜了一会儿才坐上饭桌。俄式面包，一种没有蔬菜、全是牛肉馅的布里亚特（蒙古人的一个分支）包子，一种煮着洋葱、红萝卜、牛肉片的辣汤，还有加糖的咖啡，吃起来别有风味。

吃过中饭再西行，渐见山岭。公路两旁是大片的原始森林，主要是白桦树，也有一片片的樟子松树。

过赤塔市，经布尔亚特蒙古共和国首都乌兰乌德，到达贝加尔湖西岸的伊尔库茨克市，1700 多公里的行程中，所看到的全是成百公里的茂密草原，几十公里绵延不断的樟子松和白桦树林，一片又一片几百米宽、几公里长的春小麦和开着金黄色花儿的油菜地。由于土地辽阔，这里的农作物采取轮耕方式，往往是公路左边种庄稼，右边用拖拉机翻了地晾起来，留待来年再播种。

前几天在国内的草原上，只见草长不见树木，我还以为草原上风大，长不成树呢。到这里一看，才明白我们那里是生态保护不如人家这里。

俄罗斯是世界上幅员最广大的国家，地跨欧亚两大洲，属于温带和亚热带大陆性气候，国土面积 1707 万平方公里，森林覆盖率达 43.9%；全国人口14800 万，100 多个民族。人们说，在这里随便插根棍子，就能开花结果。还说，俄罗斯人 20 年不干活，光卖资源也吃不完。真是一片沃土啊！

"这里原来是中国的领土！"不知谁在车里说了一句，让人听了心里很不是滋味。

是的，俄罗斯远东有 100 多万平方公里土地，原来是中国的领土。沙皇彼得大帝 1682 年上台后，效仿英国、荷兰、法国等欧洲发达国家，废除农奴制，在政治、经济、军事等方面进行了一系列改革，资本主义迅速地发展起来。1762 年女沙皇叶卡捷琳娜二世上台以后，不断东扩南下，使俄国从东北欧平原上原来一个小小的莫斯科公国，迅速扩展为横跨欧亚大陆的资本主义大国。

1858 年，沙俄乘英法发动第二次鸦片战争之机，强迫清政府签订了不平等的《中俄瑷珲条约》和《中俄北京条约》。通过瑷珲条约，侵吞了中国黑龙江以北、外兴安岭以南 60 多万平方公里的领土。通过北京条约，又夺去中国乌苏里江以东约 40 万平方公里的领土。到 1880 年前后，俄国完成了工业革命，国力日益增强。1904 年前后，形成了军事封建帝国主义。这些年间，其对外侵略扩张也更加疯狂。1892 年，沙俄违反 1884 年《中俄续勘喀什噶尔界约》，出兵占领了二万多平方公里中国领土。1896 年，沙俄与清政府签订《中俄密约》，攫取了俄国舰队使用中国港口、在黑龙江吉林建筑中东铁路的权利。1898 年，又签订《旅顺大连租借条约》，强占我旅顺口、大连湾及其水域，并把旅顺口建成俄国太平洋舰队的基地。1900 年，沙俄参加八国联军。10 月，17 万俄军侵占我东北三省，阴谋实现"黄俄罗斯"计划。与此同时，沙俄侵占了黑龙江北岸属于中国管辖的江东 64 屯，残酷地将 6000 多名中国男女老少居民全部屠杀。

导游说，当年毛泽东主席访问苏联，乘火车路过此地，随行人员让他下车游览贝加尔湖，他坚持不下火车，说了一句："这里原是我们中国的土地啊！"但是我想，这可能是个加进了后人演绎成分的故事。

据史料记载，毛泽东主席 1949 年 12 月 9 日离开满洲里赴苏联访问，1950 年 2 月 17 日离开苏联回到满洲里。还有回忆称，当时毛泽东到达东北时，乘坐了东北局为他准备的专列。由于这列美国制造的专列耐不了北国的酷寒，锅炉烧不起来，专列内气温骤降，受到毛泽东的嘲笑。只好在满洲里改乘苏联方面派来的专列。这期间的远东地区室外气温在零下 30 度左右，按照当时的保安条件，毛泽东恐怕只能坐在斯大林派来的专列里欣赏千里冰封、万里雪飘的北海（中国古书上称贝加尔湖为北海）风光，苏联人也不大可能会邀请他下车游览。

熟知北海地区历史沿革的毛泽东一定知道，秦汉时期，这里为北匈奴冒顿单于及其子孙的领地。铁木真（成吉思汗）1219 年率蒙古铁骑西征以后，1223 年从高加索进入黑海北岸草原地带。1237 年其继任者派出拔都又率军攻入东北罗斯境内。那里仅有几个实力不大的小邦国，居住的是罗斯人，当时连俄罗斯这一民族及国家名称也还没有出现。1243 年，拔都以伏尔加河为中心，建立了钦察汗国。此前，南宋王朝与蒙古人联手于 1234 年灭亡了中原地区的金国。元朝灭亡南宋，则是 45 年以后即 1279 年的事了。在元代，现在的俄罗斯土地上存在的国家是几个蒙古人统治的独立汗国，他们在名义上尊元朝皇帝为大汗，与元朝朝廷之间有政治与军事上的联盟，却没有经济上的联系。

罗斯人臣服于蒙古人，比中国南宋的汉人接受蒙古人的统治还要早四五十年。鲁迅先生当年谈起有些身处穷困、却偏偏喜欢吹嘘自己祖上功迹的中国人，说什么"历史上我们的成吉思汗就打败过他们俄罗斯人"时，曾经不无揶揄地说过：中国人不能说历史上是"我们"的成吉思汗打败了他们俄国人。而应该是俄国人说是他们的成吉思汗打败了我们中国人。

清康熙年 1689 年签署《中俄尼布楚条约》时，已经规定额尔古纳河左岸（东岸）为中国领土，右岸（西岸）即现在的满洲里到贝加尔湖一带为俄罗斯的领土。所以我猜测，毛泽东主席不大可能在前去谈判《中苏和平友好条约》途中说出那样的话来。

旧　楼
——俄罗斯远东地区散记之三

到俄罗斯远东地区考察，所见的楼房，大部分是以前的老建筑，长期缺乏维修；室内设施，也大多陈旧落后，各类道路更是多年失修。

按说我们此行投宿宾馆的档次并不算低，可还是没法与国内相比。从 7 月 22 日出境，到 8 月 1 日上午回到海拉尔，我们在远东地区没有住过像样的宾馆，甚至没有见过一栋像样的新楼。后贝加尔的罗斯旅社且不必说了，在赤塔住的是俄罗斯内务部（原克格勃）远东宾馆，条件十分简陋。在乌兰乌德市住的是布尔亚特自治共和国的国宾馆，却比赤塔的条件还差。到伊尔库茨克市，先是住由中国人开办的俄中友谊中心，第二天碰上停电，转移到当地最好的安卡拉（АНГАРА）大饭店，许多欧洲人也住在这里。这家七层楼、每层有 50 多个房间、共 700 多个床位的宾馆，住客不多。饭店里三部电梯坏了两部，能用的一部又破又旧，运转缓慢。在三楼原来有一家中国人开设的"碧海 – 俄罗斯"餐厅已经不再营业，说是"厨师回中国休假去了"。这个饭店一个标准房间每天房价 560 新卢布，楼内也收拾的干净整齐，卫生间配有肥皂和手纸，有淋浴。可是电视机是黑白的，电话还是插手指头转圈的那种供电式的老机子。若拨打国际电话，每分钟 28 卢布。俄罗斯人个头高大，房间宽大，家具粗大，门窗厚实。最令人难忘的是各家宾馆房门的钥匙，又长又大，往往还带着一个如同中国小孩拳头大小的木柄；钥匙孔也大，顾客开门时一定要下力气，还得手脚并用，否则就别想打开或者关上房门。

我们在赤塔远东宾馆，还闹了一场笑话。

那天坐了一整天汽车，又热又累，好不容易进了宾馆，找到房间，想抓紧洗澡，赶快休息。服务员是一位俄罗斯胖老太太。她领着我们一个房间又一个房间的安排住下，回过头来又一个房间一个房间的交代注意事项。好容易来到我们房间了，老太太又是比划，又是说个不停。我看房间档次虽然比在后贝加尔斯克住的高级些，却比国内的一般宾馆条件要差。好在我住宾馆的常识还是有的，就想让她早点休息。于是我把 60 年代初期学习的那几句俄语找了出来，连声说道"哈啦哨、哈啦哨（好的、好的）！"老太太一听，又用询问的口气说："哈啦哨？"我也肯定地说："哈啦哨！"

我们两个房间四位先生共用一个卫生间。与我同房间的李老先生首先洗罢出来说，卫生间的地漏不知在什么地方，他是站在浴盆里冲的凉。由于我赶着记日记，就让另外两位先生接着冲澡。谁知他们刚冲罢澡不久，翻译老王就带着俄罗斯老太太敲门而入。胖老太太手指着我，嘟嘟噜噜来了一大串俄语。老王翻译道：刚才她一再告诉你卫生间没有地漏，让你们洗澡时一定要站进浴盆里，你说"好，知道了！"为什么你们还要站在浴盆外边洗澡？现在你们楼下一位女士从莫斯科赶到这里与丈夫团聚，小两口刚刚休息，让你们卫生间漏下的水把床上淋得一塌糊涂！这真让人大吃一惊，原来俄罗斯的卫生间地面处理与国内的不一样，不是整体浇注的！

当时我只是想让老太太早点休息，谁能料到她要向我们交代那么多的内容。老王急忙两面做工作，一面向老太太道歉，一面找来两条毛巾、一个脸盆，让我们抓紧把卫生间地面上的存水打扫干净。我还想解释什么，还是李老先生心细，说赶紧打扫吧，要不楼下小两口也要上来闹了。夜色已深了，我们两人却为此额外任务，蹲在卫生间又是沾水又是拧水，忙活了好大一会儿，才算了事。

第二天早上起床，才发现这栋楼的四楼和五楼对外营业，二楼和三楼是内务部单身宿舍。楼下那位来探亲的小媳妇竟然碰上了我这个只会说一两句俄语的"契达意（中国人）"，加上他们那破旧的卫生间，能够"哈啦哨"吗？

7月30日晚上7点30分，我们一行在返回途中再次投宿这家内务部宾馆，有了上一次教训，自然不会再发生卫生间往下漏水的事件了。可是还有新故事发生。俄国的房子都是双层窗户，两层窗户之间有半米多宽的空隙。时间虽然是盛夏，宾馆房间里没有空调，也没有电扇，夜晚睡觉，关着窗户太闷气，开着窗户没有纱窗，响蚊成阵。这里树木多草地多，蚊子大的如同中国的小苍蝇，奇怪的是人家这里也没有蚊帐。我的头挨着枕头，不要三分钟就梦见了周公。与我同屋的李老先生，夜深人静遇到干扰很难入眠。可能是我的呼噜声与蚊子的哼叫声，对他干扰的太厉害，就不时爬起来用枕套在墙上打蚊子。第二天我睁开眼，见房间的四面墙上黄迹斑斑，李老先生十分无奈。一问才知道他昨夜共拍死了47个俄罗斯大蚊子！

在俄罗斯城镇尤其是在风景区和乡间，经常看见那种被中国人称为木刻楞的传统漂亮的俄式房子。城市的木刻楞的主要建筑材料是石材与木材，但是作了特殊的工艺处理和艺术创造。墙裙之下一般选用大块石料做基础，用水泥勾缝或者水泥抹面；中间是用长的圆木叠摞或者用宽厚不等的长条木板钉成墙壁；上部房檐、门檐和窗檐是装饰重点，以木材为主，结合运用木雕和彩绘等工艺，在夏日的绿阴下，这些漂亮的木刻楞如同立体彩色雕塑。

乱　国
——俄罗斯远东地区散记之四

在俄罗斯远东地区 10 天，给人的突出印象是到了一个十分混乱的国家。

先说过海关的混乱情景。我们 22 日上午 11 点就来到了满洲里的中方海关，很快办完了出关手续，可是在中俄海关几百米的中间地带，却滞留在那里再也走动不了。原因是俄方闭关，人员下班吃饭去了。下午 1 点开关后，很长时间放不了一辆汽车，大家就只好这么耗着。

满洲里海关，是远东重要的国际口岸，分为铁路口岸与公路口岸。俄罗斯、东欧到中国、朝鲜、日本、越南等国的国际铁路、公路运输经过这里，北京—莫斯科国际列车由此出入境。这里就是历史上赫赫有名的中东铁路的起点。它贯串我国东北全境，连接俄国西伯里亚大铁路。1902 年建成通车时，入境中国的第一站，被俄国人命名为"满洲里亚"，即"过了这一站就是满洲了"的意思。满洲里由此诞生。中东铁路的路权原来归俄国，20 世纪 50 年代以后归还中国。

1998 年 7 月我们出境考察时，那里的公路口岸平均每天出入旅客 300 多人，高潮时 1000 多人，客流并不算大。可是俄罗斯海关人员的工作效率实在令人不敢恭维。双方海关修建的都很漂亮，据说俄方海关是由中国帮助设计与建筑的。两家海关中间地带的水泥地上，停滞了几十辆汽车，有中方的大客车和中巴车，也有俄方的小汽车。基本上都是出了中国口岸，进不了俄国口岸的。幸亏我们事先准备了食品和水，在车上解决了午餐问题。但是在 7 月中午的骄阳下，实在难以打发时间。

下午 4 点，我们的面包车才进入俄方海关第一道防线。到了入境大厅，手续也不算麻烦，查验一下护照，盖个准许入境的戳子（落地签）即可。但是货物查验遇到了麻烦，主要是对中国人带的货物查的比较严格。和我们同时入关的一家团队携带的东西多，让我们的导游帮他把货带进去。俄方再三翻检盘查货物，我们毫无办法，只得耐心等待下去。忽然，见一个胖胖的俄罗斯女海关人员，从一件纸箱中拿出几包用塑料袋装的黑龙江老窖大曲酒，又嘟嘟噜噜往里间走去，据说是要作食品入关检验。我们的导游赶快上前，用手比划着喝酒的样子解释，女士点着头走进去了。导游笑笑说，差不多了。果然不大一会儿，那位胖女士空手出来摆了摆手，我们这两个旅游团才算可以合法进入俄罗斯领土了。

公路关卡也是混乱。由于俄罗斯在前苏联解体后政治、经济和社会生活长期处于混乱状态，我们去的那几天，电视上总有通缉杀人越货罪犯的画面。汽车在公路上行驶，经常遇到有三人一组、荷枪实弹、身着边防军、警察和海关制服的人员设立的临时关卡。听说他们的任务是检查过往车辆、追缴出入境商品偷漏税和抓捕逃犯。好在我们的翻译兼导游见多识广，每逢遇到这种事情，他或者下车和人家拉拉家常，吹吹自己与俄方边防军、警察、海关某某领导的交情；或者拿几袋从国内带来的两三元一斤的黑龙江老窖大曲酒，送给他们尝一尝。这些办法挺管用，有时人家象征性地往我们的汽车里看一看；有时看也不看了，摆一摆手，一声"哈啦哨"就让我们过关了。

铁路设备破旧。由于我们总是坐自己的汽车，有人提议想坐一回西伯利亚大铁路上的火车，导游老王答应了。7月31日下午6点，我们登上了一列开往后贝加尔斯克方向的铁路客车。谁料到这趟列车，竟然还是第二次世界大战后德国赔付俄国的宝贝。这列已经运行了半个多世纪的火车，真如同"一匹疲倦的老马"，一路上摇摇晃晃，吱吱呀呀，走走停停。同车的中国乘客说，前些时候，由于连续9个多月发不出工资，大批俄罗斯工人罢工，坐在这条铁路上，阻断了国际交通。说我们运气不算坏，没有罢工卧轨的事情，可以正点到达。夜晚，躺在这列老爷车上，满耳是火车轰轰隆隆、吱吱呀呀与旅客呼呼噜噜的鼾声所组成的"东西伯利亚交响曲"，别有一番滋味在心头。第二天早上8点多才到达后贝加尔斯克，还是晚点一个多小时。480公里的路程，这匹西伯利亚"老马"竟然走了14个小时！

这里的经济秩序更为混乱。我们这一行人，原先就与俄方接待单位说过，要求能尽量安排一些与冶金及耐火材料工业方面科研、生产、贸易单位和人员的交流活动。谁知道事与愿违。在伊尔库茨克市，我们会见了当地的冶金协会会长，一位穿着大花裙子的胖老太太，也是这里矿业学院的副院长。她说，这里有两座冶金方面的大学，一座主要是培养黄金冶炼与地质勘探方面的学生，另一座主要是培养铝冶炼与制品方面的学生。这里没有钢铁企业，有一个铝业公司，公司内有几个分厂，产品从铝冶炼到加工。有一个耐火材料厂，产品主要是本州自用。我们要求到耐火材料厂参观，老太太说可以联系一下。谁知道第二天回话说厂长飞莫斯科了，可以再等几天安排参观。但是我们的签证时间却不容许再待下去了。还想与那位协会会长再谈谈，也被告知说是她有会议要参加，见不成了。

在乌兰乌德市，我们与当地主管对外经贸的官员列科夫先生会晤，交流了俄联邦新西伯利亚一带有关贸易情况，探讨了双方合作的可能性，对方提供的通信联络方式，却是一个公司的电话与地址。

在赤塔，一个愿意和我们洽谈做废钢生意的先生，是当地"迪纳摩（ДИНАМО）"体协的官员。他主动提出双方货物结算的方式，不接受银行远期信用证，不用俄罗斯新卢布而用美元现金，每吨重型质量废钢75美元。可是他提供的联系方式，却是家庭的电话号码。这些难免引起我们的怀疑，后来一打听，现在俄罗斯全民经商，皮包公司多如牛毛，加上新卢布币值不稳，凡是中国正经的企业和商家，谁敢在这里火中取栗？

帅　哥
——俄罗斯远东地区散记之五

俄罗斯远东地区是多民族聚集的地方。我们在考察途中，接触或者看到了俄罗斯人、鞑靼人、鄂温克人、布尔亚特蒙古人等民族成员。总的印象，感觉到这里的居民们身体健壮，素质不错。尤其是那些十几岁、二十来岁的俄罗斯小伙子，一个个金发碧眼，高挑个儿，待人和蔼，如同平时在电视里经常看到的运动员一般，都是帅哥。

俄罗斯民族生活在寒冷的北半球高纬度地区，从"物竞天择、适者生存"的进化论观点看，他们的体质应该是强壮的。特别是前苏联立国70多年，优越的社会制度、强盛的国力、丰厚的福利，更能培养出健康的民族素质。由于国家十分重视科学教育与体育事业，俄罗斯人曾经在世界科技领域与体育赛场长期占领先进位次。

前苏联已经于1990年解体，8年后我们来到这里，发现这里的人民群众，仍然对过去怀有许多难以割舍的感情。不论是在赤塔、乌兰乌德，或者是伊尔库茨克，都还保留着列宁广场、革命广场。也都保留着第二次世界大战胜利纪念碑的英雄广场，碑下仍然燃烧着终年不熄的烈烈火种。全苏联在这次反法西斯战争中牺牲了2000多万军民。在到访的这几天里，我们经常见到人们在广场和纪念碑周围浏览凭吊。在7月31日去赤塔英雄广场途中，我们遇见一个结婚车队。三辆黑色小轿车从我们的车旁呼啸而过，司机赶紧加油追赶上去。坐着新娘新郎的花车上，装饰着与俄罗斯国旗颜色相同的三条彩色缎带，八九个姑娘小伙子陪伴着新人到烈士纪念碑前举行婚礼。我们下了车，赶快拿出照相机，选择角度，调整焦距，为他们拍照。突然，新婚人群中几个姑娘用汉语喊着"你好！"，翻译老王上前一问，有位姑娘还用笔在纸上写下了"爱，你好"三个汉字。她异常兴奋地告诉自己的伙伴：她的爷爷是中国人，妈妈是布尔亚特蒙古人。不用再作更多的翻译，我们完全能够感受到这位华裔姑娘，今天在英雄广场突然见到祖国亲人时的幸福心情。

7月25日中午路过贝加尔湖畔，在一个小餐馆吃午餐。一种由老黄瓜片、牛肉片、番茄酱与奶油合成的名叫苏泊尔的汤，列巴（俄式面包）和一种用洋白菜包裹的肉末合子，外边浇了汁，很好吃。餐厅一角，有三个俄罗斯漂亮的小伙子在喝酒。人家那才真是喝酒，桌上什么菜肴也没有，每人用玻璃杯子盛满伏特加酒，就那么一口接一口碰着喝。同行的新疆李新燕先生，端着我们自带的黑龙江老窖酒，邀请他们品尝。小伙子们认为48°的中国酒，比他们喝的44°伏特加酒浓度高，尖叫着不愿意多喝。我也上去与他们碰杯，并请老王代为翻译。原来三人的名字分别叫萨沙、米沙和罗曼，年龄在20到21岁之间。我说自己今年50岁了，也有一个20岁的儿子要上大学。小伙子们又是一声惊呼，不肯相信。在俄罗斯，50岁的男人早已是肥胖臃肿、白发苍苍的老爹爹了。

看着这几个可爱的"列别德（小伙子）"，我想，如果不是这些年来中俄两国建立了战略伙伴关系，国家之间和平共处，人民相互友好往来；而是如同30年前那样，两国互相为敌，边境争端不断，再让两国青年拿起武器，相互厮杀，又会产生出多少人员伤亡，制造出多少人间悲剧。

7月30日返国途中，我们再次来到这个路边餐馆午餐。餐馆里见不到那三个可爱的小伙子了，却看见两个妇女带着个一二岁的小男孩在店外玩耍。拍了拍手，肉乎乎的小家伙马上扑到我怀里，伙伴们笑道：带回中国当洋儿子养吧！我说：给我们爷儿俩合个影，祝愿这个洋儿子在俄罗斯愉快成长，比他的大哥哥们更加幸福！

和平友好，是世界各国人民永远的向往与追求！

困　民
——俄罗斯远东地区散记之六

过去多少年来，中国人总是用羡慕的口吻，赞美列宁斯大林领导下的苏联，羡慕老大哥们"楼上楼下，电灯电话"的幸福生活。我们这次到远东地区考察，发现苏联解体 8 年来，俄罗斯社会政治生活出现了剧烈动荡，经济遭受了极大破坏，普通百姓生活在艰难困苦之中，精神十分压抑。

20 世纪 50 年代以后，前苏联与美国成为东西方冷战的霸主，双方长期剑拔弩张，竭力在世界各地大陆、海洋甚至太空争夺势力范围。从赫鲁晓夫、勃列日涅夫、柯西金到安德罗波夫、契尔年科，都把重工业尤其是军事工业作为国民经济发展的重点。据说当年苏联经济有长期坚持两个 75% 的比例之说。就是对重工业的投资要占整个国民经济投资的 75%，对军事工业的投资又占重工业投资的 75%；而且全国科研经费与科技人员使用、大学生分配等也大体坚持这个比例。几十年来，苏联成为举世公认的经济军事强国。它的钢铁、石油、有色金属、汽车、化工等产品产量一直居世界先进行列。为了保持世界军事大国地位，苏联制造了无数令人生畏的原子弹、氢弹、巡航导弹，制造了许多游弋世界海洋的航空母舰、驱逐舰、运输舰、快艇、核潜艇、常规潜艇，制造了一代又一代震慑蓝天的超音速战斗机、轰炸机、空中加油机，也曾经把一个又一个地球卫星、宇宙飞船、航天站送上了太空，先后对古巴、越南、安哥拉、印度、朝鲜等国提供或者出售了大量的军事装备和军事技术。1968 年和 1977 年，苏联悍然出兵捷克斯洛伐克和阿富汗，武装干涉别国的内政，扶持自己的代理人。从 60 年代起，苏联还在与中国几千公里漫长的边境线上，陈兵百万，多次武装挑衅。毛泽东为此怒斥苏联：已经由社会主义沦落为"社会帝国主义"了！

在这几十年穷兵黩武的折腾中，苏联的国民经济形成了一条腿粗（重工业）一条腿细（轻工业）比例失调的畸形格局。其轻工业与农业的不足部分，长期依靠从东欧和蒙古的小兄弟们那里调剂解决。随着1989年东欧巨变和1990年苏联解体，以及被迫从阿富汗撤军，原来的美苏称霸世界格局被打破，过去的小兄弟们也都分化西化，积极投向昔日的敌人——美国，苏联的母体——俄罗斯成了斗败了的瘟鸡。

更为严重的，是戈尔巴乔夫接班不久搞了离经叛道的"新思维"，"八·一九"事件以后又解散了苏联共产党。叶利钦乱中夺权，不久用"休克"疗法搞了私有化，进一步把俄罗斯推进了深渊。据说其私有化的办法，是按照西方经济学家设计的方案，把国有资产货币化后，以每一位公民1万卢布的份额分配给个人，并允许转让或者出售。当那些经历了70多年计划经济社会生活的普通百姓，还没有弄明白私有化、资本金、金融资产、资产转让、股票买卖是怎么回事儿的时候，那些政府官员与企业领导人、那些西方培养出来的精英和投机分子们，着手大肆采用明的或暗的手段，把一批又一批的国有资产，变着法儿划拉到自己名下，成为新时期的暴发户，形成了新资产阶级分子。全国90％以上的工人、农民与普通职员在私有化过程中，实际上是相对贫困化过程中变得更加贫困。

我们考察的那些日子是俄罗斯的盛夏时节，按说应该是瓜果蔬菜供应的旺季。在伊尔库茨克，我留心观察了市场菜价，大体如下：每公斤黄瓜13.5新卢布（1新卢布为苏联时期的卢布即旧卢布100元，当时可以兑换1.3元人民币。13.5新卢布即为人民币175.5元），花生米13新卢布，鸡腿13.6新卢布，西式圆火腿38新卢布，西红柿8新卢布，洋白菜6新卢布，大米5.5新卢布，一个在中国郑州市场售价2元人民币的面包，此处为2.5新卢布（32.5元人民币），一个大蒜头约合1元人民币。按照官方的说法，这里人均工资200美元即折合人民币1650元，实际上据说在50美元上下。而且经常不能按时发放，最近许多单位已经连续八九个月没有给职工发工资了。

我们在赤塔吃了一顿晚餐，15位客人每人的盘子里有香肠片、粉肠片、火腿肠片共8片，几片黄瓜，一杯果汁，2瓶44°伏特加酒。吃完结账，竟然高达1000元人民币！问了一下，人家说你们是外国人，晚餐价格要比俄罗斯人高一倍。

为什么这里的蔬菜价格这么高呢?

原来俄罗斯的这些食品与蔬菜,绝大部分不是本地产品,而是从中国进口来的。其中有些蔬菜是用集装箱从山东寿光长途跋涉运输来的。司机告诉我一个故事:几个吉林省的农民租了远东某农场一块地,搞起了塑料大棚蔬菜。这里土地肥沃,中国人生性勤快,竟然使寒冷的地区长出了漂亮的新鲜蔬菜。消息传开以后,当地的头头脑脑纷至沓来,又是参观又是品尝,临走还要拿样品。来参观的领导们,住的宾馆、吃的饭钱都要由种地的中国农民掏腰包付账。不久,那几位中国农民算了账,把蔬菜全卖了,也不够给领导们付账单的。老实的吉林农民只好走人。结果是中国人走后再也不来了,要吃中国菜还得拿钱到中国买。

我这才明白为什么公路上那么多俄罗斯人的拖拉机、小汽车、吉普车、三轮摩托车甚至两轮摩托车后面,都带着小拖斗车,上面装满了土豆。原来许多俄罗斯人在郊区建有别墅,别墅的院子有几亩地大,聪明的俄罗斯人在土地上播种了土豆或者洋葱,现在正是收获季节,他们要把自己辛勤劳作成果运回家去,为漫长寒冷的冬春季节储备食物。

穷困与尊严往往构成反比例。当人们不能混饱肚子的时候,顾不得讲究尊严。我们考察中,经常在所住的旅馆里遇到电话打来,问顾客需不需要"捷布什嘎(姑娘)"?在吃饭的时候,经常遇见衣冠楚楚的中老年妇女伸手向外国客人(主要是中国人)讨乞。7月29日吃过晚饭后,我与伙伴在赤塔市的列宁广场散步。10点多钟时,见一位年轻妇女领着一个八九岁的男孩子走到面前。她让男孩子热情地和我们握手,嘴里说着我们听不懂的语言。我想可能是人家与国内的家长一样,让孩子练习外语吧。就用汉语问了一声"你好",对方没有反应。又来了一句"How do you do?"仍然没有反应。我突然明白了,这一大一小是向我们讨乞的!于是从身上摸出一个新卢布的硬币,放到孩子手里。那位年轻妇女高兴了,又让孩子向我们鞠躬然后离去。没有走多远,孩子把硬币交给了大人。两个人走向路边停着的一辆小汽车,拉开车门上车而去。

我们这次所到的城市里都没有出租汽车。导游告诉我们,外出时一定要记着带上旅馆的住宿单,如果在外边回不来了,可以随便拦一辆小汽车并出示住宿单,当地人会热心地把你送回来。但是你一定要注意付给人家10卢布的小费。每天我们一出旅馆,就会看到一些俄罗斯人在门外等候,或者上前询问要不要使用汽车。

俄罗斯的男人们酒鬼多。我们那几天经常碰见一些醉醺醺的中老年酒鬼，或者醉卧街头，或者身上粘着泥土，步履踉跄。据说前些年戈尔巴乔夫专门颁布了世界上独一无二的《反酗酒法》，收效却是不大。这些年，由于社会动荡、个人失业、生活水平下降、离婚率上升等方面的原因，俄罗斯酒鬼有增无减。这里流传着这样一则笑话：如果你看见街头躺着一个醉鬼，最好把他扶起来，说不定那就是你自己的父亲；如果在街头上看见摔倒了一个孩子，最好把他扶起来，说不定那就是你自己的孩子。

8月初，我们离开那里以后，俄罗斯发生了主要由卢布危机引发的经济危机。那一年全俄罗斯生产下降了近50%，穷人的比例从2%上升到40%。这就是苏联解体后俄罗斯付出的经济代价，也是叶利钦大搞西方式的私有化所付出的经济与社会成本。

1998年9月22日法新社从莫斯科报道：据当天公布的民意测验结果表明，多数俄罗斯人怀念苏维埃时代。因为在他们看来，那时的社会秩序井然，有安全感，国家在世界上有声誉。但是，他们不希望共产党重新掌权。这个由德国西努斯民意调查所起草的调查表、由俄罗斯社会与国家问题研究所对3000名16～65岁俄罗斯人进行的调查表明了以下倾向：

在问到人们对斯大林时代的看法时，俄罗斯人认为那个时代的社会是"遵守纪律、社会秩序井然"的占80.7%，认为令人"恐惧"的占67.9%，认为人们是热爱祖国的占51.6%。在问到人们对勃列日涅夫时代有什么看法时，认为那个时代"社会安定"的占78%，认为"在科技方面取得很多成果"的占66.9%，认为"人与人之间相互信任""国家在世界上享有声誉"的占65.1%。与此相反，对目前（1998年8月）俄罗斯的看法是：93.5%的人认为"犯罪率高"，认为"前途未卜"的占88%，认为"民族冲突加剧"的占85.9%。那种认为苏维埃时代没有什么可以值得俄罗斯人骄傲的人仅占18%。在每10个俄罗斯人中，有6个人表示对各政党不信任。在问及他们的政治观点时，16.6%的人表示自己是中间派，15.6%的人希望俄罗斯走自己的发展道路，10%的人支持俄罗斯共产党，5.2%的人支持民社党。

5年时间过去了，俄罗斯人已经抛弃了那位私有化之父——叶利钦，选择了具有彼得大帝称号的普京，经济与社会也有了很大的发展。但是，人们对一些重大经济与社会问题的看法又有了多少变化呢？

教　堂
——俄罗斯远东地区散记之七

　　在俄罗斯远东几座城市考察，见到几座基督教的教堂，很容易感觉到基督教尤其是东正教在这里的影响。

　　伊尔库茨克市美丽的安卡尔河畔，马路一边是纪念反法西斯战争的广场和无名烈士纪念碑，另一边就是建筑精美的东正教教堂。在乌兰乌德，我和同伴们浏览市容时见到一座小巧的东正教堂，就举起照相机拍了几张照片。我们想进教堂参观一下，刚走到门口，正好里面出来一位老太太，连连摆手阻拦。有两位年轻姑娘从这里路过，虔诚地面向教堂鞠躬、划十字。其他进出教堂的人也都十分认真地划十字、鞠躬。

　　俄罗斯东正教堂的建筑风格十分别致，不同于罗马天主教堂，也不同于欧洲基督教堂。教堂外部的墙面洁白，高高的主楼顶部十字架下有一个洋葱头形状的、金光闪闪的或者是深绿色的巨大的球形装饰，显示了古代拜占庭建筑艺术与俄罗斯建筑风格的结合。

　　庄严华丽的教堂代表了东正教的宗教特色。我国哈尔滨著名的索菲亚大教堂就是一座金碧辉煌的东正教堂。据说在东正教堂里举行宗教活动时，高大的墙壁四周，悬挂着众多圣徒的画像，整个教堂灯火通明，烛光点点，圣乐团隆重演奏，信徒们肃穆唱诗，人们沉浸其中，仿佛置身于天堂。

　　东正教是基督教三大教派之一。基督教产生不久，就分化为以拉丁语地区为中心的西派教会和以希腊语为中心的东派教会。公元 1054 年，东西两教派正式分裂。西派教会以罗马教廷为中心，中国人称其为天主教。以君士坦丁堡为中心的大部分东派教会自称为"正教"。因为是东派，中国人称其为"东正教"。

　　东正教最初盛行于巴尔干半岛、西亚和北非，后来传入俄国、东欧、中国东北、朝鲜、日本等地，再后来传播到西欧、美国、加拿大、澳大利亚等地。据教会统计，全世界目前有东正教徒 1.2 亿多人。仅前苏联就有 5000 多万东正教徒，占居民的 25% 左右。

东正教的特点，在于它的保守性、神秘性、依附性、多中心和具有庄严华丽的宗教气氛。它不像天主教那样，宣称罗马教廷是世界上统一的教会中心、教皇是教会统一首脑。东正教又公开承认各国皇帝是东正教的最高首脑，并积极为各国政权服务。当年前苏联解体、叶利钦就任俄罗斯联邦总统，就是在莫斯科克里姆林宫手按圣经，由东正教大牧首监督下宣誓就职的。

历史上俄罗斯的统治者们与罗马天主教教廷的关系并不和谐。可是前苏联解体前后，在戈尔巴乔夫"新思维"的指导下，才与罗马教廷关系逐渐缓和，加快了苏联分化西化的步伐。1989 年 12 月，戈尔巴乔夫到梵蒂冈拜会教皇约翰·保罗二世，保罗教皇则于 1990 年 1 月的新年贺辞中赞扬戈尔巴乔夫的"胆识"。在 1991 年 "8·19" 事件中，时任苏联共产党政治局委员、俄罗斯总统的叶利钦在其他电台、电视台被占领的情况下，就是利用天主教的广播设备与外界联系，反败为胜。苏联正式解体前，叶利钦会见教皇，希望进一步改善天主教与俄罗斯东正教之间的关系。

列宁、斯大林创建的共产党和苏联，被他们的不肖子孙葬送掉了。基督教为苏联的解体和共产党的解散出了大力，同时也把俄罗斯及其 1.4 亿人民拖进动乱的深渊。那位仁慈的上帝，究竟什么时候才能帮助目前的俄罗斯领导人，使他们的社会生活走向正轨、经济走出低谷、人民真正获得幸福呢？

北 海
——俄罗斯远东地区散记之八

贝加尔湖，中国古称北海。汉代苏武牧羊的故事，就发生在这里。那时这里是匈奴人的领地，秦始皇修长城主要是为了抵抗匈奴南下入侵。

汉朝建立以后，与匈奴人或者是战争或者是和亲，构成了整个汉王朝边疆政策的主要抉择。汉高祖刘邦天下初定，便发出"安得猛士兮守四方"的呼号。雄才大略的汉武帝刘彻于天汉元年（公元前 100 年）派苏武出使匈奴，匈奴单于爱慕苏武的才华，指派其好友、著名飞将军李广的孙子李陵等人对他实施劝降，苏武持节不辱，正气凛然，义薄云天。《汉书》上记载："单于愈益欲降之，乃幽武置大窖中，绝不饮食。天雨雪，武卧啮雪与旃（毡）毛并咽之，数日不死，匈奴以为神，乃徙北海上无人处，使牧羝羊，羝乳乃归。"这种让羝羊即公羊下奶后才准返回的政策，实际上是叫苏武什么时候想通了，愿意投降了才能回来。但是，"武既至海上，廪食不至，掘野鼠去草食而食之。杖汉节牧羊，卧起操持，节旄尽落。"

汉武帝去世后，昭帝即位，又派使臣前往匈奴。单于对汉使说苏武已经去世了，当年与苏武一起出使的常惠，教汉使对单于说，汉天子在上林（皇家园林）中，得到苏武系在大雁足上的亲笔信，说自己在某泽中。单于只好承认苏武还在。这样，苏武才于始元六年（公元前 81 年）回归汉朝，前后在匈奴停留了 19 年。

2000 多年来，苏武牧羊的故事，教育了一代又一代中国人，培育了中华民族威武不能曲、贫贱不能移的浩然正气。唐朝著名诗人杜牧有一首《边上闻笳》赞曰："何处吹笳薄暮天，塞垣高鸟没狼烟。游人一听头堪白，苏武争禁十九年？"

过去我一直认为苏武牧羊的贝加尔湖一带处于大漠之北，一定荒凉不堪。这次身临其境才知道不是那么回事。也许古人为了赞扬苏武坚忍不拔的爱国情操，把这里描绘得凄凉了点，也许是 2000 多年来这里的地貌风物发生了巨大的变化。

贝加尔湖是世界上最大的淡水湖，面积为 2200 平方公里，南高北低，平均水深 870 米，最深处 1700 米。导游介绍说，这湖里的水质如同矿泉水，水量占全世界淡水量的 20%。如果能把这里的湖水倾倒出来，可以使整个亚洲大陆平均积水 1 米深。

从地图上看，伊尔库茨克市在贝加尔湖的西面，乌兰乌德市在湖的东面。我们 7 月 28 日从伊尔库茨克市返回乌兰乌德市，汽车沿着贝加尔湖绕行，公路左边是一望无际、碧波如玉的湖水；右边是连绵不断的山岭，山上是郁郁葱葱的原始森林。路旁常见一些烧烤摊，停车买了一些刚刚烤熟的贝加尔湖鱼，品出那味道实在鲜美。导游因为经常来，多买了几十条用袋子包好，说是要带回去也让国内的朋友们尝尝鲜。

前天来时，只见公路两旁森林密布，少见城镇。今天在距伊尔库茨克市100 公里处，汽车离开来时的公路驶进一片密林。穿过密林，地面忽然开朗，来到一个名为贝加尔斯克的漂亮小城镇。稍事安顿后，我们再次上车，到湖边海鸥度假区观光。这里古木参天，芳草如毡，有许多美丽的俄式小木屋或者守候在湖边，或者隐没在林中。现在是俄罗斯最好的季节，不少家庭举家到此疗养度假。

我们一行也兴致勃勃地来到湖边，脱了鞋下湖走走。湖水很凉，清澈见底，鱼儿在水中嬉戏，船儿在水上漂浮，一群群姑娘小伙子，或者是一家老少，悠闲地躺在岸边沙滩上日光浴。在夏日撒满金发碧眼白皮肤老毛子的湖畔上，我们这些远方来的中国人格外显眼。尤其是洛阳来的小章先生，西装革履一丝不乱，在游人极少着装的沙滩上行走，成为一道新奇的风景。

在我们快要离开海鸥度假区返回住地时，看到一位仅穿着裤头、两鬓染霜的俄罗斯壮年男子，追到我们的汽车旁，咕咕噜噜地舍不得离去。翻译老王说，这位见我们是中国人，嚷着要找真正的布尔什维克说说心里话。听此言不禁令人动容。我请老王告诉他：我们大都是共产党员，布尔什维克，他有什么话可以直言。

那位男子说自己是伊尔库茨克州下面安卡拉市的俄罗斯共产党区委书记，也是来度假的。今天一见到几位中国朋友，又是布尔什维克，心情格外激动。接着他竖起大拇指，连连对我们说：中国伟大！中国共产党伟大！邓小平伟大！过去我们苏联多么强大，连美国都怕我们。可是出了个戈尔巴乔夫，出了个叶利钦，共产党解散了，苏联解体了，国民经济崩溃了，人民生活水平连年下降，职工已连续9个月没发工资了！前几天还发生了群众卧轨、阻断远东大铁路的事件。你们中国这些年改革开放，经济发展很快，令人羡慕。我们的俄罗斯现在成了什么样子？！

由于天将黑，见我们要离去，这位汉子说8月1日是贝加尔湖旅游节，俄罗斯许多要人包括俄共第二把手都要来参加这一盛会。他热情地邀请我们到附近林中小屋住下，明天再和他一起到湖上划船。他挥动着双臂说，在风浪中去搏击是很有意思的。可惜我们时间有限，不能和这位老共产党人进行更多的交流。后来很多时候，一见到有关俄罗斯的报道，我总想起那天下午，在贝加尔湖畔发生的这一幕，想起那位穿着裤头、光着膀子的俄罗斯共产党区委书记，不知道他们目前在"风浪中搏击"的成果如何。

第二天早上驱车东去途中，又一次在贝加尔湖的一处湖畔停车观光，拍照留念。我在湖边寻觅到两块巴掌大的被千年湖水冲刷成扁圆形的石头。一块是白色石头的底面上，浮着青色画面，宛如俄罗斯地图。一块上是黑色石头的底面中，有两个白色的图像，仿佛是一个坐着的老人身旁依偎着一只带犄角的羊儿，好一幅苏武牧羊图！我随即就口占一绝："当年持节到胡番，高风亮节千古传。北海先贤牧羊图，后生觅得回中原。"

喇　嘛
——俄罗斯远东地区散记之九

布尔亚特蒙古人，中国人称其为漠北蒙古。这些蒙古人与我们常见的内蒙古、外蒙古人相比较，脸盘更圆，颧骨更高，鼻子更扁。据说当年成吉思汗打仗时，总是让布尔亚特人打先锋，因为他们比别的蒙古人更勇敢。中国的达斡尔人是布尔亚特人的一个分支。布尔亚特人信奉喇嘛教，而远迁到中亚地区、同样为蒙古人分支的车臣人则成为了伊斯兰教徒。

喇嘛教是中国人对藏传佛教的称呼，这派佛教在藏族人和蒙古族人中间有着深远广泛的传播。元代著名的喇嘛教大师巴思巴，是藏传佛教萨迦派第五代祖师。巴思巴 1253 年 18 岁时，会见了忽必烈，以后长期追随他，深受其信赖。忽必烈 1260 年即皇帝位后，册封巴思巴为国师。他创造的巴思巴蒙古文，曾经被元朝运用政治力量在全国大力推行。

乌兰乌德郊区有一座建于 17 世纪的达赖行宫，这是远东地区一座著名的喇嘛庙，为历代达赖喇嘛到这里传教时的住锡地。1992 年达赖喇嘛曾经到此地活动，乌兰乌德当局给予隆重接待，莫斯科方面为此事专门做了 2000 块纪念手表。7 月 30 日，我们有机会参观了这座喇嘛庙。

达赖喇嘛一词，是蒙古语和藏语的合称。"达赖"意为大海，"喇嘛"是"上师"。据称达赖喇嘛是藏传佛教里的观世音化身。达赖喇嘛的称号，最初产生于明代。藏传佛教格鲁派活佛索南嘉措（1543 ~ 1588 年）于明万历六年（1578 年）应邀到蒙古土默特部落，向其首领俺答汗宣讲格鲁派教义，劝他信奉藏传佛教时，双方出于政治上的需要，互相建立了联系，又互相赠送尊号。索南嘉措赠俺答汗为"咱克喇瓦个第彻辰汗"，大意为"聪明智慧的转轮王"。俺答汗则赠索南嘉措为"圣识一切瓦齐尔答喇达赖喇嘛"，意思是"在显密两教方面都取得了最高成就的、学问如大海一样的超凡入圣的大师"。并把索南嘉措以前的两世格鲁派领袖，也追赠为"达赖喇嘛"，这样，从一开始就有了第三世达赖喇嘛。清朝顺治九年（1652 年）五世达赖应邀进京，受到清政府的优厚款待。次年达赖返藏途中，顺治派人送他金册金印，封他为"西天大善自在佛所领天下释教普通瓦赤喇怛喇达赖喇嘛"，自此以后，达赖喇嘛的封号才正式确定。此后历代达赖转世，必须经过中央政府册封才为有效。当今十四世达赖喇嘛丹增嘉措，是 1946 年由当时的国民政府册封并派员主持坐床的。

沈阳一家公司驻这里的业务经理小王，陪同我们到达赖行宫参观。小伙子很健谈。据他介绍，俄国 1917 年发生十月革命后，这里布尔亚特王公贵族们赶着牛羊、带着财宝东迁到中国的海拉尔，但是，到 1949 年还是赶上了中国共产党的革命运动，还是没有保住牛羊与财宝。真可谓躲了初一，躲不过十五。由于 70 多年来前苏联曾经向远东地区大量移民，目前这里的俄罗斯族居民数量已经超过了布尔亚特蒙古族人。前苏联解体后，这个自治共和国仍然归属于俄罗斯联邦。叶利钦在俄罗斯搞全民普选总统，这里也照葫芦画瓢，普选自治共和国总统。苏联解体 8 年来，两任自治共和国总统都选成了俄罗斯族人。那年，这位总统与美国一家博物馆达成协议，要把达赖行宫里珍藏的一部乾隆时期的《大藏经》送到纽约展览。这一下子算是捅了马蜂窝。当地的布尔亚特人认为，总统要把他们祖宗流传下来的珍宝转卖出去，亵渎了佛爷。全国群情激愤，人们把喇嘛庙团团围困，不准珍宝出宫，总统派军警弹压也无济于事。万般无奈之际，总统想起了远方的达赖喇嘛。于是赶快派人到印度去请达赖喇嘛。为了迎接佛爷光临，政府派人到家家摊派，要户户献金。在此地经商的中国人对此颇有意见，人家却说：拿钱吧，佛爷到来了会赐福给你们的。

达赖喇嘛到来后，又是讲经，又是给信徒摸顶，好一阵忙乎后，方才言道："《大藏经》到美国是为了弘扬佛法，美国人也很希望瞻仰礼拜我们祖先流传下来的宝贝。"这才算给那位俄罗斯族的总统先生解了大围。以后，达赖不断到这里来活动，当局照样在全国举行捐款与献金活动，佛爷也不会空手而归。小王说，近两年没有再请达赖喇嘛弘法了，主要是当前经济萧条，居民囊中羞涩，实在供不起佛爷了。

这座已经有 300 年历史的达赖行宫的建筑风格，与国内常见的喇嘛庙差不多，只是规模较小一些。宫门外出售着蒙古文和藏文的印有达赖喇嘛画像的经书，正殿外东南角有一走廊，里边放着一排供信徒转经时用的经轮。檐角高挑的三层大殿顶上，覆盖着金黄色的宫瓦。殿脊修建有一个尼泊尔风格的金色小宝塔，塔两边各是一个转轮似的金色柱子。白色宫墙、红色廊柱、高大的红色宫门，一匹雕塑的老虎威武地守候在大殿北门外边，使得这座佛宫在夏日的草原上显得更加庄严肃穆。拾级进殿，看见一群喇嘛正在颂念经文，经文是用蒙古文印刷的。最后一排靠外边的喇嘛，是一个高鼻碧眼的俄罗斯族人，其他喇嘛看起来像是当地的布尔亚特族人。

由于两位陪同的王先生对喇嘛教与蒙古语都不大在行，我们也无法与喇嘛们作更深的交流，也无缘见到那一部著名的乾隆时期的《大藏经》。回到国内查阅有关资料，才知道蒙文的《大藏经》，最早是于元朝成宗大德年间（1297～1307 年）在萨迦派僧人法光的主持下，由西藏、蒙古、回鹘、汉族等僧人共同将藏文《大藏经》翻译为蒙古文的。明朝与清朝初年，均对其进行过增补，到乾隆六年（1741 年）至十四年（1749 年）又校译重刻了丹珠尔，全藏才算完备。还有一部《乾隆版大藏经》，又名《龙藏》或者《清藏》，是清代唯一的官刻汉文《大藏经》，全藏共收经 1669 部、7168 卷，分作 724 函。这部《大藏经》于乾隆三年（1738 年）完工后曾经印刷了 100 部，分赐全国各大寺院。1935 年又曾经印刷过 22 部。据说，这部《乾隆版大藏经》累计印刷不超过 150 部，经过 200 多年的变迁，能够存世的恐怕也是廖若星辰了。

由此看来，乌兰乌德的达赖行宫里所珍藏的乾隆时期的《大藏经》，不论是蒙古文版本的或者是汉文版本的，确实是十分罕见的历史珍宝。

睦　邻
——俄罗斯远东地区散记之十

中俄两国是邻邦，在两国几百年来的邦交史上，总的来看，是中国被俄国侵略的时候多，中国的领土被割让的多，中国人受欺辱的事件多。20 世纪40年代末到50年代初，在毛泽东与斯大林领导下，两国有过一段比较平等友好的交往。到60年代初又开始恶化，甚至发生过边境武装冲突。80年代初，中国在邓小平领导下实行改革开放之后，两国关系逐渐缓和，90年代以后重新走向睦邻友好。

毛泽东主席说过："十月革命一声炮响，给我们送来了马克思列宁主义。"我们这次考察所走的道路，当年曾经是中国共产党人与共产国际、社会主义苏联相联系的"红色国际交通线"。赤塔就专门设有共产国际远东局，负责与中国共产党联系等事宜。有关资料记录，从1920年至1937年，李大钊、陈独秀、刘少奇、周恩来、瞿秋白、李立三、蔡和森、邓颖超、罗章龙、张国焘等许多著名的共产党人物就是通过这条线路经赤塔前往莫斯科或者返回中国的。今天，奔走在这条道路上的人们，已经不再是往日那些不顾个人安危、肩负着国家与民族解放重任的革命志士；路上来来往往的车辆，也不再是为剑拔弩张的两国边境线上运送弹药和给养。和平友好、共同发展，已经成为两国领导和人民的共识。人员交流、边境贸易，已经成为新时期两国边境线上亮丽的风景线。经济互补、利益共享，正在谱写着中俄新时代邦交史的新篇章。

1998年的夏天，中俄两国重新交往的大门打开不久，贸易品种与额度都还很有限。多年隔阂造成的不良影响，使两国政府及民间组织，特别是人民之间，还比较缺乏了解与信任。我们考察的前一年6月，俄罗斯总理切尔诺梅尔金访问中国时，中俄双方签订了《中俄两国首脑定期会晤机制及组织原则的协定》，规定两国总理的会晤每年不少于一次，在中俄两国轮流进行。中国总理朱镕基访问俄罗斯时，提出双方政府与企业应该采取积极措施，争取到2000年，使中俄贸易额由当时的每年50亿美元上升到200亿美元。实际完成情况是，到2002年中俄贸易额达到了119.27亿美元，其中边境贸易额占一半左右。

我们1998年在远东地区考察时发现，从中国运往俄罗斯的，大都是一些蔬菜、衣服、食品、日用品等方面的商品，其中从山东寿光等地到俄罗斯远东地区，已经形成了十分完整的新鲜蔬菜的生产、运输、销售网络。中国生产的黄瓜、西红柿、辣椒、大蒜等蔬菜，香蕉、苹果、酥梨、西瓜等水果，火腿肠、火腿肉、方便面等食品，洗衣粉、洗发膏、肥皂、牙刷等日用品，以及各类衣服、皮草制品，几乎垄断了远东地区的消费市场。而市场上一些高档消费商品，则大都是法国、瑞士等欧美国家的产品。从俄罗斯运往中国的，主要是载重汽车、木材、钢材、废钢铁等方面的商品。由于俄罗斯政治形势变化大、经济秩序混乱，这类商品贸易额度不大，经商者也大部分是两国的个体户，即人们所说的"倒爷"。

　　在乘坐的从赤塔返回后贝加尔的火车上，我遇见一位在俄罗斯经商8年的黑龙江姓王的小伙子。他在吉林当了5年兵，退伍后到俄罗斯干起了个体贸易。8年奋斗下来，不但自己站住了脚，还把姐夫、兄弟等亲朋好友拉到俄罗斯做生意，这些人经过几年练摊也都能够自立了。小王说，他最近作了一单西红柿生意，6汽车的货净赚8万元人民币。方法是以每吨2700元人民币的价格从海拉尔进货，其中三汽车的货付现金，另外三汽车的货付三分之一的定金。先把三车货运到赤塔，左右了那里的西红柿市场，别人要作同样的生意，由于货少，价格上只能跟着他，不敢与之竞争。这批货半个月脱手，刨去货款、运费、关税、上下打点经费等36万元开支，净赚了8万元。他说，目前俄罗斯本地生产的蔬菜已经上市，中国的蔬菜加上运费和关税，已经不能与本地菜竞争了。据他介绍，俄罗斯社会秩序混乱，经商要靠黑社会势力保护。从后贝加尔到赤塔一线的黑社会，归一个俄罗斯黑帮老大管辖；赤塔到伊尔库茨克，则归另一个黑老大管辖。在城市卖菜，一个摊位每天要交10卢布"保护费"，遇到麻烦有他们来"摆平"，往往比警察管用。今年他准备在赤塔热电厂附近租一块地，依靠地下热力管道的余热，搞塑料大棚栽种西瓜。这位精明的商人还包了一块俄罗斯山林，以2000万元人民币5年时间为条件，承包那里的木材开采生意。他自己准备投资1000万元，这次回国动员朋友们投资另外的1000万元。小伙子得意地告诉我，俄罗斯人目前还没有资本流动的概念，他们认为我要全部投入2000万元，实际上我只要投入1000万元，打算在两年内使资金转一圈，三年内实现全部利润，另外两年望天收，防止俄罗斯政局多变。估计不出两年，精明的俄罗斯人回过神来，生意就不好做了。但是，不久俄罗斯发生了严重的经济危机，不知道我们那位精明的小王先生的这单大买卖，后来究竟是赚了还是赔了。

　　当时在俄罗斯远东地区，先后活跃着四五百万中国人的身影，有打工的，有经商的，也有的是国内一些单位到此进行劳务承包或者开办公司。对于那些在俄罗斯搞单干的人，有一些淘到了金子，恐怕大部分人仅仅能混个温饱。翻译老王常年出入俄罗斯，见多识广，说近年来远东地区，经常有姑娘抱着孩子到警察局报户口。当询问到孩子的父亲是谁时，孩子的妈妈往往无可奈何地说："契达意（中国人）！"警察看看孩子，也果然是白皮肤、小眼睛的中俄混血儿。我们有的团友听了以后笑道："40年代后期，中国东北出生了一批中俄混血儿；90年代末期，俄罗斯远东地区也出生了一批中俄混血儿，纵然有双方边界阻隔，仍然有割不断的血肉亲情啊！"

国家电视台的节目，往往显示着自己的新闻导向。我们在俄罗斯停留期间，正好遇到当时的俄罗斯外长后来接任总理的普里马科夫访问中国，并且受到江泽民主席的接见。俄罗斯国家电视台新闻镜头下的北京城里，不见我们经常遇到的车水马龙交通拥挤现象，也不见来往匆匆的各色人群，却看见一个市民坐着人力三轮车，在天安门广场闲逛的长镜头。大概那位新闻记者想告诉他的俄罗斯同胞，在当时他们可怜的每月平均50美元工资，还竟然连续八九个月发不下来的时候，过去被他们视为贫穷落后的中国小兄弟，却已经能够坐着三轮车悠闲地逛北京城了。

我们在远东地区考察期间，经常讨论一个问题，为什么在80年代末期世界上出现的那场反共反苏反华恶浪中，苏联解体了，苏共解散了，俄罗斯造成了国民经济崩溃、民族矛盾突出、社会长期混乱的严重恶果；而中国却在这样一场浩劫中岿然不动、团结稳定、发展壮大起来？说到底，是中国人民刚刚经过10年"文化大革命"的磨难，害怕再次陷入民族内部争斗的旋涡之中，人心思定，坚决反对动乱的大趋势决定的。更是以邓小平为核心的中国共产党，顶着北京发生的政治风波的干扰，战胜国际上反共反华制裁的恶浪，坚持共产党的领导不动摇、坚持社会主义道路不转向、坚持改革开放不停步，很快稳定了国内局势，团结起全党同志，教育了人民群众，战胜了西方七国集团制裁中国的图谋，消除了亚洲金融危机造成的不良影响，推动了经济建设与社会发展步伐，使国际社会不得不重新对中国政府、中国共产党和中国人民刮目相看，大国、大财团、大商社又纷纷前来中国拉关系、做生意、搞合作。

记得1992年春天邓小平南巡回到北京，曾经专门到首都钢铁公司视察了一回。10年时间过去了，邓小平同志已经不在了，但他所开创的改革开放事业，正在使自己的祖国快速发展，走向强盛，也越来越得到世界各国政府与人民的赞同。而他所关注的俄罗斯与乌克兰等前苏联各国，并没有出现比较稳定的发展局面与经济增长奇迹。

历史是无情的，它让曾经是社会主义强国的苏联在 20 世纪后半叶解体，成为令人惋惜的历史。

历史是有情的，它在同一时期给了多灾多难的中国一次飞跃发展的机遇，进一步缩小了与邻国以及其他世界强国的差距。

历史是前进的。曾经是世界上一流强国的俄罗斯，拥有辽阔的国土、雄厚的资源、强盛的经济基础、伟大的民族与灿烂的文化，绝对不可能甘心沉沦为受人凌辱的乱邦。正如同样是历史悠久、曾经对于世界文明做出了伟大贡献的中国一样，虽然近 100 多年来，在外侵内乱的破坏下历经磨难而落伍了，但是绝对不可能长期沉沦落后下去。当年在叶利钦总统手下做办公厅副主任的普京，今天已经成为 21 世纪初期的俄罗斯总统。这位被称为当今"彼得大帝"的总统胸怀 300 年来俄国沙皇们振奋民族精神、恢复世界强国地位的梦想。彼得大帝说过："给我 20 年时间，我将给你一个强大的俄罗斯！"这话也恰当地表达了今年才 51 岁的普京总统的心愿。当年中国共产党的西藏自治区党委书记胡锦涛、上海市委书记吴邦国、中央办公厅主任温家宝等人，也已经成为中国共产党和政府的新一代领导人，他们已经将"到 2020 年全面实现小康水平"写进了自己的施政纲领。

中俄两国的领导人都深深懂得，边境紧张有害，睦邻友好有利。中国领导人及时提出要"以邻为伴，与邻为善"的睦邻友好方针，得到了俄罗斯以及其他邻国的赞同支持。"上海五国合作组织"的诞生与发展，将使中俄两国，以及中国和前苏联许多国家之间的关系更加和平共处，睦邻友好，发展进步。

欧行散记

（2002 年 3 月 28 日～4 月 11 日）

从国外考察归来，更加深了对社会主义祖国的热爱

与发达国家对比，更为 20 多年改革开放的伟大成就而自豪

站在时空坐标上，更感悟到中国共产党人肩负的责任

——题记

3 月 28 日　北京——哥本哈根——巴黎

上午 10 时，中国冶金新闻考察团一行 10 人，在北京首都国际机场集合，办理了有关出境手续后登上北欧航空公司（SAS）SK996 国际航班的波音 767 客机，开始为期半个月的欧洲 8 国采访考察活动。

本次考察团团长是中国冶金报社社长 姜起华，秘书长是舞阳钢铁公司的栗殿刚。团员有：武汉钢铁集团的马金山、李建民，杭州钢铁集团的刘和平、山东济南的张昭宽、青岛钢铁集团的姜从滨，河南的李玉霞女士和我，导游兼翻译是中国香港出生、长年在国际旅游线上奔波的小李。除团长曾多次带团出访以外，我们大都是第一次出国，对发达的欧洲国家的了解基本上是从书本、报刊和影视节目中获得的。为了怕在境外出洋相，大家相约：服从指挥、小心谨慎、不辱使命、完成任务。

飞机 13 点 45 分准时起飞。按照预定安排，本次出访顺序为：北京——哥本哈根（丹麦）——巴黎（法国）——卢森堡——布鲁塞尔（比利时）——海牙（荷兰）——阿姆斯特丹（荷兰）——汉诺威（德国）——柏林——汉堡——哥本哈根——奥斯陆（挪威）——斯德哥尔摩（瑞典）——哥本哈根——北京。4 月 11 日上午 10 点 30 分返回北京。

　　北欧航空公司（SAS）为斯堪的纳维亚半岛上的丹麦、挪威和瑞典等北欧国家联合组建的国际航空公司。我第一次乘坐波音767客机，座位上配有立体声耳机、液晶显示屏。乘客旅途中可以按触摸屏选择听音乐、看电影、电视和英国BBC新闻，也可以看飞行情况模拟图。图上显示出飞机即时的飞行高度、速度。飞机上还装有摄像机，可以在显示屏上清晰地看到下面的景象。

　　飞机于16点30分经乌兰巴托飞越伊尔库茨克，然后从新西伯利亚北飞往莫斯科方向。21点30分飞抵莫斯科北部上空后，从圣彼得堡北部上空向西飞去。22点25分飞抵立陶宛首都里加南部上空，又飞越芬兰湾。北京时间23点40分、当地时间16点40分抵达丹麦首都哥本哈根机场。在这72000多公里的航程中，飞行高度为9600～10500公尺，速度为每小时840公里至910公里。

　　我们在哥本哈根机场稍事休息后，于北京时间29日2点15分、当地时间28日19点15分乘北欧航空公司SK1563航班波音737客机离开哥本哈根，21点10分抵达巴黎戴高乐国际机场。

　　戴高乐机场和伦敦希思罗机场、德国法兰克福机场并称为欧洲三大机场。也许是这个机场修建的时间早了，场内设备显得有些陈旧。导游小李叮嘱，巴黎治安不好，各位在机场千万要注意照看好行李，不要和不相识的人搭话。28日晨在国内看到电视报道，巴黎郊区一个议会内还发生了一起枪击议员事件。我们这些初到异国他乡的东方人，在机场一群人高马大的白人黑人之间，小心翼翼呆着。小李东找西望，找不着接我们的人，就把大家带出候机楼。时已深夜，寒风凛冽，我们等了好一会儿，仍不见当地旅行社来人。小李急得抓住手机哇啦了好一阵，才见一辆大巴汽车从一边开来，原来刚才在候机楼，那位高大的黑人就是来接我们的司机。由于他总盯着我的行李，同伴们还急忙招呼要我注意，生怕此君是个打劫者。黑人司机把我们的行李一一放在大巴汽车行李箱内，让我们上了车一溜烟开到塞纳河畔的一家四星级旅馆。旅馆名曰"Tulip INN"，汉语的意思是郁金香饭店。

　　白天在飞机上，看到内蒙古和外蒙古是大面积的沙漠。俄罗斯广袤的领空下，朵朵白云下面，是一片又一片森林，弯弯曲曲的河流和绵延无际的雪原。

　　回想起1998年7月下旬，我有机会到内蒙古—俄罗斯远东地区进行商贸考察。看到美丽的呼伦贝尔大草原上，一群又一群白云般的羊儿在游动，几乎见不到树木，只是在海拉尔市里，看到一小片国内仅存的国宝樟子松林。我原以为草原上风雪大不长树，询问之后才知道原来不乏茂密的森林，后来被战乱尤其是"大炼钢铁"砍光了。出境到了俄罗斯，汽车一直跑到距满洲里1700公里的伊尔库茨克，看到公路两旁，满眼葱绿。一片又一片望不到边的樟子松林，绵延起伏的草原，九曲连环的河流，却不见有牛羊放牧。我们误认为俄国人懒惰，直到看见公路上奔跑的打草机和拖拉机拉着的方方草捆，才明白人家的牧业搞的是圈养，人家的森林覆盖率高与草原保护的好是下了功夫的。

近两年华北地区沙尘暴愈演愈烈。一些专家指出：沙尘来源不仅在国内三北地区，还有蒙古和哈萨克斯坦的沙漠地带。今天从飞机上看，此言不虚。毛泽东说过："讲绿化不能光坐在地上讲，要坐上飞机往下看，看见了绿树才叫绿化，看见了黄土只能叫黄化。"何时坐在飞机上才能看到三北地区绿化呢？

今天在波音767客机上，只在起飞时听到一次汉语广播。由于我们几个座位分散，本人英语水平有限，要饮料、吃饭、上厕所等，只能指指点点。在哥本哈根和巴黎机场，播音员讲的是丹麦语、英语和法语，什么时候能在这些地方听到汉语广播呢？有过多次出国经验、十几年后重到欧洲的团长告诉我们，和上次来相比，欧洲人对中国和中国人的态度大为改观，友善多了。恐怕要不了多久，汉语广播就会在欧洲一些公共场合出现。他还讲了一个80年代初，美国的华人给到访的国内政府官员和厂矿长们编排的一段顺口溜：灰色西装大裤裆（当时衣服少，裤子肥胖点好套毛裤），五花大绑新皮箱（统一购置的皮箱，怕转飞机时摔坏了，用带子五花大绑起来），两手搁在屁股上（习惯性动作），一二三四排成行（集体外出时的形象）。

3月29日　巴黎

早上6点多起床，匆匆洗漱一番，便约了几位同伴，带上照相机到旅馆门前塞纳河桥上观光。桥面陈旧，晨风中汽车往来如梭。桥下河水清澈，水面宽阔，时有水鸟飞还。远处有两个吐着白烟的烟囱，听说那是座垃圾处理厂。河岸的码头上，排列着盛有建筑用砂石料的货仓。只是河两边的楼宇，显得有些陈旧。

　　早餐是旅馆提供的。据导游介绍，法国人早餐比较简单，一般只吃个面包，喝一杯名叫艾思伯索的味道很浓的咖啡。法国人爱喝的另一种咖啡叫卡皮迪诺。旅馆为客人提供的早餐却比较丰盛，有各式各样的面包、果酱、奶酪、奶油、牛奶、火腿肉片、香肠、薰肉片、各色菜丁、炸土豆片、黄瓜片、西红柿片、西瓜片、生菜、香蕉、苹果、果脯、果汁、热咖啡、开水，以及麦片、核桃仁、杏仁，还有一些小包装的看不懂名称的佐料。团长告诉大家吃西餐时注意事项：右手持刀，左手持叉，往嘴里送食品时叉子要反过来。喝汤时不要出声，就餐时不能大声说话，盘子里的东西要少放点，吃干净，然后再去取。对一些看不惯、吃不下的东西不要嫌弃，最好每一样都尝尝。我们像进了大观园的刘姥姥，目不暇接地浏览着各色美食，拙手笨脚地摆弄着刀叉，小心翼翼地往嘴里送。只是瓜果、蔬菜是生的，牛奶和面包是凉的，火腿、薰肉、香肠、奶酪等统统是凉的。我们吃惯了中餐的暖胃热肠，一下装进这么多生猛料能否适应？好在我离开北京时买了个电热杯，餐厅里也有热咖啡和白开水，凉食吃下后，赶紧弄点热饮暖暖胃口。

　　8点45分，我们登上一辆意大利旅游公司的大型奔驰豪华旅游车，到巴黎市区观光。司机布卡拉，是个26岁的意大利小伙子，英语程度不高，却能说几句中国话。一见面，他便开口"你好，吃饱了吗？"我们则赶紧和他说"good morning"。小伙子车开得很稳，有时一辆摩托车风驰电掣的冲过去，他很气愤地用中国话喊"神经病"！

　　巴黎是欧洲大陆最大的城市，也是世界特大城市之一，坐落在法国北部巴黎盆地中央。巴黎是从塞纳河上斯德岛上的渔村发展起来的，公元304年正式称为巴黎。6世纪西法兰克王国定都于此。现为法国的政治、经济、军事、文化和交通中心，联合国教科文组织总部设在此地。巴黎有三个地理概念：一是指巴黎市区（20个区），面积105平方公里，人口近600万人；二是指大巴黎区（含周围近郊3个省），面积1700平方公里；三是指巴黎大区（含周围7个省），面积1.21万平方公里，人口906.3万人。法国全国面积为55.16万平方公里，人口5800万人，居民90%为法兰西人，全国90%的人信奉天主教。塞纳河将巴黎市区分成两部分，通过30座大桥将两岸连接起来。巴黎是世界文化名城、旅游胜地，市区600万人中有100多万人为旅游业服务。2000年到巴黎旅游的人数达7000多万，比法国人口还多。

按照天主教的传统，每年春分月圆后的第一个主日为"复活节"，以纪念耶稣受难后第三日复活，欧洲各国在此期间放长假。导游说：我们这几天到巴黎来，会看到不少店铺关门歇业，主人过节去了，街上车辆比往常减少许多，塞车现象不见了。

大巴汽车沿塞纳河岸向位于市中心的几大名胜古迹驶去，河两岸新建筑不多，街道也不宽阔，使人仿佛回到了几十年前中国汉口、上海的法租界，只不过那是依长江和黄浦江而修建的。有一幢像一本书似的新建筑，导游说是新建不久的巴黎国家图书馆。有一座中国古典风格的楼宇引起我们的兴趣，导游说那是广州粤海集团投资管理的中国大酒店。

当年曾引起保守的巴黎人抗议而今又使巴黎人引为骄傲的埃菲尔铁塔，于1887年1月26日开工建设，1889年顺利竣工，总投资780万法郎。塔身高300米，方形地基每边长123米。铁塔重达9000吨，全部用钢材建造。埃菲尔铁塔是为在巴黎举办世界博览会而造的，建成后又成为法国大革命100周年纪念塔。此塔造型突出、设计严谨、施工科学、用料精致，因而成为19世纪世界建筑史上的光辉标志，据说其建设投资仅在巴黎的世博会期间已全部收回。我们一行赶到塔下，看见铁塔下身正在维修。这里游人如织，欲上塔观光者从两个入口处排成蜿蜒曲折的长龙。我们排了近一个小时，也不见前面的人数减少。导游说，这样排下去，其他地方恐怕看不成了。还是先看别的地方，等下午再说吧。

巴黎圣母院，因著名作家雨果1831年出版的长篇小说《巴黎圣母院》而扬名，加上以小说改编的电影中几位世界级大牌明星的出色表演，为其引来络绎不绝的各国游客。今天的巴黎圣母院门前，仍是人如潮涌，要登大钟楼的游客耐心地排成长龙。大教堂广场上的人群，肤色杂陈，有不少黑头发黄皮肤的东方人。导游说，过去来参观的日本人、中国香港人、中国台湾人、东南亚人居多，这两年已让位于中国大陆人和韩国人了。我们好不容易照了几张像，导游购了门票，招呼大家进教堂参观。

随着人群涌进教堂后，我见识了一场庄严的天主教仪轨：穹顶高大、装饰华丽、金碧辉煌的大教堂里，祭坛上空悬挂着钉有受难基督耶稣的巨大十字架。坛上众多身着白袍的教士和坛下一群虔诚的信徒正在做复活节弥撒。幽幽的烛光影里，洪亮的诵经声中，使人感受到宗教仪轨的庄严肃穆。如果你是一位天主教徒，面对此情此景，很难怀疑那位万能的上帝并不存在。可是慕名来参观的人们，并非都是上帝的信徒。

我近几年曾阅览过不少基督教、佛教、伊斯兰教、道教等经史资料，也钻研过一些孔孟、申韩、老庄等诸家典籍，反而越发坚定了无神论的信念和辩证唯物主义的世界观与方法论，越发相信马克思主义是颠扑不破的时代真理，越发为自己是一位中国共产党党员、能为祖国的改革开放尽一份绵薄之力而感到欣慰与自豪。

走出教堂我对同伴说：任何真正的宗教，都有教化信徒抑恶扬善、净化心灵的一面，也有麻痹人们斗志、引导人们向命运屈服的一面。任何真正的宗教，都有服从政府管理的责任；都有向公众显示爱心、与人为善、助人为乐、维护社会安定、人民和睦、促进经济文化发展的义务。"法轮功"所宣扬的和所起到的作用与之相反，所以被称为邪教是恰如其分的，被政府依法取缔完全是咎由自取。

拿破仑墓，远看也宛如一座古罗马式的穹顶教堂。这座由路易·波拿巴即拿破仑三世，于1840年为其叔叔修建的高大建筑的地下墓室里，一口由6种名贵木材制造的棺材，安放着这位在19世纪初期让欧洲大陆发抖的法兰西雄狮。

拿破仑·波拿巴，1769年出生于科西嘉岛小贵族家庭，1779年就读于巴黎军事学校，受伏尔泰、孟德斯鸠、狄德罗和卢梭等启蒙思想影响，参加法国大革命。1793年12月土伦战役中，他率军击溃王军，初露锋芒，由炮兵上尉晋升为准将，步入上层社会。1799年11月9日（雾月18日）在大资产阶级和军队的支持下，政变上台，先是自任法兰西共和国第一执政，又于1804年12月在巴黎圣母院加冕，正式即皇帝位，称拿破仑一世。

拿破仑执政15年，对内实施军事独裁，对外接连进行战争。他为了保存法国大革命的成果，坚决镇压了反革命叛乱；主持编制并颁布了民法，1807年正式命名为《拿破仑法典》。这部共2281条的民法典，详细地规定了私有财产制度，全力保护私有制不受侵犯。法典否认封建等级制度及特权，确定在法律面前人人平等。由于这部法典维护和健全了资本主义社会制度，颁布至今，虽历经修改，却一直沿用。

目前我国正制定《民法典》，作为欧洲大陆民法鼻祖的《拿破仑法典》，当有重要的借鉴作用。

拿破仑为鼓励工商业发展，建立法兰西银行，完善货币制度，成立"促进民族工业协会"，实行保护关税政策，抵制外国商品倾销。此外还开辟公路，修建运河，举办博览会，奖励发明，为工业提供津贴，促进机器生产。

拿破仑的这些措施，推动了法国资本主义经济的发展。在对外方面，拿破仑从上台到再次下台，共经历7次对抗反法同盟的战争，他攻奥地利、占意大利、击普鲁士、取德意志、战西班牙、抗击英国、横扫波兰、远征俄罗斯，大军所到之处，王冠纷纷落地。拿破仑战争沉重打击了欧洲封建制度，也暴露出侵略与扩张的欲望。没有拿破仑，法兰西乃至欧洲的历史，恐怕要另写一部。

据导游介绍，最近有人提出，在这名贵的棺木里长眠的，并不是那位文治武功彪炳青史的科西嘉小个子统帅。真若如此，是当年他的侄子从遥远的大西洋圣赫勒拿岛上运回的尸体原是别人呢，还是在安放过程中被憎恨他的政敌们掉包了？

卢浮宫，与英国的大英博物馆、美国纽约大都会博物馆并称为世界三大艺术博物馆。卢浮宫馆藏文物42万件，长年有12万件左右轮流展出。这些文物，包括古代东方文物伊斯兰艺术、古代埃及文物、古代希腊、伊特鲁利亚及古罗马文物、从中世纪到19世纪中期的欧洲雕塑、中世纪和文艺复兴时期的工艺品、17世纪到18世纪的装饰艺术、王冠上的宝石、19世纪的工艺品、家具以及拿破仑三世的套房、18世纪中期到19世纪中期的欧洲绘画展览，以及多达10万件的书画刻印艺术，轮流对外展出。其中古希腊雕塑阿芙罗蒂特又称米罗岛的维纳斯，断臂玉立，风情万种；古希腊雕塑萨摩屈拉克胜利女神，缺首存翅，衣袂飘忽；达·芬奇油画上的蒙娜丽莎，笑意朦胧，神秘莫测；号称卢浮宫三大镇馆之宝。

卢浮宫于1190年由菲利浦·奥古斯特建造，时称卢巴哈，是一处城堡要塞。拿破仑战胜欧洲各国时，曾掠夺来无数稀世珍品，下令将卢浮宫改为博物馆。如今向公共开放的，是由著名的美籍华人贝聿铭先生按照"大卢浮宫"计划设计改建后的博物馆。博物馆的入口处，在用玻璃钢和轻钢结构建造的金字塔下。展览馆分为德农馆、叙利亚馆和黎塞留馆，从地下一层到地上三层，四层展馆接连一体，均采用现代化手段保护文物，指引导游。感谢我国国务院新闻办公室赞助提供了卢浮宫博物馆中文导游图，给我们参观带来了方便。

在众多举世公认的珍贵文物中间浏览时，我发现其中绝大部分文物艺术品不是原产于法国，而被法国人堂而皇之陈列出来，售票展出。早在1860

年英法联军攻陷北京，将清王朝用长达 150 年时间，倾注大量人力财力物力建造的圆明园内的无数奇珍异宝抢劫一空，雨果出于一个艺术家的良心，曾痛斥号称文明世界的英国人和法国人，明火执仗地闯入"野蛮人"的中国烧杀抢掠的无耻行径。站在卢浮宫中的我，越发明白英法联军头领下令火烧圆明园的初衷，是要掩盖他们难以告人的强盗罪行。那些本属于中国，应在中国的博物馆展出的圆明园里以及其他大量的中国文物、艺术珍品是否也有一些藏在卢浮宫的某个地方呢？

　　凯旋门、协和广场和巴黎军事学院，究其历史，大都与拿破仑有关。巴黎军事学院是培养出了拿破仑、戴高乐等用浓笔书写了法兰西近代现代史的著名军事家和政治家的学府。在这些风云人物当年持枪正步、跃马扬鞭的大操场上，如今用玻璃材料建起了一座圆柱形门墙，墙上用包括中文在内的各种文字写有"和平"字样，我称其为"和平门"。中国有句古诗："凭君莫话封侯事，一将功成万骨枯。"愿战争成为历史，让和平永世长存。我将军事学院门前一坐骑马将军的青铜塑像、远处的埃菲尔铁塔与近处的"和平门"一同收入镜头，按下了照相机快门。

　　据介绍，巴黎城是从路易十四王朝起陆续修建起来的，多数建筑与罗马建筑相仿，但又有所改进。在巴黎老城参观一天，汽车围绕协和广场、塞纳河等处数次往返，觉得这二三百年前建的老城，至今仍不失欧洲大陆都市王者之气。如今时代变了，巴黎老城布局没变，街道宽窄没变。但是建筑内都进行了现代化的保护与装修，道路旁的电灯不见电线，建筑物前的广场上仍是斑驳的碎石或青灰的石块铺地。所有古建筑不是向空间而是向地下发展。这种既保持古建筑原貌又进行现代化改造，以适应用户与游客需要的做法，达到了古与今、雅与俗、历史与现实的和谐统一，成为凝固的音乐。相比之下，我国的一些城市古建筑，如北京的牌楼、四合院、城墙，保护得不尽人意，有的已永远消失。有些城市在老区改造中，旧楼扒了建新楼，楼挤了扩街道，缺乏统一规划。好不容易改造完了，却丢了历史风貌，失了城市的特色，减了人们的雅兴。

3 月 30 日　巴黎

　　昨天我们先后四次来到埃菲尔铁塔下，都因为人太多而没能如愿登攀。

今天 9 点半，我们又赶到铁塔，看见塔下又形成了排队的长龙。按预订日程下午要离开巴黎赶赴卢森堡，导游征求了大家的意见，上午到巴黎老商业区购物，逛街。

老福爷百货公司和春天百货公司里，顾客熙熙攘攘。因为正是复活节假期，不少商品挂出减价 30% 的招牌。我注意到，要减价的都是些大路货色，一些名牌商品的价格毅然头颅高昂，不肯降尊纡贵。这两大百货公司还为非欧共体成员国家和地区顾客购物办理退税。标准是在同一百货公司同一天内购物满 170 欧元（约合 1270 元人民币）者，可退税 12%。店家开列的退税单，顾客在离开欧共体最后一个海关时，可以凭单据兑换现金。春天百货公司还专门设了华人购物服务处，为不会讲法语和英语的中国游客提供导购小姐，免费向客人提供印有本公司中文商业广告的巴黎地图。这家公司营业面积实在不小，围着一个十字街口的三栋大楼，都归其所有。分别是出售各式女装及高级名牌钟表、珠宝首饰的女装馆，出售各种香水、护肤化妆品、婴儿装、童装、玩具、书籍和音乐影视制品的家庭用品馆和出售男士各类用品、衣物的男士馆。该公司对顾客实行全球送货服务，公司里设有 8 个西餐厅，每天在女装馆 7 楼穹顶下有时装表演，节日加演。商场营业时间为星期一至星期六上午 9 点 35 分至下午 7 点，星期四延长至晚上 10 点，星期天休息。

欧洲国家实行 5 天工作制，每天工作 7 小时，星期天要上教堂，星期五要过周末，所以星期四晚上是顾客购物高峰时间。

昨天在卢浮宫附近吃过午餐后，我们想逛逛街，却见一些商店关门，店家要午休。这里旅游公司的汽车司机出车一天，包括吃饭和中间休息，不能超过 10 个小时。连续行车 2 个多小时后要让他停车休息一下，夜晚要为他提供单独房间，保证他有 9 个小时睡眠时间。他们说这是工会向雇主和政府长期斗争谈判得来的权利。据说在一些欧洲国家，超时上班是要罚以重税的。

巴黎行人来去匆匆，街头上几件怪事：时髦女郎叼着烟卷、乱窜的摩托车和人行道上遍布的狗屎。和我国相反，这里男士很少抽烟，女士们反倒抽烟的多。春天百货公司门前，两位女郎旁若无人地抽烟，水泥方砖的缝间净是烟头，也没有人拣拣。小伙子姑娘们骑上摩托车风驰电掣，简直把街道当作赛场。人行道上狗屎太多，行人处处要防"地雷"。据说每年因为踩了狗屎跌倒受伤的人达数百人之多。巴黎人有乱扔废物的坏习惯，美其名曰"让市政府开支多点，给清洁工人找碗饭吃"。相比之下，还不如郑州市街头干净。

据介绍，巴黎人待人冷漠。如果路旁一位弱女携带孩子沿街乞讨，旁人是不会起怜悯之心的。前不久巴黎地铁站里曾发生了这样的事：一位女子在众目睽睽之下遭人强奸，女子大声呼救，竟然无人伸出援助之手。后来强奸变成几个暴徒的轮奸，也没有人去报警。此事被新闻界曝光后，在巴黎引起强烈震动，报纸上的标题是：巴黎人怎么了？！

中午，在一家中餐馆吃过午餐后，乘大巴车前往卢森堡。

导游小李，从 18 岁离开中国香港到国外打拼，20 年来外语练的滚瓜烂熟，普通话却说的一塌糊涂。当他问要不要"阿廖廖"时，我们好半天才弄懂是要不要"屙尿尿"。他在国内生活时间少，讲起笑话却令人捧腹。旅途中他说，曾接待过国内一个有大官的团，官有多大他也闹不清楚。反正欧洲一路下来，官要笑大家都跟着笑，官不笑谁也不笑，官除了"阿廖廖"，什么事都有人帮助他干。有一天离开旅店上汽车走了半天，官说小李，把车开回去。问他为什么？官说他的内裤忘在房间里了。小李说：帮帮忙吧，都过了国界了，不就是内裤吗？到前方住下我送你一打好了！官这才不好意思地说：钱放在内裤暗袋里，昨天晚上冲澡时脱下来，早上起床忘下了。小李就给离开的旅馆打电话，人家还真守信用，将官的内裤和钱很快托运到下一站。但是这位老兄还有个不雅的习惯，到商店购物时，总是从腹下向外掏钱。小李又求他："帮帮忙吧，你先去'阿廖廖'行不行？"

还有一次小李为一个国内去的老年人旅游团作导游，上了年纪的人们内急事多，到街上"阿廖廖"一次，要付相当于 4 元人民币的小费，很使老人们心疼。准确地给大家找不付小费的卫生间成了小李每天工作的重点。更有意思的是有一天刚上汽车，一位老太太忽然发现假牙忘在房间里了，赶紧让她回去找，那宝贝却已被打扫房间的服务生扔进垃圾袋了。于是又赶紧扒垃圾袋，总算找到了。

小李就此告诉大家：旅途之中，什么事情都有可能发生。最要紧的东西不一定是珠宝、金钱，而是你的安全和生活中离不开的东西。早晨刚上汽车，他就喊：OK！给大家一分钟时间，想一想内裤掉在房间里没？

在巴黎市区，很少见到树木，据说法国梧桐树多，也与拿破仑大力提倡有关。在当时，梧桐树是制造大炮的材料之一。拿破仑大军所到之处，要求遍栽梧桐树。昨天参观的几处古迹中很少见树，草地也不多，基本上是硬化地面。今天一出市区，道路两旁绿草成茵，树木郁郁葱葱。汽车在高速公路上飞驰，一些绵延起伏的丘陵高地上都种有树木和花草，形成一道绿色屏障。如不是两边的法文路标，使人仿佛觉得汽车是在国内江南某大城市郊区行驶。

下午 18 点，抵达卢森堡大公国。卢森堡市汉宫酒店晚餐中，头道白菜肉片汤味鲜肉嫩，被我们称赞为"欧洲之行首道汤"。酒店是广东人开的，厨师是香港人。

晚上住 Parc Hotel（命运女神）饭店。夜晚看电视时，美国的 CNN 和英国的 BBC 都有巴以冲突的镜头，但我和同屋的刘先生英语水平都不过关，只是从画面上看，沙龙讲的慷慨激昂，阿拉法特的镜头一闪而过，新闻导向性即倾向性十分明显。看来命运女神又在捉弄巴勒斯坦人，偏爱以色列人了。

3 月 31 日　卢森堡——滑铁卢——布鲁塞尔

卢森堡大公国，过去分属法国、德国和比利时，阿道夫将军于 1891 年率民众起义，实现了国家独立，就任卢森堡第一任大公。作为欧洲中部内陆小国，又是山区，卢森堡国土面积只有 2586 平方公里，资源比较少，仅有森林和少量铁矿，是世界上钢铁强国之一。昨天在旅途中穿过一座大型钢铁厂，从远处看，生产区环境治理的不错，天空也是蔚蓝色的。

卢森堡 2001 年产钢 272 万吨，但它仅有 40.6 万人口，人均世界产钢第一。它的钢铁装备工艺与技术向世界出口，我国的一些钢铁企业，就购买了它的技术与设备。

卢森堡市修建的古香古色，管理的干净整齐，在市内游览宛如进入童话世界。这里又是国际金融中心，街上银行林立，欧共体的欧洲中央银行设在此地。卢森堡年国民生产总值 160 亿美元，人均近 4 万美元。有一支 800 人的军队，年军费开支 1.1 亿美元，每位军人年军费开支 13.75 万美元，折合人民币近 114 万元！

命运女神饭店建在向阳的山坡上，一条高速公路从前面穿过。这家四星级的饭店周围是美如图画的山林。清晨散步，听啾啾鸟鸣，拂习习山风，看淡淡晓岚，眺远处小洋楼，使人仿佛又回到了豫南鸡公山上的云中公园。

目前卢森堡人口中，外籍人士占四分之一。昨天晚上为我开门的服务生先是用英语问我：您是日本人吗？我自豪地"NO"了一下，用不大流利的英语告诉他"我是中国人！"他马上用中文说"我是越南人"。我赞扬他中文说的不错，他谦虚地表示："说不了几句。"

上午在卢森堡大峡谷阳坡上，一位老人坐在路旁椅子上晒太阳，见我们几位挎着照相机，兴致勃勃地拍照。和蔼地用英语问我们从哪里来？我告诉他来自中国北京，他很高兴地与我们合影。临别时我说"Wellcome to China！"老人更是连连点头。可惜我的英语会话能力不足以与老人交流。

书到用时方恨少。同行的马先生有先见之明，出国前先在家把英语练了练，出来后又注意主动与外国人交谈，提高口语水平。那天在埃菲尔铁塔下排队，马先生忙里偷闲与一位欧洲女郎对话。大概人家问他是干什么的，他本想告诉人家"我是个新闻记者"，可那个 Newsman（新闻记者）的单词却一时找不出来了，马先生顺口来了句"I am a Newspaper……"，再往下绕舌头就更费心思了。原来这句如果直译，成了"我是一张报纸！"大家为马先生的口误而捧腹，并送他一个"马虎翻译"的雅号。但这位翻译先生却是工作极为认真，不要分文报酬的热心肠。许多时候有人为语言不通抓耳挠腮之际，只要招呼一下"马先生，给翻两句！"人家笑眯眯地，上前一阵咕噜，用手再比划比划，问题就会迎刃而解了。

站在卢森堡大峡谷西侧，手持照相机向北面取景，远处一座现代化高层建筑和近处一座桥梁合成一幅画面，仿佛那高楼是建在连接峡谷两端的大桥上。那座高楼便是赫赫有名的欧洲共同体的欧洲中央银行总部。

从某种意义上说，欧共体就是连接西欧各国的一座经济桥梁。想当年美苏两霸冷战对抗时期，苏联与东欧搞了个经互会，西欧搞了个欧共体，两家和平竞赛。毛泽东不买赫鲁晓夫的账，不入他那个呼拉圈，惹恼了高鼻子苏联老大哥。欧共体走的是市场经济的熟路子，又有美国支持，经济得到长期发展。今年欧元开始流通，真正实现了经济一体化。经互会虽说是社会主义大家庭分工合作，当时苏联让匈牙利种果树和蔬菜，波兰和罗马尼亚种粮食、棉花，东德和捷克斯洛伐克造机器，老大哥自己则负责石油供应和武装保护。可惜经互会搞的苏式计划经济一套办法，不遵循价值规律，不按市场经济原则进行交换，农轻重比例失调，越办越没生气，造成苏联东欧各国经济长期发展迟缓，人民怨声载道，坏了社会主义的名声。和平竞赛上的失分，击碎了和平共处的格局。到头来，巨变几乎在一夜之间发生，搞了 70 多年社会主义的苏联顷刻解体，原经互会的成员国和平过渡到资本主义大家庭里去了。从经济上看问题，美苏对抗几十年，苏联最终解体失败，是欧共体战胜了经互会。

当今世界上，政治对抗、军事对抗，说到底依靠的是强大的经济支撑。以邓小平为代表的中国共产党人，从苏联东欧剧变前10年即1978年起，就总结中外历史经验教训，提出贫穷不是社会主义的结论，制定了"一个中心，两个基本点"的基本路线，带领中国各族人民义无反顾地走上改革开放的新路。20多年的开拓进取，艰苦创业，社会主义中国以更加雄健的形象屹立在世界的东方。今天站在卢森堡峻峭大峡谷顶上，面对欧共体中央银行大楼，我们对江泽民同志"三个代表"的重要思想有了更深刻的体会。

上午11时，离开卢森堡驱车前往比利时王国首都布鲁塞尔。沿途多是起伏绵延的丘陵，公路两边不少茂密的森林。

我们考察团的同伴们，在本单位大都工作繁忙，出差机会不多，出国机会更少。

"浮生难得半日闲"，坐在长途大巴里，有了讨论观感的机会。在大家谈论到法国人、卢森堡人和比利时人大部分信奉天主教时，我心血来潮，要过导游的话筒，向大家谈了我近年来对宗教的一些肤浅研究。并冠其名曰："浅谈马克思主义与宗教研究之一：基督教与中国文化篇"。

我告诉大家，《圣经》分为《旧约》和《新约》，其中《旧约》是犹太教信奉的主要经典，但是犹太教不承认有耶稣基督之说。承认耶稣基督，认可圣父（上帝）、圣子（耶稣）、圣灵三位一体并信奉《旧约》又信奉《新约》是基督教的基本特征。这有点像国际工人运动史上的一、二、三国际，第一、二国际承认马克思、恩格斯，第三国际承认马克思、恩格斯，又承认列宁。目前欧洲的社会民主党团，与第二国际有渊源，承认马克思，不承认列宁。

基督教在传播过程中，于公元1054年又分裂为公教与正教两大宗派。公教以罗马为中心，又称罗马公教；正教以希腊为中心，因为希腊在罗马东边，又被称为东正教。罗马公教教首被称为教皇，东正教教首则被称为牧首，东正教不承认罗马教皇的地位，两家除信奉一部《圣经》外，连宗教仪轨和礼节等都有所不同。公教主要在欧洲传播，东正教则主要在希腊及斯拉夫语系国家如南斯拉夫、俄罗斯等地传播。

我国早在唐朝即有基督教传入，名为景教，但没有传播开来。到明末清初，罗马公教派遣传教士，改变手段又到中国传教。东正教则随着沙皇俄国不断向东扩张，向远东地区传播。后逐渐传到我国东北地区。

意大利神甫利玛窦，于1582年至1610年在中国长期传教。他为了站住脚跟，先拜中国名儒为师，学习儒家经典，自称"西儒"。西来的传教士们从儒家的典籍中找出"天主"确定为他们那"万能的主"在汉语中的译名，"天主教"在中国由此得名。此后如上帝、圣经等等字眼，均从中国先秦典籍中借来，成为基督教汉译专用名词。

利玛窦还是将中国《四书》等传统文化书籍介绍给西方的第一人，促进了中西文化交流。利玛窦本意想利用依附儒家，融合儒家的手法，超越儒家，达到用天主教及其文化战胜中国以儒家为代表的传统文化的目的，没想到遭遇到内外两方面强大的阻力。

在罗马公教内部，由于利玛窦所在的葡萄牙耶稣教会，在中国传教过程中承认中国人在信奉"天主"之后，还可以保留原来的敬天、祭祖、祀孔的传统礼仪，受到了同时在华传教的多明我教会教士们的斥责。1645年，即利玛窦死后35年，罗马教皇英诺森批准了多明我教会对耶稣教会的指责，但此举激怒了中国康熙皇帝。1719年，教皇派特使到北京解释其立场，康熙不予接见，斥责说："尔西洋人不解中国文字，如何妄议中国道理之是非？"下令"以后不必西洋人在中国传教，禁止可也。"

实际上天主教那一套也实在融化不了，更超越不了比耶稣还早生500多年的以孔夫子为代表的儒家文化。以经邦济世、治国富民为己任的孔夫子，对装鬼弄神、吓唬百姓的雕虫小技，是颇不以为然的。据《论语》记载，这位诞生于2500多年前的大教育家、大哲学家"不语怪、力、乱、神"。当一位学生问他，怎样才能侍奉好鬼神。他没好气地教训道："未能事人，焉能事鬼？"当这个学生又问死是怎么回事时，他说"未知生，焉知死？"

对于祭祀活动，这位老夫子还明确指出"祭如在"和"非其鬼而祭之，谄也"的观点。祭祀先人，要亲自到场。供奉一些祭品，点燃香烛，是要以这样的方式表达对先人的怀念。祭祀时要想象着逝去的先人如同在现场一样，叫做"慎终追远"。如果祭祀的对象不是自己的先人，则是一种讨好谄媚的行为。

在中国漫长的封建社会里，统治者提倡"敬天法祖"，实际上是玩弄驾驭人的统治术。而一般士大夫和读书人，往往是"敬鬼神而远之"，更难以接受那位赤身裸体被钉在十字架上的耶稣基督及其门徒们的说教。何况西方传教士近一二百年以来，大都是伴随着欧洲列强的坚船利炮到中国的，枪炮与神甫们对中国的侵略和对中国人民的侮辱，更多的是激起了中国人民的仇恨。

16 世纪以后，随着欧洲从封建主义向资本主义过渡，天主教再次发生分裂。以德国马丁·路德为代表的路德宗，和以法国加尔文为代表的加尔文宗等，对罗马教皇及其宗教仪轨进行了强烈的抨击，称为抗罗宗（对抗罗马公教）或抗议宗。这些改革了的教派称为新教。在中国被称为耶稣教，也称为基督教。

所以中国说的基督教有广义与特定之称。广义的基督教包括天主教和新教，特定的即指新教。

应该说，近二三百年来，罗马教皇们与中国政府的关系并不和谐，使其宗教传播活动遭遇到官方抵制。

新中国成立后，由于罗马教廷顽固追随反华势力，与我为敌，我国政府当然不能承认其对中国天主教徒的合法管辖。中国天主教徒成立三自爱国会等团体，提倡爱国爱教，也完全符合基督教的教义与传统。

马克思说过：宗教是人民的鸦片。在改革开放大潮下的中国，改革不断深入触动了各阶层人们的利益，财产与权力的再分配中难免有照顾不到或不及时的地方，中外文化的激烈碰撞，内外敌对势力的破坏捣乱，思想政治工作不力，使宗教与迷信在群众中尤其是在弱势群体中有蔓延之势。

我国的宪法规定，公民有宗教信仰自由，即有信教与不信教的自由。党章规定中国共产党以马列主义、毛泽东思想和邓小平理论为指导思想。目前，在国家工作人员中尤其是在党内，相当一部分人对宗教与迷信不能做出科学的解释，对合法的宗教与非法的邪教界线不明，对党和国家的宗教政策知之甚少，对在弱势群体中蔓延的邪教与迷信缺乏良策。为此，应加强科学知识普及，加强思想教育工作，首先应对党内和政府机关内工作人员进行有关宗教与迷信知识的启蒙教育。否则，以其昏昏，使人昭昭是有害无益的。

滑铁卢，拿破仑铜狮纪念碑，距布鲁塞尔 20 公里。在一片开阔地上，突兀一座金字塔形土山，山上一只巨大的铜狮，昂首朝西南方向的法兰西遥望。土山东南不远的小广场上，是一尊戎装军人铜像。双手抱臂的拿破仑，凝视着使自己蒙受了屈辱的土地。

1815 年 3 月 20 日重返巴黎再登帝位的拿破仑，受到欧洲各国君主的强烈反对。不久第 7 次反法同盟军与拿破仑军战事再起。6 月 18 日，拿破仑军队在比利时滑铁卢大战中失败。据说拿破仑战场致胜的秘诀是亲临阵前，身先士卒，熟悉将士，善于发挥炮兵与骑兵杀伤力强和机动性大的优势。可是偏偏炮兵与骑兵两支劲旅在当时的阴雨与泥泞中发挥不了作用，拿破仑本人又急发胃病，躺在帐篷里无法上前线指挥。在天时地利人和都不占先机的条件下，46 岁的拿破仑战败成为俘虏。据说拿破仑宁愿死在滑铁卢也不愿做同盟军的俘虏。但是他的对手们却要他活着蒙受耻辱，并将他流放到遥远的大西洋中圣赫勒拿小岛。6 年后拿破仑遭人毒害而死。滑铁卢因为威猛一世的拿破仑惨败而扬名天下，"遭遇滑铁卢"成为后人形容事物一蹶不振的代言词。今天的滑铁卢，不仅是供人们凭吊的古战场，更是各国游客向往的旅游胜地。

在布鲁塞尔潮洲酒店吃过中餐，住进 TULIP INN BRUSSEIS BOULEVARD 即布鲁塞尔郁金香饭店。这家饭店与巴黎郁金香饭店同属于一个集团，但比那家建的晚，显得高大、气派。

比利时王国，位于欧洲西北部，濒临北海，被称为西欧"十字路口"。面积 3.05 万平方公里，人口 1016 万人，居民中比利时人占 91%，信奉天主教，法语和荷兰语为官方语言，实行君主立宪制。森林覆盖率为 21%，年降雨量 800~1250 毫米，与我国江淮地区相仿。工业主要以采煤、钢铁、机械、化工、有色金属、原子能、纺织与食品加工为主，年国民生产总值 2310 亿美元，人均 22740 美元。北大西洋公约总部和盟军最高司令部驻在布鲁塞尔。

汽车驶进布鲁塞尔市区时，我注意到这里铁路、公路运输业发达，乍一看像是到了郑州火车东站一带。从投宿的旅馆步行到市政厅广场路上，见到的繁华商业街道犹如进了国内中等城市的商业区。市政厅广场上人挤人，成了一锅粥，大概是复活节休假的缘故。附近几条小街里都是些营业店铺，一些意大利 PIZZA（披萨）饼之类的小吃店主们将桌椅摆在本来就不宽敞的街道两旁，食客们当街而坐，津津有味地享受佳肴美食。在著名的用尿水熄灭了导火索的小男孩，即小英雄的铜像前，留影的人们摩肩接踵，难得空出一方画面。在这里，你不得不佩服精明的比利时人，将一个于史无考的民间传说人物渲染成民族小英雄，吸引来各国游客发展了第三产业。

布鲁塞尔天鹅广场，仍然保留着 100 多年前的风貌。广场南侧的一座旅馆，曾经是当年马克思旅居之处，著名的《共产党宣言》就是在这里起草的。

今天我们有幸到此一游，颇有寻根问祖之意味。

4月1日　布鲁塞尔——海牙——福伦丹

吃过早餐，登车前往布鲁塞尔原子模型塔和百年纪念公园参观后，赴荷兰著名城市海牙。

这次出来，在住房问题上也出现了小插曲。外国人住旅馆，要么男女同住一个房间，要么一人住一个房间，唯独我们是一间房住两位男士。麻烦在于房间里要么是一张大床，一张小床，要么是两张小床并拢在一起。我们进房间后的第一件事，是要把两个小床拉开。有时房间小，墙壁又有固定灯具，把床拉开颇费心思。如床脚把打蜡地板划出了痕迹，还需要想办法将其抹平。难怪曾听人打趣说，在外国人眼里中国同性恋不少，两位男士或两位女士夜宿一屋，早上出来后还都笑眯眯的。

舞钢的栗先生、武汉的马先生、杭州的刘先生和我是相交多年的老朋友了。出国前一天栗先生告诉我，他和刘先生同屋住了一宿，发现自己搅了刘先生的睡眠，要我和刘先生同屋。他和马先生一处。谁知一宿下来，却发现两人的鼾声不同，互不适应。栗先生说马先生呼噜如同闷雷。马先生陈述：我有自知之明，先让栗先生睡。哪知他刚入睡，鼾声宛如狮吼。无奈我用气功入定之术，才使自己进入睡眠状态。早上醒来，却发现栗先生抱着卧具躺在门厅休息，不禁关心地问："是不是嫌床太软，在家睡惯了硬板床？"栗先生说："你老的雷声太震，我只得退避一床。"

在卢森堡命运女神旅馆，栗先生决定改变一下夜间饱受折磨的命运，主动向住单间的济南张先生诉苦。张先生说："不行了你到我房间住吧。"谁知第二天，却怎么也不见年近六旬的张先生出来吃早餐。后来才知道，张先生更是彻夜难眠。只好趁栗先生早上出去散步时，再补睡一会儿，不想过了头。栗先生听我叙述了张老先生的苦衷，决心以"我不下地狱，谁下地狱"的气概，重返马先生房间。今天在汽车里，栗先生又告诉大家：几天来马先生的英语不仅白天练出了新水平，夜里的呼噜也登上新台阶，尤其那带拐弯的一呼，充满法兰西式英语味儿，分明就是"Ha…ppy…！"（快乐的、幸福的）。

中午13点，到达海牙。欧共体国家之间，早已拆除了国界。这国家到那国家，就如中国这省到那省似的，也见不到过多的收费站。一路上地势平坦，高速公路两旁的房屋，每栋有自己的风格。桥梁、仓库、厂房、商店乃至住房，有许多是钢结构或轻金属结构的建筑。这种现象引起我们这批冶金工作者的兴趣。大家说，国内钢铁消费要是达到这种水平，恐怕年产量再增加 1 亿吨也不会积压。专业摄影的栗先生携带的尼康相机是本团里顶尖级的，据说价格高达 10 万元。经我一提，他马上将镜头对准窗外，咔嚓咔嚓不停按快门。在海牙街上，见到一些红砖结构房屋外墙面用料考究，做工精细，灰缝均匀，宛如画图。导游小李说，他接待过国内一个专门从事建筑业的考察团，也惊叹荷兰人砖结构房子做得如此漂亮。我国目前建房，大都是将外墙面重做粉刷的，相比之下，不如荷兰人这种显示着红砖本色的墙面有特色。

荷兰濒临北海，面积 41526 平方公里，人口 1542 万，居民 96% 为荷兰人，信奉天主教和基督教，为世袭君主立宪国。这里地势低平，60% 的国土海拔不超过 1 米，最低点为 –6.7 米。因长年受北海海风影响，一年之中有 300 多天是雾汽蒙蒙的阴雨天。今天这里却是个难得的阳光明媚日子。海牙人中午关了店门，纷纷到户外广场午餐，晒太阳。在北海海滨，也有许多人携家带口，在沙滩上漫步，或坐在椅上惬意地品尝食品与饮料。小李说，如果是夏天来，诸位可以下到北海里游泳。可是这里地处北纬 52°，相当于国内漠河地区。时令虽进 4 月，气温只有 5 ~ 8°，我们把所带的衣服都套上了，还觉得冷嗖嗖的，在一阵阵海风里体会不出阳光的温暖。

海牙国际法庭，一个不起眼的西欧院落，却因第二次世界大战后审判过纳粹战犯和目前正在审判南斯拉夫前总统米洛舍维奇而名扬世界。今天国际法庭门前，正在举行一场颇具规模的声援巴勒斯坦人民、反对战争、呼吁和平的集会。几百名不同肤色的人聚集在一起，有人在临时搭建的主席台上宣读声明。有几位男子穿上白布背心，前后均写着斥责美国总统布什的标语。

3 月 29 日，以色列总理沙龙派重兵将巴勒斯坦领导人阿拉法特围困在阿姆阿拉总部。以军用坦克开道，冲击杰宁难民营等地实施"防火墙"军事行动。在以色列重武器火力网进攻下，巴勒斯坦人即使要抵抗，也只有手枪和冲锋枪等轻武器。每次巴以发生大规模冲突，总是以色列人在军事上获胜，巴勒斯坦人在道义上赢得世人同情。逼急了，一些巴勒斯坦青年人就当人体炸弹，用自己年轻的生命与对手同归于尽，但是又往往伤及无辜平民百姓。以色列又会以此为借口开展新一轮的军事打击。

前几天在国内听到一件事：说阿拉法特前年到中国访问，在上海对一位友人潸然泪下。这位 70 多岁的阿拉伯斗士说：1993 年在签署巴以奥斯陆协议时，美国的克林顿和俄罗斯的叶利钦顺从以色列意图，逼迫巴勒斯坦方面交出火箭和坦克等重武器，只保留手枪、冲锋枪等轻武器，说以后巴方安全问题有国际保护。阿拉法特愤怒地问：现在以色列动不动就攻进我们的城镇、屠杀我们的人民，国际保护在哪里？！

南斯拉夫在铁托时代，独立于美苏两霸之外我行我素，各民族之间基本上能和睦相处，经济也大有发展。铁托逝世后，国际形势发生巨变，南国内领导人政策失误，民族矛盾激化，南联盟在美国欧盟软硬两手打击下而解体。

以美国为首的多国部队在南联盟狂轰滥炸，硬把一个好端端的国家炸成废墟，还故意炸了中国大使馆。奇怪的是这时候海牙国际法庭却不闻不问。西方把米洛舍维奇弄下台后，以区区 4000 万美元作鱼饵，诱使南国新领导人将前任卖给了海牙国际法庭。时至今日也没听说西方把美元送到贝尔格莱德，而是要求一个又一个前南其他领导人到海牙来投案自首。

站在铁门紧闭的海牙国际法庭前，面对愤怒的反对战争、呼吁和平的示威群众，使人越发对毛泽东和邓小平等老一代革命家肃然起敬。早在第二次世界大战结束时，国际共产党中出现了"交枪运动"。尤其是拥有 25 万武装人员的意大利共产党领导人，就解散武装，交了枪，在联合政府中当上了副总理，过不久又被人家"民主"地选举掉了。

蒋介石当时也要求已拥有 19 块根据地、上亿人民、掌握的革命武装力量达百万人以上的中国共产党把军队和武器交出来，以"文化团体"的名义参加联合政府。熟读经史、身经百战、革命斗争经验丰富的毛泽东针锋相对地提出：人民用战斗得来的胜利果实，决不能让蒋介石国民党轻易摘去。共产党有军队，是"武化团体"，宁可不进联合政府当官，一支枪、一粒子弹也不能交给蒋委员长。

1989 年，北京"六四"事件发生后，以美国为首的七国集团联合制裁中国，在国际上掀起一阵反华排华的恶浪。邓小平虽然已经宣布退休，仍以无产阶级革命家大无畏的气概挺身而出，告诫到中国访问的美国前总统尼克松、加拿大总理特鲁多等西方政要：美国没有制裁中国的资格，中国有抵制美国制裁的能力。40 多年来中国基本上是在别人制裁的环境下生存发展起来的。美国自己的制度好不好，是美国人自己的事，中国人管不了，但是中国的事也不劳美国人操心。美国的那套民主制度，不适应中国国情。如果按照搞动乱的那些人设想的去搞多党制民主，你一派，我一派，到头来会你抓一部分军队，我抓一部分军队，中国就要打内战。如果中国乱起来，跑出去的难民会几百万、上千万甚至上亿人，首先会冲击东南亚邻国。中国稳定，就是对世界和平的最大贡献。

他还反复告诫党内：老祖宗不能丢，马克思不能丢，列宁不能丢，毛泽东不能丢。党的基本路线要管 100 年，坚持以经济建设为中心不能动摇，改革开放不能停步。否则，经济发展不起来，国家会受欺侮，人民会不满意。

历史的经验值得注意，我国虽然已进入世界贸易组织，世界几大经济强国从自身利益出发，决不会希望中国尽快强盛起来，西方敌对势力亡我之心不死，反华密谋不断，一有机会便要破坏捣乱。

《易经》上说：天行健，君子当自强不息；地势坤，君子当厚德载物。世界和平靠世界人民争取，中国的事情靠中国自己来做。在中国共产党领导下，13 亿人民团结奋斗，改革创新，与时俱进。先贤们盼望的振兴中华、自立于世界民族之林的愿望正在成为现实，并将发扬光大。

在发达的西方国家考察，会时时感觉到我国改革开放以来社会稳定、经济发展在世界上的影响，感觉到我国独立自主的和平外交政策给国家营造的良好环境和给国外的华人华侨带来的实惠，感觉到做一个中国人的自豪。不论在巴黎、卢森堡和布鲁塞尔等国际知名都市的商店、旅馆、饭店，还是在荷兰风车民俗村和福伦丹小镇，售货员、司机、服务员都在学说中国话。在荷兰风车民俗村进门处，一位手持尼康 F5 高级相机的欧洲人热情地用汉语招呼我们："不要挤，一个一个来"，并不停地按动快门。等我们离开时，每个人的尊容配以民俗村的风景照片已放在展台上，你要是满意可付 4 欧元将照片取走。

在风景如画的渔港小镇福伦丹，复活节休假的人们来来往往。大家对我们这些黄皮肤黑头发的中国人处处表示友好。更令人难忘的是，在一家商店门前挂出的几面联合国、北约和欧美等国的国旗中，我们鲜艳的五星红旗也在其中迎风飘扬。

当我们在旅途中询问导游小李，目前外国人尤其是欧洲人对中国和中国人有什么看法时，他说：哇，好得不得了！欧洲经济不景气，工厂停产，工人失业，能和十几亿人口的中国做上一笔生意，就能救活工厂养活多少人！中国人来到各国入乡随俗，节俭勤勉，处处受人欢迎。不像美国，在世界到处插手，树敌太多，普通人出国反而总怕别人找麻烦。也不像阿拉伯人，由于美国9·11事件的影响，总怕被人怀疑与本·拉登有没有牵连。只是欧洲的小偷挺厉害，特别爱偷中国人的钱包。因为他们知道中国人出国旅游，与外国人不一样，持信用卡的少，带着美元欧元的多。所以经常发生偷盗甚至抢劫中国游客的事，为此小李还建议我们：把钱花光，为国争光，不给国际小偷留念想。

下午7点，在阿姆斯特丹市区晚餐后，住到郊区机场附近的SAS旅馆，这是北欧航空公司自办的一家五星级饭店。欧洲的一些四星级、五星级旅馆不像国内有那么多的附属设施，但是房间设备与卫生条件是一流的。

早上匆忙离开布鲁塞尔郁金香旅馆时，把一塑料袋东西遗失在那里了，内有我从国内带来的电热杯、洗头膏、牙膏、毛巾、肥皂，还有一双从越南捎回的橡胶拖鞋。同屋刘先生打趣说，人家服务生打扫卫生时，恐怕要对产自越共的拖鞋为什么要故意放在北约总部的布鲁塞尔仔细研究一番了。好在所住房间，不是地毡就是木地板，不用拖鞋也行。除牙膏牙刷外，其他用品均有配备。这几天，凉水也喝惯了。房间大都配有电热壶，是供客人煮咖啡用的，可惜我喝不惯那玩意儿。

4月2日 阿姆斯特丹——汉诺威

早上一出旅馆，就看到蔚蓝的天空上北约空军在紧张训练，似乎过复活节也不休息。这几天不论是在卢森堡、布鲁塞尔，或是在海牙和福伦丹小镇，总能看见北约的战斗机在天空中划出一道道长长的白烟。有时还见几架飞机编队飞行，你来我往的飞机尾部拉出的白烟，构成不同的图案，似乎驾驶员们在空中向他们的上帝祈祷什么。

近年来常见西方一些媒体攻击中国军队庞大，军费开支增长快。但是我国比起北约各国军费，开支实在少得可怜。据有关资料统计，我们这次考察的欧洲8国，共有人口约1.84亿，陆地面积186.32平方公里，现役军人约103.5万人，年军费约873.5亿美元，每位军人平均开支8.44万美元，折合人民币70万元！其中法国现役军人约40.96万人，年军费359亿美元；德国军人36.73万人，军费290亿美元；荷兰军人7万人，军费74.2亿美元；瑞典军人6.4万人，军费49.4亿美元；比利时军人6.3万人，军费39.5亿元；

挪威军人 3.35 万人，军费 33.8 亿美元；丹麦军人 2.7 万人，军费 27.6 亿美元；卢森堡军人 800 人，军费 1.1 亿美元。欧洲陆地面积和中国差不多，总人口约 7.5 亿，为中国人口的一半。目前中国军费开支 1400 多亿元人民币，折合 169 亿美元左右，还不足欧洲 8 国的五分之一，不足日本军费开支的 40%。美国 2002 年度军费开支 3325.2 亿美元，折合人民币为 2.75 万亿元。中国军费开支即使再翻几番，也达不到他们的水平。可西方媒体对此却不予说明，经常无根据地散布"中国威胁论"，新闻导向性何其鲜明。

荷兰属发达的工农业国家，国民生产总值约 3381.44 亿美元，人均21929 美元。工业有炼油、电器、化工、造船和机械制造，农业有高度集约化、机械化的畜牧业、花卉和蔬菜园艺业。旅游业兴旺。

早在 17 世纪，荷兰就成了资本主义的海上强国。其航运业、造船业、渔业都超过其他任何国家。荷兰的商船吨位相当于英、法、葡萄牙和西班牙四国总和。成千上万的荷兰商船航行在世界的海洋上，承担着各地商品的转运业务。当时的荷兰被称为"全世界的海上马车夫"。

航运业发展，转口贸易的繁荣，使荷兰被马克思称作"17 世纪标准的资本主义国家"。荷兰的东印度公司被政府授予经营亚洲贸易的垄断权以及建立军队、法庭和行政机构的特权。该公司先后占领帝汶岛、班达岛、爪哇岛、马六甲、锡兰、苏门答腊以及印度的马拉巴海岸和科曼德海岸。17 世纪中叶以后，由于没有工业基础，荷兰在几次英荷战争中败于英国，在国际舞台上下降为依附于英国的二等国家。马克思说："荷兰作为一个占统治地位的商业国家走向衰落的历史，就是一部商业资本从属于工业资本的历史。"

今日的阿姆斯特丹仍然保存着大量几百年前的老房子，也遗留下殖民时代许多旧风俗。这里的老房子门面十分窄小，家家户户在房顶设上吊钩，才能把家具从阳台或窗户吊进去。原来旧时官府是按门面大小征税的，精明的荷兰人以此逃避税收。还有一些房屋是歪歪斜斜的，据说是建房时填海打下的木桩年久腐烂，造成地基下沉房屋倾斜。导游打趣地说，不知在里边居住的人在歪斜的床上怎么睡觉，在歪斜的餐桌上怎么放下盛汤的菜盘。

阿姆斯特丹运河水系发达，有王子运河、啤酒运河和绅士运河，坐在游船上浏览市容别有一番情趣。运河上至今还有 2000 多户人家居住在沿河的船屋里，为本市一景。船屋内安装有煤气和供排水系统，生活污水不向运河排放。绅士运河两边的建筑豪华，风格不一，许多银行、政府机关在这里营业和办公。

在游船即将靠岸时，导游提醒大家，要友好地向船老大付点小费。由于地理环境和土地稀少，荷兰人比较小气。据说你如果吸了朋友一支香烟，哪怕价值约 0.1 欧元（人民币 7 角 5 分左右），就应当即时付钱。否则第二天，所有的人都知道你是一个吸了朋友香烟不付钱的家伙。

在这里，年轻人约会女朋友喝咖啡吃饭，结账时服务员会拿出两张单子，各付各的账，用不着难为情。一家两口过日子，有明细账本记载收支。床是女人买的，椅子是男人买的，买汽车谁出的支票，买电视机谁付的款等等，一目了然。

在荷兰"黄、赌、毒"均为合法。妓女们领执照开业，定期检查身体，按月交税。阿姆斯特丹红灯区里，身着三点式女郎在大玻璃橱窗里搔首弄姿，招揽顾客。其男友中午按时给她送饭，心安理得。

阿姆斯特丹赌博业发达，世界闻名。据说有钱的华人进场豪赌，也有没钱的华人到此希望试一试手气。

在荷兰，凡是没经过加工的毒品，都可以公开出售，甚至有的咖啡店的饮料里也掺有毒品。

有的小店门口挂着七彩旗，进进出出的人不男不女，一打听才知道挂着这种招牌是明示公众：本店为同性恋商店。

阿姆斯特丹自行车多，偷盗自行车风气更盛。运河岸边的铁栏杆上，用铁链子或摩托车锁锁满了自行车，有的已缺轮子少座位。据说有些人自行车被人偷了，顺手就抓别人的车子骑。抓不到就找别人锁着的自行车撒气，拆下零件往运河里扔。这里人说阿姆斯特丹运河有三层，底层是河床，中层是自行车零件，上层才是河水。每年市政府要花大把资金派人把投入河里的自行车零件打捞出来，否则会影响船只航行。

荷兰人犯了罪，一般不去坐牢。原因是住在监狱里政府开支太大，犯人在牢里像住星级旅馆一样，各类生活设施一应俱全。为此轻罪犯让他白天回去上班，晚上回来坐牢。重罪犯不能出来，但是允许女友一个月来陪他一次，名曰维护"囚犯的权利"。

对于一些喜欢打架斗殴酗酒闹事的人，荷兰政府将其驱逐出境，出钱让他到外国旅游散心思过。对屡教不改者，干脆不让回国，可在外国流浪，政府为他提供生活费。导游小李说，有一次他在印度遇见一个荷兰人，说是到庙里拜佛当和尚，可是每日花天酒地、招妓嫖娼，富如阔少。一问才知他是在本国屡犯差错被政府掏钱驱逐出境的人。我看这种损人不利己的管教方式，只能培养出一些"荷兰新浪人"，为别的国家输送麻烦。

阿姆斯特丹皇宫广场南端，有一座二战胜利纪念碑，碑体设计成一颗直插云天的子弹形状。有两架北约战斗机正在蓝天上呈纵横向飞行，机尾部拉出的白烟在纪念碑上空交叉。我端起照相机选好角度，让纪念碑那凸圆的顶部正好放在白烟交叉点部，迅速按下快门。

在广场西侧一条大道上的中国餐馆吃了午餐，下午 14 点 20 分离开阿姆斯特丹赶赴 380 公里外的德国汉诺威市。

中世纪以来，位于中欧地区的德意志一直处于四分五裂的局面，所谓"神圣罗马帝国"不过徒有虚名。从 17 世纪开始，北部的普鲁士迅速强盛起来。1870 年普法战争爆发，普鲁士俾斯麦政府战胜，导致法国发生了著名的巴黎公社起义。1871 年普鲁士王国建立了统一的德意志帝国。德国是两次世界大战的挑起国，也是两次世界大战的战败国。第二次世界大战后的德国被美英法苏四国分占，美英法占领区成立了德意志联邦共和国，苏联占领区成立了德意志民主共和国。首都柏林被一分为二。两德于 1990 年 10 月 3 日实现了统一。

德国面积 35.7 万平方公里，人口 8134 万人，居民中 99% 为德意志人，其余为丹麦人、吉卜赛人。德国目前有土耳其移民约 300 万人，是在两次世界大战后来德国打工留下来的。德国 80% 以上的人为城市人口，大多信奉基督教和天主教。

德国是世界经济强国，欧共体内最大的工业生产基地和市场。国民生产总值约 20754.52 亿美元，人均 2.55 万美元。工业以机械、化工、电子和汽车为主，采煤、造船、钢铁、核能、航天工业也很发达。农业以畜牧业为主，机械化、专业化程度高。

我们坐在奔驰大巴上驶进德国，就看到高速公路上东来西往的集装箱运输车或大型厢式货车车流不断，这与前几天在高速公路上看到的多为小汽车不同。也可能是过了复活节假期，欧洲尤其是德意志这架世界级的工业母机又高速运转起来了。此时此地，你能透过车窗看到公路两边一个个城镇和工厂，观察到公路密度居世界首位、交通运输高度发达的德国的繁忙景象。我更想知道的，是当年西德吞并了东德，科尔总理提出用 5000 亿马克改造东德经济的计划实施 10 年后，德国的政治、经济、文化和社会生活发生了什么变化。

导游介绍道：目前德国就业人数为 2300 多万人，但退休人员已达 1500 万~1600 万人。出现了人口出生率低和严重老化的问题。德国是高福利国家，从出生到死亡的德国人，都能享受到诸多福利待遇。德国夫妇生第一个孩子，政府每月给 200 马克补助金，生第二个孩子也是每月 200 马克，生第三个则每月补助 150 马克。产妇在产前三个月到产后三年可以带工资休假，雇主不能将其解雇。丈夫在孩子出生时有一个月假期，在家陪太太。单亲母亲享受同等福利待遇。

德国人工资高，税收重，人称洋葱头经济。在税收调节下，很有钱的人和没有钱的人都少，中等收入阶层人多。若问既然高收入的人要交 55% 的所得税，还挣那么多钱干吗？说是到退休时按退休前 80% 金额定退休金，高收入自然退休金也高些。

德国人时间观念很强，这个周末已将下周工作与生活计划安排妥当，时间精确到分钟。你要约见一位朋友，请提前一周预约，并提前 5 分钟在人家门前等候。客人要准时敲门，主人会按时迎客。超过约定时间恕不奉陪。即使约会后主人要到草坪上晒太阳，你也不可延时陪同唠叨。

德国人对啤酒情有独钟。下班回家之前，先到啤酒馆坐坐，和朋友一起喝杯啤酒，聊聊天。德国人个子大，啤酒杯大，食量也很可观。人们说德国民族是啤酒民族，德国文化是啤酒文化。就连当年希特勒成立纳粹党，也专门找了个周末在一家最大的啤酒馆挑起风波，然后夺过歌手的麦克风大言不惭地宣布："感谢今天到会的诸位，祝贺你们都已经光荣地成为德国国家社会主义工人党党员！"

下午 18 点 30 分，车到汉诺威市。同行的济南张先生下车后的第一件事就是找电话告诉在附近求学已赶到我们要下榻旅馆守候的女儿，自己所处地方与吃饭酒店的店名。女儿闻讯，说马上赶过来。张先生对我们说来不及吃饭了，要在门口等孩子。我们建议他让孩子守在旅馆别动，等一会儿车开过去父女相见更方便些。但孩子已经出门了，无法联系。我们吃完饭，她也没过来，而盼望女儿心切的老张翘首盼望，让他吃点东西，他说吃不下去，并坚持要晚上赶到汉诺威城外的孩子住处看一看。可怜天下父母心啊！

4月3日　汉诺威——柏林

早上 9 点，从所投宿的汉诺威 QUEENS HOTELS（皇后饭店）出发，参观了不久前曾举办了世界博览会的汉诺威的世博馆之后，向东朝柏林进发，行程为 300 公里。

皇后饭店里的设施很有德国特色。房间里配有冰箱，有咖啡、可乐、汽水等饮料，台桌上放有水果、巧克力等，明码标价，食用付费。电视有公共频道和自费频道，还可以电脑上网。房间里有一架长方形的电熨板，可供客人熨裤子用，背面是个烘上衣的衣架。卫生间面积不大，各种洗浴用品齐全（照例没有牙刷、牙膏、拖鞋）。仅卫生纸就分为擦脸、擦屁股和垫大便器用的几种。有一个可调温的不锈钢电热管架，既可做室内升温用也可以直接烘干衣服。奇怪是冲大便的水也分冷热两种，使人弄不明白该用哪种水更为合理。我们研究了半天，推测此地冬天寒冷，热水有利于冲马桶。

昨天到今天，汽车在高速公路上奔驰，给人突出的印象是德国的城镇、工厂甚至高速公路服务区房屋均建筑精美、结构严谨、整洁漂亮，显示了德意志民族文化传统和现代化气派。这是一个了不起的民族,是一个出了康德、黑格尔、费尔巴哈、歌德、马克思和恩格斯等哲学巨匠、文学大师的民族。德国人重视教育，推行强迫性教育制度。学生中学毕业后可以自行选择继续求学的方式。一种是到传统的大学深造，另一种是上技术学院。这种技术学院主要培养学生的实用技术与实际工作能力，由大企业和政府合办。大企业出钱赞助办学，每年从学院挑选一些优秀毕业生到本企业工作，工作出色者可获得提升。据说，目前著名跨国公司西门子的掌门人就是从这种技术学院毕业后，到公司里一步一步提升上来的。德国企业对职工实行工资、年终奖加股份制的激励方式，从经济上调动其积极性。西德兼并东德后，对东德国有企业在体制上全部实行私有化，在生产装备上全部进行技术改造。原来的生产线全部停产，人员大量退休或下岗，企业能卖掉的卖掉，卖不掉的白送给西德资本家，白送也没人要的实行破产。德国政府的口号是不办不赚钱的企业。经过 10 年的努力，原东德那些在苏联东欧阵营尚算先进而在西欧人眼中已十分落后的工业生产能力基本被改造一新。同时对全德国国有性质的公用事业，如铁路、邮电、市政等实行了大规模的私有化改制，服务质量和效率大为提高，但服务价格也大幅度上升，因此也经常招来居民的抗议。

导游介绍说，东西德统一前，双方人民盼望团聚，互相探亲，情景感人。但是统一后双方隔阂却长久难以弥合。西德人认为他们原来生活富裕，给东德的亲戚一些资助也显示了宽怀大度。不料想两德合并后为了复兴东德经济做出的牺牲太大，所交纳的税金中使用到个人福利上的大为减少，火车票涨价、电讯邮政费用涨价等令人不满。东德人原来的政治经济生活秩序全部打乱，各级官员失业，军人、公检法、政工人员和安全部门人员则成为罪人。工厂关闭破产、工人下岗失业。早期退休人员的退休金是按当时东德的标准发放的。合并前东德工人收入只有西德工人的四分之一，10年后的今天就更显得低了。生活水平大幅度下降，使不少人已无力支付房租，只好从原来住房里搬出来，到城乡结合处搭建小屋安身。加上德国原有300多万以上的土耳其移民和其他外来人员，民族宗教和社会问题不少。社会矛盾激化，引发一些新纳粹与光头党出现和极右政治势力抬头。

中午到柏林后，首先到著名的柏林墙参观。

总长为163公里、由东德修建的柏林墙为当年东西柏林的分界线。东德在此驻有14000名边防军人。以墙为界增设了5道军事屏障，有敢私自跨越者，格杀勿论。据统计，自柏林墙设立到1990年被推倒，共有83人在翻越禁区时被东德边防军击毙❶。目前大部分柏林墙已被拆除，尚留一段供人参观凭吊。墙面上涂画了各式各样的漫画、图案，大都是丑化乃至妖魔化原苏联和东德的。我站在一幅画有类似克里姆林宫顶端倒塌、旗杆上红五星画作黑五星的漫画前沉思良久。不禁想起在贝加尔湖畔发生的那一幕，想起那位穿着裤头、光着膀子的俄罗斯共产党区委书记讲述的故事。

1990年，苏联东欧发生剧变，柏林连续发生大规模游行示威，东德共产党和政府领导人束手无策，驻德苏军不管不问。戈尔巴乔夫的新思维也在东德产生了亡党亡国的恶果。当西德总理科尔趾高气扬地从西柏林经勃兰登堡门进入东柏林时，东德已土崩瓦解，事实上连出面与科尔签署投降书的对

---

❶ 2006年8月10日俄罗斯《新闻时报》报道：波茨坦历史研究中心的赫特勒在柏林公布了自己有关柏林墙的调查结果，1961年至1989年，有125人因为柏林墙而死亡。其中70人在企图翻越柏林墙时被当场击毙，21人受重伤致死，其余有的是在偷渡未遂后自杀，有的是被误杀的无外逃意向的百姓。

手也没有了。前事不忘，后事之师也。站在柏林墙被人丑化的漫画前，请同伴帮我照一张相，以资留念。同时心中很是想念贝加尔湖畔遇到的那位俄罗斯共产党人，不知他和他的同志们近况如何。

柏林马克思广场，那组著名的马克思端坐与恩格斯站立的青铜塑像前游人稀少，与不远处基督教凯撒大教堂广场上熙熙攘攘的游客形成鲜明的对照。这对曾以自己科学的理论、卓越的实践唤起全世界无产阶级的革命觉悟，使工人阶级由自在阶级转变为自为阶级，一次次在各国掀起推翻资本主义制度的阵阵巨浪，曾使无产阶级专政在十几个国家成为现实的共产主义运动的伟大领袖，仍然用冷峻的目光，注视着故乡这块风云变幻的土地。铜像广场上树立有几座不锈钢纪念碑，镌刻着各国共产党和工人阶级革命斗争的图片。其中有两幅关于中国的照片，一幅反映的是"五四"时期的学生运动，一幅反映的是一群八路军战士高举着南泥湾大生产的锄头。我们这群来自中国的马克思主义的后辈，虔诚地站立在铜像前合影留念。一位身材魁梧坐在轮椅上的壮年欧洲男子，在一位女伴的陪同下，缓缓地围绕着马克思和恩格斯铜像瞻仰、拍照，久久不肯离去。几个年轻的姑娘小伙子，也走到铜像前，好奇地打量着这两位老人。

毋庸讳言，当今世界上不少国家和地区，马克思列宁主义被人冷落，工人运动遭遇曲折，社会主义运动处于低潮。甚至在我们国内一些非正式场合，谁若坚持马克思主义信仰，也会被人嘲笑，被指责为迂腐。这不是马克思、恩格斯的过错，更不意味着马克思主义过时了。当马克思和恩格斯于1848年2月发表《共产党宣言》的时候，瓦特的蒸汽机投入到工业生产中还不到50年。在《资本论》第一卷于1867年出版时，英国、法国、德国和美国的工业革命还正在进行，机器化工业大生产还没有在更大范围内普及，资本主义的生产方式还没有走到途穷末路阶段。这时的马克思和恩格斯在《共产党宣言》中就能科学地阐明：资产阶级的灭亡和无产阶级的胜利是不可避免的。在资本主义社会里，生产力和生产关系之间的矛盾就是生产的社会性和私人占有性之间的矛盾。这种矛盾的发展必然导致社会主义制度代替资本主义制度。指出无产阶级是资本主义的掘墓人和共产主义的建设者，阶级斗争是社会历史发展的动力，无产阶级专政是实现无产阶级历史使命的必由之路，共产主义政党是实现无产阶级历史使命的领导力量。《共产党宣言》还批驳了反动派对共产主义的恶毒攻击，批判了当时形形色色的"社会主义"流派，号召"全世界无产者，联合起来！"150多年过去了，当我们今日重读《共产党宣言》和总结国际共产主义运动历史经验时，仍然能看到《共产党宣言》所阐述的科学理论的光辉和无产阶级革命事业建立的丰功伟绩。马克思、恩格斯生前为工人阶级解放斗争提供了理论武器，指明了前进方向。但不可能也不应该为身后工人运动中出现的偏差负责，更不应该为后人的失误承担罪名。正如中国的孔夫子，是个大学问家、大教育家，生前实际上是个不为官家所供养的民办教师。老先生为求生计，坐着牛车，带领徒弟周游列国，凄凄惶惶地宣讲治国富民的道理，自然少不了想多教授些徒弟多收些干肉，以解决温饱问题的意思。可是许多时候，当权者并不买账，还发生过陈蔡饿粮的遭遇。用他自己的话说是"惶惶然若丧家之犬"。后人为其统治上的需要，有的吹捧他是"万世师表"，为他塑金身、穿衮服，修建巍峨的大成宝殿；有人骂他"克己复礼"是妄图恢复奴隶制社会的"复辟狂"，其实和真正的孔夫子并不相干。马克思晚年流寓英国，穷困潦倒，吃饭问题还得仰仗恩格斯资助。作为世界大经济学家却为家庭柴米油盐小事所困，有时竟闹到连向恩格斯发封求助信的邮资也找不出来的地步。马克思临去世前曾说过自己有两件伤心事：一是花费40年心血研究的《资本论》没能写完；二是死后不能给夫人孩子留下点生活费。今天，我们站在这两位老人的铜像面前，面对那令人崇敬的目光，还有什么怨言可说，有什么困难不能去战胜！

马克思当年预言，社会主义革命要首先在发达的欧洲资本主义社会里发生。到了列宁，提出社会主义革命将首先在帝国主义势力相对薄弱的一个或几个国家中获得胜利。事实证明了列宁的科学预见。但是列宁过早地去世，社会主义建设这篇文章没有来得及做。斯大林接手做了，由于种种原因，又没有做好。中国共产党第一代领导人既以俄为师，又注意将马列主义的真理与中国革命实践相结合，领导全国人民历经28年奋斗，推翻帝、官、封统治，建立了新中国。但是有2000多年封建社会历史的中国，没有经历资本主义发展阶段，商品生产不发达，市场经济没形成，国家积弱，人民积贫，社会主义革命与建设一切从零开始。经过前20年的探索，才发现资本主义发展阶段或曰商品经济是个不可逾越的社会发展时期。在这种形势下，由第二代领导人领航，第三代领导人接班，义无反顾地走上改革开放和社会主义市场经济的新路。泱泱五千年文明大国，济济13亿人民群众，近千万平方公里国土，56个民族大家庭内，东中西部经济发展不平衡，改革难度之大、开放阻力之多、建设任务之重，在古今中外难以比拟。所幸 20 多年团结奋斗，开拓创新，取得举世公认的伟大成就。可以无愧地说，中国社会稳定，促进了世界和平；中国经济发展，加快了经济全球化进程；13 亿人民安居乐业，显示了有中国特色社会主义的强大生命力。正是中国共产党人的成功实践，形成了毛泽东思想和邓小平理论，丰富了马克思主义的理论宝库，给当代国际共产主义运动增添了光辉的篇章。

4 月 4 日　柏林

投宿的 FORUM HOTEL（福隆饭店）地处柏林闹市，附近有一家很大的百货公司，一家颇具规模的超市。据德国首家中文报纸《华商报》介绍，在柏林的购物者里，中国人占外国旅游者购物量的 5%。去年，俄罗斯人在柏林的购物额占非欧盟旅客的 22%，波兰人占 18%，美国人占 10%，日本人占 9%，中国人和以色列人同为 5%，并列第五名。外国旅游者在柏林人均购买额 267 欧元（约合人民币 2010 元），而在全德国旅客人均购物额为 213 欧元（约合人民币 1605 元），可见旅游对商业的促进。

柏林天使桥的栏杆上，雕着栩栩如生的希腊神话中诸位天使的塑像。欧洲建筑和雕塑，受希腊文化、罗马文化和基督教文化影响甚深。天使桥附近的勃拉蒙博物馆里，用现代化的技术工艺手段珍藏并展示出古罗马拜占庭式广场、各类人神塑像、金器、银器、青铜器、象牙雕刻等诸多稀世珍宝。这些世界各地的艺术珍品，也不知是何时以何种手段成为德国人的猎物，弄到此处馆藏的。

德国人是个有哲学头脑、冷静思维的民族。勃拉蒙博物馆外墙角和街对面楼房墙壁上，至今仍保留着第二次世界大战时留下来的累累弹痕。西柏林的威廉士大教堂，第二次世界大战时被无情的炮火炸得仅剩一个骨架，德国人干脆将它原样保留下来，在旁边又修了个立柱形的新教堂。如今新旧教堂并立，直插蓝天，相互辉映。在我这个东方观光者眼里，不知道哪一座教堂更能显示那位万能上帝的神力。

勃兰登堡门是德国人的凯旋门。当年希特勒曾在此检阅他的法西斯部队，两德统一时，东西柏林市民在此重逢欢庆。科尔总理乘车从西柏林经此驶进东柏林，向世人显示战胜者的得意神情。今天此门正在维修。当我们再次经过它时，意大利司机布卡拉突然惊呼："它怎么要塌啦？"原来维修人员连夜给勃兰登堡门罩上一层装饰幕墙，幕墙上也画着大理石颜色的门额门柱，但是门柱被夸张地画成朝两边弯曲模样，猛一看仿佛承受不了门额负重，要弯曲垮塌下来似的。

柏林德国国会大厦，由著名的美籍华人贝聿铭先生主持设计改造后，将古典建筑与现代工艺完美地结合起来。那穹形圆顶，从下往上看宛如晶莹剔透的水晶宫，从大厦顶部平台看，又像一颗巨形宝珠。到国会大厦参观的人络绎不绝，每年门票收入应相当可观。站在国会大厦顶部平台向四下眺望，周围犹如一个巨大的建设工地，许多高大建筑塔吊扬着铁臂在紧张施工，这点颇像国内一些大中城市建设景象，欧洲其他城市里并不多见。

如今，前苏联早已成为历史，东德也亡国10年，苏军早已撤离柏林。人去物非事事休，也还有不少遗踪可寻。

勃拉蒙博物馆前面，几个德国男子摆放的地摊上，廉价出售一些前苏联和东德军队的勋章、手表、小刀、纪念册等物品，我用2欧元买了一块苏军二战胜利军功章。

国会大厦不远处，还保留有一尊苏联红军战士的青铜塑像。一位年轻英武的士兵，手持步枪，目光炯炯地雄视前方，好像仍在听从号令，随时将开赴前线。为夺取反法西斯战争胜利，全苏联曾有2000多万军民英勇牺牲。不知是谁将一束鲜花摆放在战士的脚下。按中国人的习俗，清明节到了，我们这几位远道而来的中国共产党党员，在柏林这块凝结着苏维埃社会主义共和国联盟成千上万反法西斯战士鲜血与生命的土地上，一个又一个地借用这束尚未枯萎的花束，恭恭敬敬地奉献在这位无名红军战士像前。此时我的脑海中久久地回响着现代京剧《杜鹃山》里的一句唱词："多少人空怀壮志饮恨亡！"

4月5日　柏林——汉堡

清晨，奔驰大巴汽车载着我们离开柏林，朝西北方向驶去，柏林至汉堡289公里。

车行至柏林城外一条河边，导游小李指着岸上丛林里几座小猎屋似的房子告诉大家：这里是一些原东德退休人员、低收入者和失业者栖身之处。在西欧寒冷的冬季，屋内没有煤气，没有暖气，居住条件很差。更令其不安的是随着一些市政工程开工，这些地皮会被政府无条件收回，小屋里的居民还得向更远处迁移。

高速公路两边的田野，有的已经过春耕，有的被青草覆盖。不时出现一片片的黑森林，依稀能见到鹿儿在林中漫步，路边立有禁止猎鹿的标牌。一处处漂亮的村舍，散落在广袤的原野上。德国每年有2000多万人外出旅游，除每年5个星期的长假，平时的假期里也喜欢全家人开车外出旅游。有的家庭则买上一匹马，假日里骑马休闲，或出去狩猎。德国职工有工会，资本家有顾主协会，庄园主有地主协会，听说法国还有性工作者协会，各阶层都有自己的组织，有代言人为自己谋取利益。

天气转阴，当我们到高速公路服务区方便时，发现冷风扑面，寒气逼人。这里地处欧洲西北部波德平原，又处在北纬53°，与我国中原地区温度相差10~15℃。这里风很大，汉诺威、柏林等地刮起风来也颇带寒意，我把所带的羊毛衫薄毛裤都穿上了，有的同伴干脆把途中购买的皮夹克穿在身上。可在这凛冽的冷风中，却见到一位欧洲女郎身着短袖衬衣款款而行，导游小李一声惊呼："鬼妹好热！"

在国内看欧洲电影电视时，常见一些女郎穿裙子、着短袖，外罩皮毛大衣，觉得那是明星们作秀装酷。到这里才发现欧洲的房屋，大多在通风通气上不如中国的建筑。屋外寒风刺骨，室内则温暖宜人。我们外出怕冷穿的一层又一层，进了屋反而觉得燥热，当众脱衣服又不雅观。反倒不如人家进屋一身轻装，出门穿上皮大衣或者厚布风衣方便。看来各地衣着打扮，首先是受所处气候与生活环境影响的，物质条件制约着人们的生活方式。难怪有的同伴发现，在欧洲各城市，一见穿羊毛衫的，不用听他讲话，就知道是来旅游的中国同胞。

汉堡，有铁路、高速公路与柏林、不来梅和汉诺威相通，水运直通北海，为德国的水陆交通枢纽。全市面积775平方公里，150万人口，集装箱运输区就占75平方公里。市内有一阿蒂斯湖，城区围湖而建。市内河网交错，大小桥梁250多座，有北方威尼斯之称，许多国家在汉堡设有领事馆。

汉堡市政府办公楼，乍一看像座教堂。欧洲的古建筑深受基督教文化影响，许多建筑都有一个高高的尖顶，而且有金光闪闪的装饰，在东方人的眼中，简直到处是基督教堂。这里还有犹太教的教堂。

著名的西餐方便食品汉堡包，原是一位德国人到美国闯世界时，发现那里人们生活节奏快，许多打工干活的人既无闲情也没时间坐在餐厅里吃饭，就发明了用家乡的大面包夹上熟肉生菜的方便食品。因为他是汉堡人，生意做大了，人们才将这种方便食品叫做汉堡包。

在汉堡，我们考察了 DONR（多尔）广告公司，该公司经理多尔先生，向我们热情地介绍了本公司经营理念、广告策划与商业运作方式。这一家年营业额 500 万马克的公司，有 10 个固定工作人员，20 个自由工作人员，在欧洲和东南亚有许多合作伙伴。他还向我们展示了公司制作的几本广告画册的创作构思，听后觉得耳目一新。姜社长代表中国冶金报社，邀请他到中国访问，并愿意与 DONR 公司加强交流与合作。多尔先生高兴地表示了合作的愿望。

在欧洲考察，中文报刊所见甚少。在荷兰阿姆斯特丹，见到一家华人开办的中文书店，同时出售一些中国商品。在柏林一家饭店吃饭时，见门口一位女士送给我们一份《华商报》。此报纸的编排技术不高，字号也小，像是国内一些商家出的简报。但是该报纸上面，既有国内新华网信息，也有德国有关修改移民法、来德国留学生求学的消息。还有流亡在海外的魏京生与"民阵"等组织的消息。由于江泽民主席 4 月 8 日要到德国进行正式访问，他们就刊登广告，要纠集各路人马到中国驻德国大使馆前举行示威集会，"抗议中国政府对人权的践踏"。这些人多年流落海外，靠洋人的施舍过日子，"学得胡儿语，城头骂汉人"，充当西方反华势力的马前卒，实在看不出能成什么气候。

中国共产党自成立之日起，以推翻三座大山抗击外来侵略拯救人民大众于水火之中为己任。新中国成立后，在十分恶劣的国际环境下，领导全国人民进行社会主义革命与建设。从十一届三中全会起，又总结历史经验，主动纠正失误，实行改革开放，加速经济发展。20 多年努力奋斗，经济繁荣、社会稳定、人民生活大幅度改善，世界各国刮目相看，辉煌成就有目共睹。在中国共产党 80 年征程中，虽有不少失误、不少挫折、工作也尚有不少未尽人意之处，但是总的说来，仰不愧于天（5000 年列祖列宗），俯不愧于地（近千万平方公里锦绣山河），心不愧于民（13 亿各族人民），6300 多万党员早已成为当代中国顶天立地的民族脊梁。

具有讽刺意味的是，同一张报纸报道：一名陈姓中国男子被德国警方强行押送出境时，因死活不肯离去，被人用塑胶管捆住了手脚，在机场候机厅一房间里遭到殴打，喊声不断，过往的机场工作人员视而不见，充耳不闻。试问他们的人权观念哪里去了？这张报纸上还有人给不愿被遣送回国者支招：当被押到飞机上时，坚持不坐下来，坚持不扣安全带，直到有法警上机把你带下去。稍有一点骨血的中国人，对这种要赖行径能够认可吗？乐不思蜀要乐得起来，让人家鄙视、被人家驱赶、还要像狗一样在人家家里待下去，靠摇动尾巴乞求活命还算个人吗？

我们还见到一张《大纪元报》（欧洲版），上有一整版内容是"法轮功"自己掏钱办的，该报也声明上面的内容不代表编辑部观点。有一条消息说国内迫害"法轮功"学员，仅长春一市就抓了2000多人。并说被抓的人遭电刑拷打。稍有一点常识的人都明白，抓2000多人得造多大的劳教所！同行的武钢李建民说："这简直是胡说八道！我们厂有几位法轮功学员，为帮他们觉悟，我们天天派人做工作，不干活也发给他们工资，比在岗位的人舒服得多，我们像对老奶奶那样供养着这些人，启发他们尽快觉悟，怎么能说是去迫害他们呢？！"

目前不少中国学生在德国求学。同行的老张前天在汉诺威留下与21岁的二女儿小聚，今天赶到汉堡与我们汇合。李女士的女儿上海复旦毕业后考过GRE去了美国，眼下正读博士，每月有近1500美元的奖学金。武汉老李和老马的女儿也想出国求学。老李的女儿在上武汉大学，武大与德国斯图加特大学签有协议，可以保送学生到斯大去上学。听说有48位同学争一个出国学习名额。老马的女儿GRE快考过了。因此，德国教育问题，特别是中国学生留学问题，成了我们又一个关注点。

《华商报》报道：德国教育部长布尔曼女士3月15日在柏林公布：2000年至2001年冬季学期，在德国外国留学生数量激增，中国学生位居第一。该学期内在德国大学注册的外国学生达12.6万人，比上个冬季学期增21%。其中中国留学生增速最快，现有8700名中国留学生在德国大学注册，比1997年增加了87%。这说明，德国已成为世界上继美国和英国后第三大外国留学生选择地。中国人到德国留学，家庭负担不轻。据说，从计划出国留学到德国读一年预科，家庭为孩子开支在15万元人民币左右。孩子到德国大致每月开支500欧元(约人民币4000元)，其中住房130欧元，保险50欧元，学费100欧元，伙食费150欧元，这还不包括平时从国内捎些衣物等项开支。

在德国上大学，没有奖学金，但可以打工，但是读预科的学生不允许打工。那天我们在汉堡吃饭，导游小李接待两位从北京来读预科的学生，听其中一位女生讲：到德国的中国学生太多，很不好找活干。读预科的想偷偷找点活儿干更难。她同屋的一个女孩好不容易找了份给人家打扫卫生的活儿，一星期下来，才挣 40 欧元。当地一份汉堡包售价 4.3 欧元，矿泉水一瓶 1 欧元，一份中餐炒肉片 15 欧元，一星期才挣 40 欧元，能顶多大用？更危险的是，一旦这种打黑工行为被警察发现，在护照上写个不良记录，学生考学或申请延长居住期都受影响。据说这些学生来德国前在国内参加的补习班里学的德语，到德国后发现基本不管用，得从头学起。

《华商报》上说 3 月 20 日，一位从青岛来的年近 30 岁张姓女学生坠楼身亡。她在国内已婚，2000 年 9 月来德国，曾在纽伦堡求学，2001 年 4 月来奥格斯堡参加 DSH（德国留学生正式入大学语言资格）考试，考取了一学期语言加强班，但是在最后考试中没通过。后来在私立语言学校继续上预备班，2001 年 9 月通过 DSH 考试在大学注册。她原在国内学习外贸专业，后在外贸公司工作，此女生死后被警方确定为自杀。《华商报》还报道：目前在德留学生面临一个很严峻的问题是学历认证。因为申请到德国大学上学的中国学生，必须已经过中国的高考，并有资格在中国上大学。由于一些高中毕业生，被中介公司以假的大学在读证明办理来德国学习德语，以期进入大学上学。这类作假事件被德国人发觉后，十分不满。要对来德国的中国学生重新进行学历认证，使有些学生面临中断学业遣返回国的困境。

很显然，美、英、德等西方国家，把教育当产业，让中国学生来留学，完全是有赏服务。国内有的家长，为了能让孩子出国留学，不惜节衣缩食、四下借债，近乎要倾家荡产才能支付孩子在国外高昂的学费。可是外国的大学并不好读，首先语言关就不好过。据了解有的家庭抱定，让孩子在国外混上几年，实在上不了大学，学一口外国语回国当翻译也行，这也太小视翻译这项职业了。在汉堡给我们当了半天翻译的周先生，上海人，今年 38 岁，来德国 10 年，至今未婚，看上去精神不甚振作。他自己说是个博士，我们问他愿不愿意回上海发展？他说中国目前富的富、穷的穷，形势不稳，回去怕碰上出乱子。我看他是想混出个名堂才衣锦还乡。

《华商报》上有两则广告：一个是征求做翻译，当一次口语翻译取费 30 欧元。另一个是画有一个祖露一只乳房的亚洲女郎应招广告，广告词曰："请大哥记住我们的电话，我们更热情、更大胆、更开放！"看来，欧洲并非华人生活的天堂。我们询问中国学生到德国留学是否容易？周先生说：你首先要弄明白让小孩出来的目的是什么。

晚上住汉堡 Meridien HOTEL（明华饭店）。明天一早我们要乘火车离开德国赴丹麦，意大利小伙子布卡拉明早要开着他的奔驰大巴汽车和我们告别，先返回阿姆斯特丹，拉上另一团游客返回意大利。这位高个子长着络腮胡的小伙子，敬业精神很强。每天早上先对汽车喊一句英文"good morning"，再把车身收拾得干干净净。他开车在欧洲各地行驶，车上装有卫星导航设备。只要将行车目的地输入键盘，显示屏上会自动显示出汽车目前所处的位置和前进路线。如果哪个地方堵塞交通，又会显示出怎样更改行车路线最为经济合理。车上还装有一个磁盘，记录着行车状况，是否超速，以备交通警察随时查验。据说一旦查出违章行为，对司机的罚扣金额是很重的。由于小伙子一路出色服务，临到分手，大家纷纷向他赠送小费。有的给他一些欧元，我和几位同伴每人送他 20 元人民币，小伙子一面说："谢谢"，一面说："中国钱"。听说到房间后，他找导游小李，把这些目前在欧洲还不能流通的"中国钱"兑换成了欧元。

4 月 6 日　汉堡——哥本哈根

早上 6 点离开明华饭店，7 点 28 分乘上开往哥本哈根的火车。开到普特加登火车乘轮船过海，抵丹麦格陵兰岛后继续向北行驶，下午 1 点到达哥本哈根车站。

丹麦王国，位于北欧北海与波罗的海之间，由日德兰半岛和菲英、西兰、博恩霍尔姆岛等 480 多个岛组成。陆地面积 43094 平方公里（不含格陵兰岛和法罗群岛），人口 520 万，居民 96% 为丹麦族，97% 信奉基督教路德宗，官方语言为丹麦语。

丹麦是两次世界大战的中立国。丹麦地势低平，平均海拔约 30 米，海岸线长 7474 公里，多峡湾，海洋性气候，年均降水量 600 毫米。经济上属发达工业国，国民生产总值约 1453.84 亿美元，人均 28000 美元。农产品加工、机械、造船、化学、电子、轻纺等工业为经济主体，牧业次之，渔业属世界十大渔业国之列，外贸为其经济命脉，主要贸易伙伴为欧共体。

　　地陪导游上官联，一位在丹麦已居住了20多年的中年华人，说起话来风趣幽默，声调抑扬顿挫，坐在汽车上听他讲解，很像听单田芳说评书。据他介绍，早在公元7到12世纪，现在的丹麦、挪威和瑞典处在史称维京时代。维京（海盗的音译）人威风八面，控制着从汉堡以北包括法国、德国沿海的广大地区。北欧海盗曾三次洗劫巴黎。公元900年丹麦海盗统治了英格兰、苏格兰，并发现了格陵兰。冰岛1925年才脱离丹麦独立。格陵兰至今仍是丹麦王国的属地，那里有5万爱斯基摩人居住。爱斯基摩人与丹麦人享受一样的社会福利，有了大病要用飞机接到哥本哈根治疗。丹麦每年都动员格陵兰独立，可是爱斯基摩人不干，因为他们每年要接受丹麦政府10多亿克朗的资金补贴。还有一个法罗群岛，原来也要求独立，丹麦答应给它4年过渡期，每年给10多亿克朗财政补贴。法罗群岛代表提出将过渡期延长到25年，而且要保留后悔权，等自己后悔了还可回归丹麦。双方为此至今没谈拢。

　　丹麦农林牧业发达。它培育的冬小麦，在严寒风雪下照样生长，它每年出口的圣诞树（枞树）创汇几亿克朗，农产品创汇500亿克朗。其中年出口生猪2000万头。这里奶牛产奶丰富，多了就让奶牛喝鲜奶。有一个笑话，讲埃及引进了几十头丹麦奶牛，但是不久死掉了，丹麦派专家去咨询，一问才知道埃及人只知道牛吃草，不给它们喝牛奶，奶牛营养不良饿死了。丹麦医药工业在全世界知名，胰岛素就是丹麦发明的，此外助听器、气象研究、航天技术研究、风力发电技术也很出名。目前风力发电技术出口占国际市场的60%，本国风力发电量已占全部电量的15%，预计10年后占40%。

　　丹麦人填履历表比别的国家多一栏，即"离过多少次婚"。一个丹麦人一生结婚五六次是很正常的事，以至于一个家庭的孩子分为你的孩子、我的孩子和我们的孩子等不同称谓。丹麦夫妇，生一个孩子政府每月补贴1.4万克朗（丹麦克朗币值略小于人民币），一家人光吃不做也花不完。此外，政府还给孩子送宝宝车、送红包、派懂得护理孩子的年轻姑娘作保姆。孩子大了上学校念书，成绩采用13分制，5分以下不及格，没有12分，其余分越高成绩越好。孩子逃学，学校不找家长而告诉警察。由警察到家里询问，如果责任在家长，则把孩子带走，委托有责任心的家庭替你代管孩子，再不行就送到孤儿院托养。孩子长到18岁，就离开父母，自己闯世界了。

　　丹麦人民族意识很强。前年举行全民公决，56%的人要求不加入欧元区而保留丹麦克朗，瑞典和挪威也都没入欧元区，但这三国又都是欧盟成员。

在丹麦人的住房门上，90%以上有旗杆，家里一有喜事便升国旗，连生日蛋糕上也要插上一面丹麦国旗。

地处哥本哈根北郊的古堡皇宫始建于1614年，是由人称丹麦建筑王的克里斯汀四世建造的。此人16岁父亲去世，18岁登国王宝座。传说登基那天，场面豪华，要求花园的喷泉里要喷出酒来，登基的路上要撒满金币和鲜花。他一生共有5位皇后，23个子女，其中一个皇后与他生活13年，为他生了13个子女。在这座保存完好的古堡里，有不少是清朝康乾年间的瓷器和家具，可见当时中国的这些工艺品已成为欧洲王室的珍藏品。

历史上丹麦王室与英国、意大利、奥地利和俄国等国王室曾经联姻，正如恩格斯指出的："结婚是一种政治行为"。欧洲各国王室用儿女联姻的方式结盟，目的自然是维护其封建王朝的统治。如今的丹麦小王子的王妃，有四分之一中国血统，她的爷爷是中国人。王妃原在中国香港做健美教练，小王子到香港观光，俩人一见如故，结为连理。据说结婚时两人资金不足，没有花国家的钱，丹麦人自愿为小王子婚礼捐款促成了这一举国大典。

克伦坡古堡，一座扼守波罗的海尼勒海峡西岸的丹麦要塞，对岸便是瑞典。过去从这里发出的或到岸的船，都要向古堡的主人纳税。谁敢不从，古堡上的大炮就会把他打个稀巴烂。

英国作家莎士比亚以此古堡为背景创作了著名戏剧《哈姆莱特》。如今那位丹麦王子为父报仇、忍辱负重、顽强斗争、敢于献身的英雄气概，早已传遍世界各地。丹麦政府准备拨2亿克朗，计划用10年时间将古堡修复如初，供游人参观。

尼勒海峡连通北海及北大西洋，虽然狭窄，但战略位置十分重要。丹麦和瑞典均是北约成员国，蓝天上的战机和海面上的舰艇，不用说还有岸上的导弹与水下的潜艇像立体天网，守护着海峡的安全，防范着波罗的海那边的老对手俄罗斯。生存还是毁灭？莎翁在当年借哈姆莱特之口向观众提出的质问，至今对于每个人、每个民族和每个国家来说，仍不失为一声警钟。

安徒生，丹麦著名童话作家。中国广大读者对丹麦和北欧严寒冬季的了解，大都是从他那篇《卖火柴的小女孩》中获得的。这位生于1805年死于1875年的大作家墓地坐落在哥本哈根市区一个普通的公墓中。位于闹市区的安徒生大道上，有一尊他的青铜塑像。塑像旁边的市政府广场上，人来人往，一支街头乐队在和煦阳光下奏着悦耳的东方乐曲。在一旁驻足欣赏的人们，既有北欧人，也有土耳其人和巴勒斯坦人。

据导游介绍，丹麦和欧洲其他地方一样，在五六十年代大规模城市建设时期，缺乏劳工，从土耳其招了一批劳工，巴勒斯坦人则是作为难民流落于此地。今天在街上看见两个小伙子打着巴勒斯坦国旗在街上游行。在我们投宿的旅馆中看电视时，见还有一个阿拉伯语频道，可见阿拉伯人不仅在法国、德国、荷兰，就是在北欧国家也有相当的定居者，在政治、经济、文化生活中已有一定影响。

4月7日　丹麦

今天是星期日，哥本哈根大小商店一律关门休息。

丹麦法定每周工作37小时，超时工作的人要罚以重税。昨天从克伦坡古堡返回哥本哈根，路经几十公里的海滨大道，一栋栋风格不尽相同的小洋楼滨海而建。丹麦人不大讲究吃，但是讲究住。有的房子尖坡小顶，房顶上是修缮整齐的草，草下却是瓦片或钢板，房前小花园收拾的干净利落。据介绍这些精美房舍的装修、维护，大都是房主人自己动手干的。不论是什么职业，在岗位加班加点纳税太重得不偿失，请工人修理房屋工钱太贵。丹麦人有空除了外出游玩，干脆在家修整自己的小院。

北欧三国的福利，比西欧国家还高。丹麦和挪威，一个没任何职业的人，一年救济金在八九万克朗，发到手再征40%的税金，所剩四五万克朗收入相当于四五万元人民币，完全可以过得很好。

在这几天考察中，我们发现了一个奇怪的现象。社会主义国家，曾设想生产资料公有制以后，人们的觉悟极大提高了，物质极大丰富了，可以由"各尽所能，按劳分配"过渡到"各尽所能，按需分配"。原来在这些发达的资本主义国家，人们并没有各尽所能，但他们已把按劳分配向按需分配推进了一大步，这是其一。其二，我们中国经过几十年探索，发现不能违背社会发展规律，不能搞"穷过渡"，社会主义大锅饭只能养懒汉，消磨人们的进取心。可是这里的资本主义大锅饭，把人养的更懒，由此引发的各类问题，如政府财政负担过重、企业人工成本偏高、移民问题突出、种族矛盾激化、社会风气败坏、治安日趋恶化、极右势力抬头等等，并不比我们所处的社会环境好多少。欧洲在以社会民主党、工党等中左派政治势力长期执政中，把马克思当年设想的在资本主义彻底垮台后产生的社会主义新社会里应该做的福利事业，在当今发达的资本主义社会里先期建立起来，很大程度上缓解了社会矛盾，延缓了资本主义社会的衰老死亡。相比之下，苏联东欧的社会主义模式，在种种不利的国际环境和内部尤其是上层变质的双重打击下，亡党亡国，败给了资本主义，让人家"和平过渡"过去了。这种你中有我、我中有你、你成了我、我成了你的沧海桑田社会变化，再一次证明了对立统一规律中说的：矛盾着的双方在一定条件下可以互相转化的道理。如果说，我们中国政府、中国的执政党为了适应已经变化了的形势，应该坚持改革开放、进行理论探索、调整结构、开拓创新、与时俱进的话，欧洲各国实际上也存在着对其政治结构、经济政策和社会生活进行调整与改革的问题。

上午，参观了丹麦艺术博物馆。该馆一楼，陈列着古埃及金字塔中法老们的大理石雕像、古希腊神殿上的诸神雕像。虽说是神像，实际上都是以现实生活中的真人做模特雕刻出来的。它们虽历经数千年风雨侵蚀、战火洗礼，但大都保存完好，栩栩如生。二楼陈列的是 18 ～ 19 世纪的一些名贵油画。三楼陈列的是 20 世纪的一些艺术珍品，也包括现代派的一些抽象画作。尤其值得称道的是在博物馆一楼前院，用玻璃和轻金属材料做成穹顶，在院中培育着多种热带、亚热带树木、植物和花卉，参观者可以安逸地在树下或台阶上休息，从高处望下来，宛如圣经中描绘的伊甸园。

这个博物馆的每层展厅的照明，均采用自然光或者仿自然光。光线从顶上照下来，明亮柔和，既有利于艺术品的保护，又给参观者以美好的视觉感受。

艺术博物馆内有不少美术工作者在大理石雕或石膏雕像前素描，练基本功。我想，徐悲鸿、林风眠等享誉世界的中国美术大师，早年到欧洲求学时候，当有不少时间是在这类艺术殿堂中，一笔笔素描、一幅幅临摹，才练就过硬基本功的吧。草稿三千，始得佳作一幅。艺术上从来没有机械的重复，别的事情又何尝不是如此呢！

丹麦王宫，由四座宫殿组成，是女王玛格丽特二世与两个儿子各住一座。下午我们参观时，只见小儿子（即有华人血统的王子妃的丈夫）所居住的宫殿上飘扬着国旗，说明王子夫妇今日在宫中。游人可以到宫殿门口，与守卫在那里的卫士合影。卫士正着方步，在哨位上来回走动，不主动也不反对游客将其摄入镜头。

鲁迅先生曾以嘲笑的口吻说过：南海圣人康有为，到欧洲考察了一圈，突然悟出那里经常弑君，是在于宫墙太矮的缘故。不过这里的王宫警卫，与中国清朝皇宫的重重门卫相比，也实在太简单了点。

下午 5 时，登上 DFDS SEAWAYS 号游轮前往奥斯陆。这家豪华游轮简直是一座海上浮动的大酒店，营业区域共 11 层，其中甲板下 5 层，甲板上 7 层。船上除设旅客包间外，还设有超市、电影院、夜间酒吧、各式大小餐厅、游泳池、桑拿浴、儿童游乐设施等。我们住的是两人一间的包间（也可以作四人间用，在墙上挂起有两张床），房间里有卫生间，能洗浴，比国内的软卧车厢还宽敞舒服。据说国内目前还没有这样豪华的海上游轮。

晚餐是船家提供的北欧自助西餐。烤牛肉、烤猪肉都不足五成熟，尤其是猪肉送进嘴里油渣咬不烂。火腿、熏肉、烤鱼、小龙虾、三文鱼、果酱、奶酪、牛奶、面包、提子、香蕉、梨、橙子、苹果（有青红两种）等，客人可随便享用，但是各类饮料、啤酒、咖啡、果珍和热茶则要另付费用，只有白水免费奉送。由于已出了欧元区，我们这一行人没有丹麦克朗或挪威克朗，拿美元兑换又挺麻烦（小额不兑换，大额兑成克朗又用不完），就没再要什么饮料，好在这些天白水也喝惯了。于是乎在波罗的海尼勒海峡豪华挪威游轮上，出现了一桌 10 位中国人，吃自助西餐喝凉水的壮观场面。大家兴趣蛮高，吃了一盘又去盛一盘，一顿晚餐从 6 点吃到 8 点多。其间只是导游小李要了一杯啤酒，山东老张年纪稍大，怕坏肚子，要了一壶咖啡，30 克朗（相当于人民币 30 元）。

船上超市夜间生意红火，其规模相当于国内一间中等超市，各类生活用品齐全。乘船的挪威人大包小包地选购物品，大概价格比奥斯陆便宜些吧。

4 月 8 日　奥斯陆

上午 9 点抵达挪威首都奥斯陆（OSLO）港。船方从 7 点开始提供早餐，食物品种不少，热茶、咖啡、果珍和开水也不再另外收费。晚餐、早餐，规矩不一，真有点匪夷所思。

挪威王国，位于北欧斯堪的纳维亚半岛西北部，面积 38.69 万平方公里，人口约 434.8 万，居民 98% 为挪威人，信奉基督教路德宗为国教。公元 9 世纪形成统一王国，曾受丹麦统治并与丹麦、瑞典结盟。世袭君主立宪制，

1905 年独立，首任国王为丹麦人，王后为英国人，其子为挪威人，继任了国王。据说现在的王子妃与王子结婚前已有一个 3 岁的孩子，而且有吸毒史。她与王子结婚后，原来所生的孩子不能继承王位，但可以享受如终身免税等特殊待遇。挪威王宫，建在一面山坡上。今日王宫上空国旗飘扬，说明国王在宫内。山坡下的王家花园，实际上是一片树林，至今树叶还没长出，地上仍是"草色遥看近却无"的景象。

挪威国土狭长，北部有 1/3 位于北极圈并有"白昼"现象。西濒北海，海岸线曲折，拥有众多良港，东部纵贯斯堪的纳维亚山脉，领土 2/3 地区在海拔 500 米以上。

挪威经济发达，国民生产总值 1143.28 亿美元，人均 2.63 万美元，居世界第五位。工业主要有石油、电力、冶金、化学、造船、采矿、造纸等，交通以公路和海运为主，是世界海运大国。

当地导游林小姐，29 岁，在此地大学三年级读书，曾在国内航天工业部工作过。据她讲，挪威语与丹麦语、瑞典语相似，与英语相近。所以挪威人英语水平很高。

北海油田，于 60 年代后期开始采油。目前挪威是继沙特阿拉伯之后，世界第二石油与天然气出口国。

挪威造船工业发达，两星期前刚交付的一艘海上旅馆式的游轮，有 100 多个套房，向社会个人出售。每套售价 100 万 ~ 200 万克朗。挪威人平均每 7 人已拥有一艘私人游艇。奥斯陆市政府为促使空气净化，向市民提供电车、轮船等公共交通工具，这些公交车船月票通用。街上跑的出租车是奔驰车。这一点与欧洲其他国家相同，私人汽车大都是些实用性的节能型的，街上跑的高档豪华车往往是出租车。

挪威铝镁工业发达，其出口对象主要是德国。有一次挪威铝镁工厂工人罢工停产，使德国奔驰公司大伤脑筋。

洛格纳公园，为挪威著名的雕塑家洛格纳创作的人体塑像集中展览园。这位艺术家用毕生心血，将人的一生，包括生老病死、悲欢离合、追求感悟，用男女老少各类身体塑像，组合成一座座艺术作品。其中 58 铜像和人生柱子最具有特色。我们看到，一些教师带领一群小学生到此参观。北欧人性格开放，父母、教师通过各种方式教育孩子从小就懂得人生男女之事。一家大小几口一块洗桑拿浴是很正常的事。饭店对客人免费开放的桑拿浴房里，男女同浴，不为奇怪。

海盗博物馆里，展示出海盗时代一艘名为奥斯伯格号的海盗葬船。船主是一位女海盗王。船上发掘出来的武器装备，可以说明至迟在公元1200年前后即中国宋元时期，这些横行在英吉利海峡两岸，曾三次袭劫巴黎，并将其占领的一个地区命名为诺曼底即意为挪威人的北欧海盗们，使用的仍是大刀、长矛、弓箭一类的冷兵器，中国人发明的火药还没传送过来。

挪威著名戏剧作家易卜生(1828～1906年)于1879年发表了《玩偶之家》又译《娜拉》。娜拉当初是满足地生活在所谓幸福的家庭里的，但是她渐渐觉得：自己是丈夫的傀儡（玩偶），孩子们又是她的傀儡。于是觉悟了，毅然离家出走。这部戏剧曾在东西方各国广泛上演，被称为讴歌妇女解放的代表作。但是娜拉出走后怎样？剧作家没作回答。中国著名的思想家、文学家鲁迅先生于1924年就曾深刻地指出：娜拉走出家庭后，首先要有钱吃饭穿衣能生存下来。妇女在社会上首先需要求得经济权，还需要逐渐取得其他更多的权利。否则即使走出家庭，也还会沦为社会其他人的傀儡。鲁迅先生还教育妇女们参与社会改革要有顽强不屈的韧性，不怕牺牲。可是事物的发展往往也很有戏剧性。在今日中国，尤其在城市，人们欣喜地看到，妇女们大都从围着锅台转的状态中解放出来了，但不幸的是，往往又把丈夫们拴在锅台旁去了。西方妇女解放运动情况如何呢？导游林小姐介绍：目前挪威市政府里，已有40%的女性任职。前天在丹麦听导游上官先生说：现在欧洲女性抽烟的比男性多，起源于60年代的女权主义。男人踢足球，女人也踢足球，男人抽烟，女人也抽烟。为了表示男女平等，男人光膀子上街，女人也光膀子上街，丹麦竟然有一阵子连乳罩也卖不出去了。

奥斯陆市政府大厅，是每年诺贝尔和平奖颁奖的地方。这里平时供游人参观。站在诺贝尔奖的讲坛上，面对空空荡荡的大厅，我忽然想起这项初衷也许并不错的奖项，如今成了西方政治家手中政治斗争的武器。戈尔巴乔夫放出新思维搞垮了苏联，站在这里领了和平奖。达赖喇嘛叛逃在外，投入他人怀抱，满世界鼓吹西藏独立，攻击诬蔑社会主义祖国，站在这里领了和平奖。以色列的拉宾和巴勒斯坦的阿拉法特，在这里签署和平协议，分享了这一和平奖。如今拉宾已被本国极右翼势力枪杀，阿拉法特在沙龙枪口下命运无常。阿以冲突愈演愈烈，无辜平民连遭伤害，协议早成空文。和平何在？得奖何用？

在奥斯陆市政厅礼品陈列室前，摆放着各国城市送来的纪念礼品。北京和奥斯陆已结为友好城市，我请导游林小姐告诉我们北京市赠送的礼品在哪里？林小姐说："别的国家送的是金银玉器，北京送的是一件小瓷器，不好意思"。原来北京市送给奥斯陆市的是一件《西厢记》张生与崔莺莺的白瓷器人物像。出了市政厅大楼，我告诉林小姐，这件瓷器意义非凡，不是不好意思而是很有意思。下次你应该这样对游客们解说：这对美丽的中国古代才子佳人向我们表明，中华民族是个历史悠久、文化丰富、讴歌爱情、向往和平的民族。因为这件工艺精美的中国瓷器告诉我们，早在 12 世纪前后，北京作为中国金朝、元朝的都城，已经形成了今日的城市格局，成为被意大利马可波罗所赞扬的当时世界上最繁华的都市。当时的北欧刚刚结束海盗时代，接受基督教文化的传播。《西厢记》是元朝中国大戏剧家王实甫创作的一部名剧，所描写的故事是发生在公元 8 世纪也就是北欧海盗刚刚兴起时期，中国唐朝一对青年男女在聪明的女仆帮助下，大胆反抗漫长的封建社会形成的礼教道德，追求恋爱自由、婚姻自主的曲折故事。《西厢记》比易卜生的《玩偶之家》要早问世五六百年，在世界戏剧史和文学史上占有重要位置。这也说明，作为有 5000 多年文化传统的中国首都北京，赠送给挪威首都奥斯陆的礼品，是任何金银财宝都不能比拟的艺术珍品。林小姐惊讶地说：真想不到这其中包括那么多故事！欧洲几天考察下来，如丹麦上官联先生那样的高素质导游实在不多。我们的全程导游兼翻译小李，对中国已成为世界上第一钢铁大国、第一水泥大国、第一粮食生产大国和第二有色金属生产大国等信息竟然感到惊讶。说起来是由于我们自己的旅游及对外宣传部门工作不到位。许多时候、许多地方，在别人出我们的洋相时不能予以反驳，主动宣传的功力就更差。

奥斯陆已举办过两届冬季奥运会，还在积极争办第三次。这里平时生意清淡，一些迪斯科舞厅等一星期最多开两三天，平时没人光顾。饭店、旅馆在 6~8 三个月旅游旺季旅客大增，生意红火。德国汉诺威、柏林、法兰克福等地，经常举办展览会，不光是推销他们的商品，也是为了促进第三产业。

下午从街上返回所投宿的 RAINBOW　HOTEL（天虹饭店）不久，天空下起小雨，到 6 点钟却又放晴。夕阳下的奥斯陆湾里，蔚蓝色的水面上行驶与停泊着各色大小船只，高低起伏错落有致的各类建筑依傍海湾而立，在雨后的斜阳里光彩熠熠，远处是绵延不断的覆盖着森林的山峦。好一座漂亮的北欧海滨城市！

4月9日　挪威——斯德哥尔摩

上午 9 点 40 分，乘大巴汽车离开挪威前往瑞典首都斯德哥尔摩，全程 580 公里。

早上离开旅馆时，出了一个小插曲。导游在与总台结账时被告之，有一个房间看了 PAY-TV（自费电视频道），需要付费。而在该房休息的团员则一再解释 5 点钟醒来，只看了电视，并没看自费电视，双方僵持不下。人家调出电脑记录，记录上显示 5 点 40 分曾打开过自费频道，而且以后还不止一次打开过。大家分析，使用这里电视频道调控开关，在电视屏幕上有挪威文或英文显示，你如愿意付钱看，请按下 YES 即 1 键；不愿意请按 NO 键即 2 键。两键相连，你有可能没看清楚而按错，再者一旦按下去，不管你看不看，看多久，都需要付一样的费用。你看一眼和看一夜都是美金 13 元，约为人民币 108 元。最后我们的团员只好认倒霉，交款走人。在国外，由于情况不熟悉，也算交了一次学费。

大巴车由西向东翻越斯堪的纳维亚山脉。山不高，但是森林植被很好。山林一片连着一片，显示出有人精心修整、砍伐、管理的痕迹。没有林木的山头，也是岩石裸露，少见泥土。一些家庭农场散落在较为平缓的山坡上，看得出刚刚春耕春种过。公路两旁，不时出现大小不一的湖泊。透过车窗，像一幅幅精美的风景水彩画面不停闪过去。这次到欧洲十几天，驱车数千公里，见过村舍、农田无数，除了看见几台在田野里耕种的拖拉机外，没见过一个闲散走动的人。与 1998 年到俄罗斯远东地区不同，连老人、妇女和孩子在农村房前屋后也没见出现。这里的土地和我国黑龙江一样，是黑土地。不同点是黑龙江在北纬 50°，漠河在 55°，而奥斯陆和斯德哥尔摩则在北纬 60°。由于冬季漫长、多雪，人口稀少，又濒临北海和波罗的海，可能是在斯堪的纳维亚山脉形成长年不干涸的山区湖泊的主要原因。

中午在距斯德哥尔摩 290 公里名叫卡林的瑞典小镇午餐，中餐馆名叫北京饭店。我们刚吃过，又一个中国团队到此就餐。人们说，如今世界上，只要有人住的地方，只要有三家店铺，就一定会有一家中餐馆。团长说有次到澳大利亚一个小岛上，还看见一家中国餐馆。那天在哥本哈根香港龙餐馆就餐，老板已年过60，是从中国香港经英国到丹麦谋生的。他说，原来丹麦人对华人很好，近几年来了许多福建青田人、浙江温州人，多是偷渡来的农民。原来在家务农，到这里什么也不会干。他们在中国也没吃过甚至没见过中餐几大菜系的名菜，到这里找餐馆打几天工，不两年就自任大厨，做起中国名菜了，实在败坏中国菜的声誉。这帮人还经常打架斗殴，败坏社会风气，让人家看不起。昨天在奥斯陆一家中餐馆，招牌上写着四川风味，进去吃了却淡然无味。一个大厨模样的中年汉子抱着膀子从操作间出来，连问菜味怎样？吃好了没有？大家出于礼貌，连声说不错。可是出了店来，却又笑着说：这种四川风味餐馆在国内到哪去找！导游小李在欧亚旅游线上跑了近20年。他说十几年前，欧洲人吃顿中餐是一件很隆重的事。一家人穿着礼服，刻意打扮一番才进中餐馆的，吃一顿中国菜如同出席一回盛典。现在吃中餐则不当回事，饭菜质量越来越差，店家竞相杀价，欧洲人把吃中餐当作买便当，穿着裤头背心就进中餐馆了。这一问题应引起国内有关部门，尤其是驻外商务单位关注。饮食是文化。不管是中国内地人、中国台湾人、中国香港人和东南亚其他华人，在欧洲人眼中，都是黄皮肤黑头发的中国人。不论是合法移民或偷渡者做的中国菜，吃到顾客嘴里只有味道好坏之别，没有合法与不合法之分。是否可以采用一种合适的方式，由驻外商务部门和国内有关部门合作，帮助培训在国外开设的中国餐馆的老板厨师，提升中国菜在国外的品位和声誉。

考察接近尾声，大家都寻思着把手中不多的外币购买什么样的纪念品回去安慰夫人、奖励孩子和送给朋友。同行的老张，刚刚在德国看了女儿，又想到给妮儿她娘买双皮鞋，让老伴也洋气一回。在奥斯陆，他看中了一双鞋，花500克朗买下带回旅馆。晚上散步时，又在另一家商店见到这种平底、奶油黄色配上咖啡色的皮鞋，细心地让马翻译官给看看产自何地。老马翻开商标，见上面写着："Made in Macao"。我插嘴说"Macao就是澳门！"有人马上安慰老张。回去告诉夫人，从遥远的北欧给她买回一双澳门产的皮鞋，是一种很好的纪念。那天在一家商店看一套黑色女式西装，做工十分考究，我和朋友打赌，可能产自中国，一翻商标果然不错。总的感觉，中国制造的服装、纺织品、鞋类、家用电器等，质量并不差，但中国企业品牌意识不强，广告推销力度更小，往往在欧洲商店里是好货卖了个贱价钱。同样一件商品，甚至同为中国一家企业生产，仅仅贴上世界名牌商标，身价倍增。这一问题，很值得国内厂家深思。

瑞典，公元 1397 年与挪威、丹麦一起成为联邦，以丹麦为主。1814 年拿破仑战败，追随拿破仑的丹麦在国际角逐中失色，将瑞典割让给了挪威。瑞典全国面积 45 万平方公里，人口 874 万人，居民多为日耳曼族，讲瑞典语，国教为基督教路德宗。国民生产总值 2064 亿美元，人均 2.36 万美元。工业有采矿、造船、冶金、化工等。瑞典有欧洲锯木场之称，供应欧洲木材。首都斯德哥尔摩，瑞典语和英语的意思都是围栏围起来的岛，市内有 1000 多座桥将各岛连成一体。

晚上投宿 Stockholm New World Hotel（斯德哥尔摩新世界饭店），此店属 Best Western（百斯特威斯顿，直译为西方最佳）集团，是中国人开的店，但服务人员是瑞典人。旅馆地处斯德哥尔摩城郊火车站旁。旅馆内招牌上有中文，墙上装饰多为国画，如仿的清明上河图、徐悲鸿的群马和黄山山水。进房间有回国进家的感觉。而且电视中 PAY—TV（收费电视）有一个频道可收中国中央电视台四频道节目。因为只住一夜，中央台的几位播音员都是熟脸，我和同伴刘先生没去交费，听了中央四台半个小时的新闻报道，画面则被罩住了。离开国门十几天，在西方深深感觉到他们的新闻导向性，或者叫倾向性十分明显。我们中国 13 亿人口，面积如欧洲十几个国家总和，每天有多少新闻，可是在这里报刊上、电视里极少报道。人家自己的东西，或者是对他们有利的事，大肆渲染，不惜版面与时段，针对性、时效性非常突出。在奥斯陆看英国 BBC 电视新闻，对江泽民主席访问德国的报道镜头一晃而过，连江主席的随行人员是谁都没看清，接下来却是"法轮功"一群人手执抗议牌静坐示威的画面。这伙邪教徒实在有辱国格。记得当年国家还没宣布其为非法邪教时的一天早上，我与夫人早晨散步，在机关大楼前面见一群人在练什么功，一条横幅上写"法轮功是上乘佛法"。我当时说：佛教只有大乘佛法与小乘佛法两大派。从没有见过有什么上乘佛法、下乘佛法的说法。其中小乘佛法在目前东南亚一带传播，这一派自称为上部座佛法，也就是高僧佛法。其教义的核心是渡己，即要求佛教徒自己先修身向佛，有点"狠斗私字，从我做起"的味道。大乘佛法在中国、越南、日本、朝鲜等地传播，其教义的核心是渡人，就是要有"胸怀世界，普渡众生"的宗旨。禅宗是大乘佛教与中国儒家文化结合的产物，是中国化了的高级佛法学派，是美声唱法。净土宗是大乘佛法的普及化,如通俗唱法。信徒们只要念一句"南无阿弥陀佛",就算念了一部经典,所以在日本与中国老头老太太等一般信众中流传较广。翻开佛教史,从没有上乘佛法一说。你是上乘,谁为下乘呢?佛教大家赵朴初居士,生前是中国佛教协会会长,曾在一份有关"法轮功"活动的材料中留下"依佛外道"的批语。想不到这个外道跑到国外依附于洋人,给中国造孽了。

在境外只见有人出丑少见我们自己的正面报道,恐怕也是相当一部分外国人对中国及中国人产生误解的重要原因之一。我们自己的外宣部门或者驻外文化传播部门,应该像国务院新闻办公室在法国卢浮宫赞助出版中文游览图那样,改进工作方式,加大工作力度,在世界重点城市、重点旅游点或者至少在有中国餐馆的地方,用报纸、广告、宣传画册、光盘、录音带等各种方式,正面宣传中国,使在国外的华人,对祖国的面貌有比较清楚的了解,使外国人认识到真实的而不是歪曲的中国,知道中国人生活、工作乃至改革开放的真实情况,最大限度地让那些在国外吃着洋人面包、喝着洋人牛奶,整日造谣生非诬蔑祖国、辱没祖宗的民族败类颜面扫地。

4月10日　斯德哥尔摩

斯德哥尔摩是北欧最大的城市,由14个岛屿组成。市政厅在国王岛上,贵族岛为老城所在地,"栅栏围起的岛"即指此处,东岛为最大岛。当地导游邹女士是一位入了瑞典籍的华人,12年前到此地,丈夫为瑞典人,有一个12岁听得懂也会说中国话但是不会写中国字的孩子。邹女士介绍:斯德哥尔摩的建筑,古典式的大都建于17世纪前后,现代派的建筑则建于20世纪20年代以后,所以斯德哥尔摩比北欧其他城市显得更现代化一些。城市人也多,店铺林立的街上游客来来往往,很是热闹。

面临美拉隆湖的斯德哥尔摩市政府办公楼,是一座始建于1911年建成于1923年的仿古罗马式建筑,可是左边门楼塔尖上一弯金色的新月,显然是借鉴了伊斯兰建筑风格。市政厅左下侧的"蓝厅"按原来设计,内墙面要涂成天蓝色。在施工中,建筑师发现被工人敲打成坑坑点点、不加修饰的红砖墙,更能体现古罗马朴实的建筑风格,于是不再进行粉刷,但是"蓝厅"的名称被保留了下来。这个大厅原是设计为露天,后来为遮风避雨,在上面加罩了一块巨大的白布。这种装修，既经济实用又别有风格。右上侧二楼的"金厅"，是因为内墙全部采用夹着 24K 金箔的马赛克镶嵌而得名。这里是每次诺贝尔物理、化学、医学、经济和文学奖颁奖会后的舞厅。据说，能挤身于学界政界名流之间，与其联翩起舞，是瑞典乃至世界上许多年轻人十分羡慕的事，尽管入场券售价高达 800 ~ 900 克朗，仍需提前预订才可能如愿。

诺贝尔（1833~1896 年）是瑞典著名化学家，黄色炸药 TNT 的发明人。据说诺贝尔设立奖励基金，很有一点戏剧性。有一年，他哥哥死后发了讣告。因为诺贝尔是家族的姓氏，有人在报上发表文章说那位发明了烈性炸药使成千上万人死于非命的家伙终于死掉了，仁慈的上帝是不会让他的灵魂升入天堂的。这件事使活着的化学家诺贝尔大伤脑筋。他发明烈性炸药的初衷是要造福于人类而不是用于战争。思前想后，他决定死后将一部分遗产设立基金，用其中利息来奖励对人类有重大贡献的科学家。

昨天驱车来瑞典的路上，导游小李介绍说达赖喇嘛和高行健已获得诺贝尔和平奖和文学奖，也算让中国人沾了点光。我当即驳斥说这是对中国人的侮辱。达赖叛逃在外，鼓吹西藏独立，分裂祖国；高行健在中国文学界根本排不上名次，到法国写文章丑化共产党和新中国，数典忘祖，身为中国人有什么光可沾？小李惊讶地问："这位先生在国内是不是搞政工的？"我说："不是"。我说这些仅仅是出于一个普通中国人的义愤之情。同行的武汉李健民是个政工干部，他婉转地说："高行健已成为法国人，他得不得什么奖与中国无干系。"杭州刘和平劝我们不要争论，说将来中国富强了，也可以在世界上设奖，按我们自己的标准评奖。斯德哥尔摩市政厅里有一幅巨大的丝绸的挂帘，是瑞典人在国际招标采购时，被中国杭州一家企业中标制造出来的。挂帘表面没有生产厂家标志，但原来设计的人物脸谱被杭州人巧妙地更改为东方人的脸型，仔细一看基督教的天使更像是中国敦煌壁画上的飞天。

北欧是社会民主党长期执政的地方。也许是列宁当年对鼓吹"议会斗争"、提倡"合法马克思主义"、幻想"资本主义和平长入社会主义"的第二国际社会民主党人进行了无情的批判，成立了第三国际，创立了列宁主义。这里的社会民主党人似乎秉承祖训，至今仍把列宁和坚持列宁主义的中国共产党人视为意识形态上的天然对手，对中国的内政外交不乏批评刁难之举。1906 年 4 月，俄国社会民主工党在斯德哥尔摩召开了第四次代表大会。出席会议的代表中孟什维克占了多数，布尔什维克虽然处于不利地位，经过激烈的斗争，列宁提出的关于党章第一条即党员资格仍在大会获得通过。列宁提出的条文是："凡是承认党纲、在物质上支持党并参加党的一个组织的人，都可以成为党员"。列宁的建党学说把党看作是有组织的部队，是工人阶级的先进的部队、觉悟的部队、马克思主义的部队。党只有当它所有的党员都组成一个由统一意志、统一行动、统一纪律团结起来的统一部队时，才能实际地领导工人阶级的斗争，把它引向胜利目标。为此，列宁反复强调党要正确发挥作用和有计划地领导群众，就必须按集中制的原则组织起来，就需要有统一的党章、统一的纪律、统一的全党最高领导机关，需要少数服从多数，各个组织服从中央，下级组织服从上级组织。没有这些条件，工人阶级的党就不能成为真正的党，就不能实现领导本阶级的任务。1917 年，列宁要求党抛弃"肮脏的衬衫"，即放弃"社会民主党"这一名称，建议像马克思和恩格斯称呼自己的党那样，称呼布尔什维克党为共产党。身处在第二国际的传人北欧社会民主党基地斯德哥尔摩，回顾国际共产主义运动历史，使人更加认清了 80 多年前中国一批无产阶级革命的先驱，千辛万苦从欧洲取回马克思列宁主义的革命火种，创建了中国共产党的伟大功勋。党历经 28 年的前仆后继、英勇牺牲、努力奋斗，唤醒亿万人民群众，推翻帝官封三座大山，赶跑蒋介石，建立新中国，为国际共产主义运动史书写了极为光辉的篇章。毛泽东思想是马克思列宁主义与中国长期革命和建设实践相结合的产物。邓小平理论是在中国改革开放新时期回答了什么是社会主义、怎样建设社会主义的重要理论，是对马克思主义、列宁主义和毛泽东思想的新发展。江泽民"三个代表"理论，解答了执政兴国条件下建设一个什么样的共产党、怎样加强共产党建设的重大课题。中国共产党人开拓创新的勇气、与时俱进的理论，完全有能力领导 13 亿人民加速建设高度民主、高度繁荣的社会主义祖国，也必将为国际共产主义运动历史再铸辉煌。

在斯德哥尔摩街头，我忽然想起去年在日内瓦召开的联合国人权大会。十几天多方见闻，使人觉得西方人已将人权变成了手中玩物。欧洲人讲人权，完全是以自己为中心，许多时候自私到了上不顾父母、下不管儿孙、中不问配偶的程度，真正的我行我素，与我们东方人提倡的人伦道德大相径庭。而西方人每每攻击中国不尊重人权，往往是其政治斗争的需要。去年中国再次挫败了美国和欧盟在人权问题上的反华提案，美国还在人权委员会理事成员改选中落选。时任中国代表团团长乔宗淮，好像曾在瑞典当过一任大使。经询问导游邹女士，她说："不错，乔宗淮，乔冠华的儿子，在这儿当过大使。"我问她瑞典人对美国落选有什么反应，邹女士说："普遍感到惊讶，因为美国是人权委员会发起国，几十年来一直是理事成员呀！"我告诉她，国内对此普遍叫好，认为是多行不义必自毙的结果，不少人士评价乔宗淮："干的漂亮，不愧是乔冠华的儿子！"遥想当年，毛泽东、周恩来麾下外交爱将乔冠华，风流倜傥，活跃在国际外交舞台上。在联大一次发言中，乔老爷关于"联合国多年来发言盈庭，议案如山，究竟解决了哪些实际问题"的一声断喝，对这家国际组织的评论可谓一语中的、入木三分。20多年过去了，乔公子也率团出国，新朋旧友，干戈玉帛，折冲樽俎，喜讯再传。真乃后继有人，国家之福。

瓦萨（Vasa）博物馆，陈列着1961年从海底打捞出来的瑞典1628年建造的瓦萨战舰。这艘奉古斯塔夫二世奥德国王之命、费时三年建造的长69米、宽11米、通高51米的战舰，刚刚举行罢下水典礼，耀武扬威地驶出港口仅1300米，就遇风沉入30米深的波罗的海海底。有着悠久造船历史的瑞典制造出来的战舰，何以这样短命呢？原来国王为了加大战舰的火力配备，要求已经开工制造的舰体上再加一层船身。而战舰的龙骨是早已定型的，加一层船体使整条战船在海上失去了稳当的重心，一遇风浪立即葬身大海。可见不讲科学的瞎指挥外国也有，而且古已有之。

在博物馆外面石阶上休息时，我向导游小李解释了昨天旅途中的争论。这位长期在国外奔波的中国香港年轻人，至今独身，每年到父母身边生活时间也短。我告诉他，由于他和他的一些同事们长年在国外，对国内许多事情了解的不清楚，在外面听到人家对中国的负面评价多不足为怪。我长期生活在国内，虽然下了不少功夫，但是对国外的许多事情也还没搞清楚。这次有机会出来考察，了解到不少新东西。希望他今后回国时，抽时间到各地多走走，广交朋友，会对今后的导游工作大有帮助，也可以与中外游客找到更多的共同语言。比如我这次到了国外再回头看国内的许多事情，对祖国的未来更加充满信心，对自己的责任有了新的认识。小李对此表示赞同。

当地时间下午5点20分，我们一行10人登上SAS公司SK1409航班737客机离开了斯德哥尔摩，一小时后抵达哥本哈根机场。小李要留在哥城里住一宿，明晨飞赴意大利罗马接待另一个团队。姜团长带领我们9位同志于7点45分转乘SAS公司SK995航班767客机离开哥本哈根回国。临别之际，大家纷纷与小李握手话别，感谢他十几天的热诚服务。我对他说：希望他尽快找个媳妇让老爸老妈放心。祝他今后万事如意。小李高兴地与我们挥手再见。

从斯德哥尔摩飞回哥本哈根途中，飞机外面阳光灿烂。飞机下面时而碧海似玉，岛屿点点；时而村镇如画，山森幽幽。此情此景，不由使人再次无声吟诵起元帅诗人陈毅那首被毛泽东的大手笔修改过的《西行》名章：万里西行急，乘风御太空。不因鹏翼展，哪得鸟途通？海酿千钟酒，山栽万仞葱。风雷驱大地，是处有亲朋。

飞机再次飞离哥本哈根，天空渐渐变黑，时近深夜，我毫无倦意，大家早已归心似箭。清楚地知道在7万多公里遥远的东方，一轮红日正冉冉升起，万道霞光正普照着祖国大地。连日来，我们曾反复讨论，这次欧洲之行的收获是什么？有的说，是开了眼界，学了不少东西。有的说看了欧洲这么多的城市，但是还不如我们的上海、杭州、北京和许多城市的新区漂亮。有的说，欧洲人不但生活水平高，文化素质也高，看来不是一代两代人培育出来的。有的说，在国内我们经常遇到这问题那问题，到这里一看，他们的问题不比我们少。讨论来讨论去，大家体会最深的，是改革开放20多年的伟大成就在欧洲和欧洲人中间产生了巨大的影响，使国外国内的中国人找回了自豪感，想到了责任心。其中最大的感受，是明白了与发达的欧洲国家相比，今日世界上最有生机、最有活力的地方在东方、在中国。邓小平那句"发展是硬道理"的名言，十分准确地概括了当今中国的基本国策。大家说，按目前的发展速度，再干20年，如果有机会再次到欧洲看看，就一定会觉得收获更多，感受更深。

现在不少年轻人向往欧美，想去国外。而不少到了国外、到了欧美的人生活一段时间后反而更加怀念中国，更想念祖国的社会生活、文化艺术和伦理亲情。国际上反华排华的势力多年来想用西化分化搞垮中国，是痴人做梦。至少说明他们不了解中国，不理解中国人，不懂得5000多年古老的中华文化与世界上先进的文化、先进的科学技术结合起来后，已经并且还将会对世界文明史再次做出巨大的贡献。世界历史上曾有过四大文明古国，其中三家的文化传统断档了，唯独中国的文化传统绵延不绝，逐步发扬光大。这足以说明博大精深的中华文化有着很强的亲和力和吸纳力。依我看，西化分化的梦想，到头来会适得其反。50年后、100年后，西方先进的东西将会化入我们的中华文化。西方没落的东西将会被我们化掉。我们先进的东方文化一定能不断地教化那些浅薄浪浮、趾高气扬的西方人。著名社会学家费孝通说过："当今需要一位世界级的孔子。"我看这位世界级的孔子还得出现在世界的东方。

中国经过十几年的努力，已经加入 WTO 参与经济全球化的进程。可是利害二字牵连着多少国家、多少民族、多少经济组织乃至多少人的心！有利害必然有冲突。我们的确应该按世贸组织的规则参与世界贸易活动，但是也不能天真地认为别人都会规规矩矩地对待我们。任何规矩都是人定的。中国人不能总是让外国人牵着走路。我认为，目前国际上经济冲突趋于白热化，政治冲突趋于民间化，意识形态冲突趋于复杂化，社会文化生活趋于多元化。这是我们无法回避的现实。对此应有清醒的认识，妥善的对策。腹中无良谋，麾下无干将，难免临事而惧，陷于被动。

4 月 11 日　北京

北京时间上午 10 点 30 分，中国冶金新闻考察团一行 9 人顺利回到首都北京。大家在机场握手言别，相约在各自岗位上尽职尽责，做出新的成绩。

（2002 年 3 月 28 日 ~ 4 月 11 日记，5 月 12 日整理）

诗文汇

大别山诗录

睡梦中我走上天安门广场

（1965 年春）

彩霞落山，
华灯初上，
夜色的首都春风荡漾，
人民英雄纪念碑耸入云霄，
天安门城楼壮丽辉煌……

登上纪念碑汉白玉基座，
欣赏一方方精美的乐章，
一个大胆的愿望浮出心头：
毛主席是否也散步在天安门广场？

蓦然回首，
奇迹展现，
毛主席真的来了，
就在我们身旁！

伟岸的身体，
和蔼的目光，
与我们一一握手，
如一位普通的老乡……

老人和大家席地而坐，

亲切地询问：

我们的年龄，

我们的家乡，

我们的学习，

我们的理想。

问我们可愿意为人民服务，

问我们可能够做祖国的栋梁，

亲切的话语在耳边萦绕，

似甘甜的泉水流入心房……

我们与毛主席在一起，

欢声笑语撒满广场……

突然一声金鸡鸣唱，

睁开双眼，原来是美梦一场，

睡梦中我走上天安门广场！

老人家那伟岸的身影，

那慈祥的目光，

那和蔼的询问，

那殷切的希望，

还历历在目，萦绕耳旁，

我呀，匆匆提笔记录下那难忘的时光。

注：笔者从 1962 年春进大别山新县一中读书，1963 年秋上高中。由于喜欢文史，按照老师指导，从 1964 年起通读四卷本《毛泽东选集》，逐渐对毛泽东同志产生崇拜仰慕之情。1965 年春天，忽然一梦进入北京，在天安门广场见到毛泽东同志，醒后写下这篇小诗。

同学少年，风华正茂，舞文弄笔，高人颇多，笔者学浅，这篇小诗，自难发表，久而久之，逐渐淡忘。

当是时也，"文革"未起，神州大地，火红世界，笔者荒梦，事出有因。

近50年过去了，笔者与同龄人一样，青春早逝，白发豁齿，垂垂老矣，不知为何，几十年前的旧作却突然记起。

展望今日，党中央新领导人强调，应该辩证统一评价改革前30年与改革以来30年，诚哉斯言！笔者作为过来人，真心为之鼓掌！

2013年"五四"青年节到来了，50年前的老青年，祝愿各位老友健康长寿，愿各位青年才俊，蒸蒸日上！

（2013年5月2日）

题青松

（1967年3月）

疾风暴雨等闲视
划破严冬向天指
傲然筋骨传千古
岩上青松是我师

挑米歌

（1969年夏）

哪怕暴雨似瓢泼
意志如钢心如火
挑米上山哈哈笑
满脸汗珠比雨多

注：当年，新县田铺公社红卫岭农场，山高沟深，坡陡土薄，80多位知识青年连年开荒，解决不了口粮问题，经常要组织人员到山下公社粮管所挑米吃。有一次我们几位知青下山挑米回来，天降大雨，雷电交加。由于害怕山洪暴发造成山上人员断顿，我们依然冒雨上山，赢得沿路群众交口称赞。

晨 曲

（1969 年夏）

红日出东方
清溪绕山庄
鸟鸣深树间
人浮白云上

秋 歌

（1969 年初秋）

落日归山霞敛彩
携笛披衣敞胸怀
潺潺溪水下山去
习习轻风拂面来
群峰浓淡依远近
繁星明灭闪天外
一日劳累随歌散
香飘已闻豆花开

夏 夜

（1970 年夏）

夏夜窗前凭南风
欲睡几番梦不成
看穿皎皎明月光
听尽阵阵蛙虫声

注：当年知青陆续被招工回城，本人两次无缘，心情沉闷。

洛阳游

（1972 年夏）

轻车驶过伊洛河
一路欢笑一路歌
初识龙门山水秀
难数洞中万尊佛
红卫岭上插友亲
牡丹城里故人多
明日挥手洛阳道
再会来年听琴瑟

注：洛阳工学院（今河南科技大学）工厂里，有二三十位当年战天斗地的插友，我们的知青农场，在黄毛尖上，名为红卫岭知青农场。我第一次到洛阳，一帮老友陪同到龙门石窟游玩，因有此作。

读范文澜《中国近代史》感怀

（1973 年 11 月）

一部近史，满篇血泪，国误鞑虏。叹峥嵘故岁，豺狼逆横，人民凌欺，云黯神州。三元平英，金田起义，赫赫功名垂千秋。恨群魔，强瓜分中华，铸我深仇。

屈辱已成过去，喜东方巨人惊亚欧。举猎猎红旗，山河换旧；光辉思想，照耀宇宙。恩情似海，百族欢聚，团结胜利齐奋斗。待来年，持长缨缚贼，笑看吴钩！

豫南春早

（2006 年春）

春雨滋润春草长

春风荡漾春花香

春兰春竹春燕舞

春树春藤春歌亮

春山春水春鸭戏

春田春秧春牛忙

春回豫南君知否

春茶春诗春韵香

晨　练

（2007 年 4 月）

绿水绕青山
蓝天映赤城
白发晨舞者
日日沐春风

陵　园

（2007 年 4 月）

革命精神代代传
老区容貌焕新颜
远客归来寻旧梦
方知陵园也卖钱

注：新县革命烈士陵园，建于 20 世纪 50 年代末。从 1927 年黄麻起义到新中国建立，人口只有 20 多万的新县，20 多年间前赴后继牺牲了 5 万多名烈士。笔者从 1962 年 13 岁起，在新县学习生活了近 10 年时间，曾经无数次进入烈士陵园，接受革命传统教育；许多亦师亦友的老红军战士，如今也已长眠于此。绿水青山，风光秀丽，使烈士陵园成为公众活动场所。这次回县，我一早起来拜谒陵园，再祭先烈，考问灵魂，不料大门紧闭，里面一块牌子上注明了售票开门时间。有感而发，打油一首，书赠予在县政府工作的老同学。

新县"一二八"40周年

（2007年1月）

四十年前一二八

大别山里闹喳喳

匆匆时光无情去

虎虎小将漫白发

回首莫笑天低树

放眼欣看映日花

遥祝兄弟诸事顺

四十年后再喳喳

附：

徐则挺老友和诗

人生舞台闹喳喳

愚来蠢往十之八

如来大肚由此长

无限玄机凭造化

大别山麓邯郸步

洪汝河畔西天霞

向晚尚得从容意

真率老友共品茶

嘉兴南湖

（1976 年 7 月）

海上风云黯故园
志士筹谋南湖船
镰刀斧头作号角
红旗指引换新天

西行十记

（2002 年 7 月）

洛　阳

烈日知我欲西行
剪块白云遮面容
轻车驰过洛阳道
洒下串串欢笑声

注：中原大地，连日酷暑。晨起西行，阴转多云，似有天意。

临 潼

苍苍骊山晚雨急
烈烈秦王地宫闭
世界惊看兵马俑
几人识得杨贵妃

乾 陵

省却脂粉造佛陀
登嵩封岳发浩歌
敢问几多伟丈夫
碑不留字任评说

注：相传，女皇武则天捐出 20 万贯脂粉钱，修造洛阳龙门卢舍那大佛。公元 696 年武后称帝，改国号为周，年号为万岁登封元年，登嵩山封中岳，改嵩阳县为登封县，其祭祀金版于近年出土。

法门寺

退之犯颜谏佛骨
贾桂唯诺不会坐
清风明月欣然在
笑与朴初诗句和

注：唐朝文学大家韩愈，字退之。元和十年（公元 820 年），唐宪宗倾举国之财力迎法门寺佛骨进皇宫，韩愈上表，犯颜直谏，称"事佛求福，乃更得祸"，

指出众多信徒为迎佛骨，"焚顶烧指，百十为群，解衣散钱，自朝至暮，转相仿效，惟恐后时，老少奔波，弃其业次，若不加禁遏，更历诸寺，必有断臂脔身，以为供养者。伤风败俗，传笑四方，非细事也"。此表惹恼宪宗，退之险遭不测，经众大臣力保，才落了个"夕贬潮州路八千"的下场。京剧《法门寺》中小太监贾桂，人家请他坐下，他却说"站惯了，不会坐"，毛泽东对此多有嘲讽。赵朴初居士，佛门大家，生前留句："生固欣然，死亦无憾。花落还开，流水不断。我今何在，谁欤安息？清风明月，不劳寻觅"。

黄　陵

黄帝陵前柏森森
两岸子孙皆寻根
祭祖何须香烟绕
共铸中华民族魂

注：是日台湾一青年寻根团也来黄陵祭祖。

延　安

巍巍宝塔俯红尘
枣园民歌颂亲人
夜阑喜讯到延安
爆竹声声贺奥申

注：延安宝塔上，留有古人石刻"俯视红尘"一方。当夜（7月13日）中国申奥成功，延安沸腾。

临　汾

万里黄河一壶收
车过吕梁颤悠悠
临近汾水地渐阔
山西原在河东头

洪　洞

跋山涉水奔此门
老槐树下觅祖根
汾水清清润华夏
洪洞县里多好人

注：京剧《女起解》有唱词"洪洞县里没好人"。

平　遥

京客秦士到平遥
蜀锦东珠任拣挑
由来晋商多儒雅
货不停留利自高

晋　祠

桐叶封弟巳荒唐
水母何曾佑晋阳

喜看愚公移山后

黑龙白龙走四方

注：相传，周成王剪桐叶戏封其弟叔虞，山西始称为唐，开国之君即唐叔虞。水母，晋祠供奉的女神。黑龙，晋煤外运专列。白龙，太原钢铁公司所生产的不锈钢卷板。晋地多山，货不畅流。近年来劈山填谷、凿洞架桥，修电气化铁路，建高速公路，打通关隘，加速了晋煤外运、晋货外销，从而振兴了经济，造福了百姓。

再游桂林

（2002 年 10 月）

又是金桂飘香时

青山秀水映芳姿

百里漓江展画卷

故友重逢觅新诗

有　感

（2003 年 10 月）

两河流域摆战场

牧童拿起旧刀枪

爆炸惊得军心散

不见妖姬别霸王

注：两河流域，伊拉克地处中东幼发拉底河及底格里斯河流域。

苏 州

（2004 年 6 月）

姑苏繁华地
少年梦游时
何日枫桥月
慰我莼鲈思

可敬天下父母心
——读郭启林《父亲》有感

（2006 年春）

篇篇读来尽情真
于细节处亮精神
扫却浮躁现淳朴
可敬天下父母心

五台山

（2006 年秋）

地分三晋聚一川
山立五台作道场
崇佛侫佛皆有缘
人间正道是沧桑

缙云寺

（2007 年 5 月）

江碧缙云翠
寺古竹径深
指点太虚台
慈悲汉藏心

注：重庆缙云寺，始建于南朝刘宋景平元年（423 年），俯视清碧的嘉陵江，隐于缙云山竹海幽径。1500 年来曾先后称名为"相思寺""崇胜寺""崇教寺"，受到历代帝王封赐。寺中自古办学，名为"缙云书院"。寺内现存有宋太宗诵读过的 24 部梵经。寺外石照壁上"猪化龙"浮雕，为六朝文物。另有出土的石刻天王半身残像，据传是梁或北周作品。

1930 年秋，曾任世界佛学苑苑长、中国佛教学会会长、中国佛教整理委员会主任的太虚大师"游化入川"（太虚俗名吕泳森，法名唯心，1889 ~ 1947 年），得知四川刘湘有"选派汉人入藏"之意，乃建议成立汉藏教理院，以研究汉藏教理，融洽中华民族，发扬汉藏佛学，增进世界文化交流，得到了渝州（今重庆）军、政、金融界知名人士的大力支持，遂选定缙云寺作校址，推选刘文辉为名誉院长、太虚为院长、何北衡为院护，共同组成汉藏教理院董事会。汉藏教理院号称世界佛学苑四大分院之一，办学20年学生遍及世界各地。太虚大师提倡"人生佛教"，言其根本宗旨在于：以大乘佛教"舍己利人""饶益有情"的精神去改进社会和人类，建立完善的人格、僧格。他常说："末法期佛教之主潮，必在密切人间生活，而导善信男女向上增上，即人成佛之人生佛教"。著名佛教大家、中国佛教协会前会长赵朴初先生，曾拜读于太虚大师门下；重庆佛教协会会长惟贤法师等，均是太虚法师的学生。缙云山顶狮子峰上今存太虚台，传为太虚法师练功处。五一长假，游人如织，太虚台上，指点江山，各有感慨。

戏赠彼岸朋友

（2006 年 6 月 3 日）

败军之将，不可言勇；
下台之辱，痛定思痛；
振兴中华，两岸称颂；
非分之愿，难免落空。

网上闲话

（2006 年 6 月 4 日）

今天得闲，网上很乱，魑魅魍魉，鬼哭狼喊；
青天白日，万里河山，改革开放，旧貌新颜；

功过是非，民心坦然，历史定论，岂可倒颠？

苟苟营营，世人笑侃，天下为公，先贤名言。

爱我中华，和平两岸，携手共奋，万众向前！

与知青老头唱和

（2007 年 11 月 29 日）

一

近日，见一网友名曰"知青老头"，诗词新颖，胡诌几句，聊作贺礼。

人老心不老，

知青曾年少。

今日上得网，

胜过大字报！

附：知青老头原作

十六字令（六首）

——怒斥台独六怪

扁

疯狂台独梦难圆。抡大锤，看准莫砸偏。

（一声响——扁！！！）

辉

始乱台岛老乌龟。纵然死，挫骨又扬灰！

廷

紧锣密鼓博选赢。别指望，太平间里挺！

昌

久混政坛迹肮脏。人皆知，贞昌是真娼！

莲

口大四处吃黑钱。明与暗，上下嘴不闲！

堃

躲进幕后还犯混。屁篓子，只欠捅一棍！

二

该说的话，说透；不该凑的热闹，少凑，忙时市场挣钱，闲来网上叙旧。大家方便，个人自由。

附：知青老头原作与和诗

七言——思念老斑竹

老汉上得坛来，半年有余，期间多得各位老版主指点迷津，提携帮助，余自感收获颇丰，有所进步。昨惊闻各位皆欲"离去"，异常震惊错愕！！茫然若失，魂不守舍！！念及诸位老版主以往眷顾之情，"叫我怎能不想他！"

夜间难寐，辗转反复，思绪翩翩。遂披衣挑灯，制七言一首，以表余思念之长情。不堪言慰留，仅望众老版主今后仍与网友们不离不弃，网上常在！

来是空言去绝踪，
银河巨星耀太空。
小城漫漫飘飞雪，
北风萧萧寒夜中。
在世青龙风云舞，
网上蜘蛛捕大虫。
敢教人在阵地在，
杀了喂猪也光荣！

京郊杂咏

(2009 年 12 月 24 日)

昔闻箭杆河

今聚瑞麟湾

庙堂忧稼穑

江湖盼平安

春计问天工

冬寒入温泉

晚风扶醉归

挥手拜新年

（作于北京顺义）

注： 1964 年，一部《箭杆河边》的话剧上演，传遍全国。

老友徐则挺和诗

冬令寒蕴暖

日影短复长

庙堂匹夫志

江湖野鹤翔

懵懂说马列

率性走大荒

知己平生慰

执手挽夕阳

庚寅诗抄

新　春

梅红鹊报喜

雪飞虎闹春

短信舞东风

遥祝添福人

阖家欢乐多

事业美似锦

殷勤再携手

努力常创新

老友杨圣德和诗

梅红鹊报喜

雪飞虎闹春

嫩柳舞东风

老松念故人

唯祝福禄寿

心愿美似锦

千山隔不住

万家爆竹鸣

元　宵

佳节闹元宵

彩灯映月明

四时常更替

雨雪岂无情
春回乳燕飞
冬去老骥行
虎头蛇尾否
笑问诸宾朋

注：庚寅元宵雨雪打灯。

端午歌

朝求升
暮求合
商海沉浮官场祸
人生经常不如意
三闾大夫牢骚多

十六过
六十过
端午也当六一过
正道沧桑有后贤
白发顽童应自乐

老友张春甫回诗

端午喜迎龙舟雨
初暑浸透清新
扶老携幼逛京城
圆明园池水
曾映半城红

百船齐发争上游
桨拍号声齐鸣

屈圣气节再恢弘

五千年文化

常在自省中

——春甫端午游园有感

和老友张建生诗

（2010 年 6 月）

屈子千年祀愈香

举国祭典君更忙

笑看秋月春花盛

野鹤闲云亦风光

——老友张建生，端午日出生，赋诗叹曰：

千年屈子名姓香

端午举国祭祀忙

我辈妄自占吉日

五十八年未沾光

中秋祝愿

月常在

云常游

花常开

水常流

老友常聚话常唠

是非常常争不休

儿不愁

女不愁

天不愁

地不愁

老人何苦常发愁

儿孙自忙儿孙事

你我日日乐悠悠

——庚寅中秋，齐力祝愿，

新朋老友，节日快乐！

注：齐力，苏俊杰笔名。

网友银河巨星回诗

海上生明月， 天涯共此时！

星光闪耀，皓月生辉，

中秋佳节，美满时刻！

懂得放心的人才能找到轻松，

懂得遗忘的人才能找到自由，

懂得关怀的人才能找到朋友。

中秋佳节到了，衷心地祝愿您，

我的朋友，生活开心，事业顺利，身体健康。

祝甜蜜伴你走过一年中的每一天，

温馨随你度过一天中的每一时，

平安同你走过一时中的每一分，

中秋给人以回味的不仅是我思念的琴弦，

那轮圆圆的明月，

中秋是个奇妙的日子，如果你在意，

它会叫你淋漓尽致地宣泄出情感的智慧……

徐则挺：《咏桂》

小诗一首，以致仲秋之贺

四时绿而雅，一世傲冰霜。

性有梅兰韵，志若松菊壮。

恬静蓄祥瑞，坦淡阅沧桑。

当风理华冠，秋来放异香。

贵州行

（2010 年 3 月）

高原沐春风

花簇贵阳城

千峰峦叠翠

百里杜鹃红

甘霖驱旱魃

神州献赤诚

金秋丰稔熟

当知苗寨情

注：去冬今春，贵东南大旱，举国支援，抗旱救灾。

杭州行

（2010 年 4 月）

人间四月天

又向钱塘行

西溪湿地美

千岛湖水净

灵隐数罗汉

武林会宾朋

频举青梅酒

携手笑东风

和则挺

天生我才必有用
江湖庙堂皆安然
运交华盖亦为好
春秋可是野狐禅

则挺原诗

新庚倏忽又半年
栀花盈香亦毅然
金兰别后一梦好
春宵与君漫说禅

看上海世博会

（2010 年 10 月）

高高兴兴看世博
熙熙攘攘人成河
半天挪步进主馆
一个时辰逛法国
台湾展小架子大
望尘莫及是沙特
空腹外滩赏夜景
冒雨南京路唠嗑

> 糊涂仙酒借一醉
>
> 乌龙风塘话坎坷
>
> 挥手相约中原见
>
> 再忆红旗导弹乐

注：1. 中国馆外，观众摩肩接踵，排了一上午队，才得以进馆；下午在法
 国馆连排队加参观，一个小时。

2. 中国台湾馆小巧玲珑，参观者需提前预约，一般人进不去，宛如
 今天台湾当局的政治行情。

3. 沙特馆上空，激荡着高亢的阿拉伯歌曲，馆外人山人海，武警战士
 列队维护秩序，观众排队四五个小时还进不去。据进去过的人说，
 里面有360°电影和阿拉伯风情展示。望着不少头戴白帽的观众，使
 人很容易想起电视上经常播放的伊斯兰教徒们在沙特朝觐的画面。

4. 夜晚下雨，陪一位同事与其几十年前在空军某导弹营的战友，在老城
 隍庙一家饭店，畅饮小糊涂仙酒话旧。后来又一位老战友赶来，大家
 又到南京路散步，进一家名为"避风塘"的茶馆品乌龙茶，直到深夜
 方依依不舍，挥手告别。

附：老友回音

1. 老友胡功高回诗：

望世博
（2010 年 10 月 14 日）

俊杰参观世博园后赋诗一首，在返郑的列车上用短信发来，想见世博盛况，
望而揣度之。

> 吟罢奥运又踏歌，祥云冉冉托世博。
>
> 庄严万象中国红，有凤来仪舞婆娑。
>
> 田园处处追老庄，仑奂在在赞高科。
>
> 普世大同终有日，寰球一村颂和合。

2.齐力老师游上海世博感触颇深啊，都听说进馆要排很长时间的队，没有耐心难成行。欣赏好诗，顶起来！（网友：给自己一缕阳光）

3.单位组织老干部看世博，不去对不起组织，去了感觉不错。人老了，外出活动，身体容易累，陪同的年轻人则是兴高采烈，使人难免产生妒意。

"你们年轻人，朝气蓬勃""世界是我们的，也是你们的。但是归根到底是你们的"。毛泽东同志语录，几十年前倒背如流，今天想来，令人唏嘘！（齐力）

4.问好齐力老师！没看世博，看电视介绍了。（知青老头）

5.去了，没有不去印象好；去了，收获两个字：来过；没去，留下两个字：遗憾。

看了，不如看电视介绍好。来去匆匆，难以看到精华部分；希望将来发一个光碟，让大家仔细琢磨。（齐力）

6.还是在家观赏舒适。人流太强大了，动不得，退不了，进不行，站不住，蹲不下，这是什么参观？活受罪，花钱买的"火"。（南风）

7.世博会上人山人海，世博会馆有特色，报道的不少，今日朋友又是文又是诗，好极好极。支持。（铁瓦）

乘火车感怀

（2010 年 10 月）

一列快车起步晚
一路让车一路停
一路风光一车怨
淑女饿汉心不同

人生如戏歌

（2010 年 10 月）

人生一部戏
社会大舞台
生旦净末丑
岂是命安排
手眼身法步
不可错着来
念唱作打舞
配合才精彩
台上相扶持
幕后更和谐

江西行

（2010 年 11 月）

井冈山（二首）

其一

天下第一山
井冈枫叶红
千岩竹摇翠
万壑树峥嵘
峰聚列笔架

潭碧挂云龙

道路多曲折

前途仍光明

其二

红米南瓜滋味香

红旗招展红歌亮

黄洋界上云雾绕

密林深处战场藏

游人如织听故事

后生纷至进学堂

旧居老树枝犹绿

诗人际会赴何方

注：1. 朱德井冈山题词：天下第一山。

2. 国家设中国井冈山干部管理学院，轮训干部继承发扬井冈山精神。

3. 大井毛泽东旧居，原是绿林好汉王佐房屋。屋后一株老树，历经战火动乱，几度枯荣，至今依然枝繁叶茂。

南　昌

屈指三十载

几度入江西

未进洪都府

心中常唏嘘

今夜到南昌

只可住一宿

急访滕王阁

出租车轮疾

八一桥灯亮

赣江涛声息

司机指点处

阁与鹜齐飞

清晨离别去

心中仍依依

注：1. 王勃《滕王阁序》有"落霞与孤鹜齐飞"名句。

2. 1976年夏天，我参加信阳团地委南下参观团，乘火车从长沙到杭州，我曾在向塘车站逗留半个多小时。

三清山

玄妙三清山

雾隐奇峰峦

索舟飞升处

栈道架云端

访客啸林壑

神仙不露面

紫湖酒甘洌

梦酣信江源

注：秋日下午到三清山，雾失峦峰，人穿云海，夜宿山下紫湖镇信江源酒店。本地有酒名紫湖玉酿，甘洌清香。或曰，三清山乃信江、富春江之源也。

婺　源

岚绕群峰妆晓晨

驱车再访旧时村

鹅迎来客展曲项

竹摇翠枝掩鸣禽

小桥流水新诗意

祠堂民居古风存
徽州风光好图画
赣北皖南一脉亲

庐　山

陶令故园三径荒
东坡题壁西林香
风云际会伤往事
前川瀑布依旧长

注：1.陶渊明《归去来兮》句，"三径就荒，松菊犹存。"
　　2.苏东坡"不识庐山真面目，只缘身在此山中"，吟咏庐山，寓意深长。
　　3.众多风云人物在此际会，往事如烟。刘禹锡《西塞山怀古》"人世
　　　几回伤往事，山形依旧枕寒流。"
　　4.李白"遥望瀑布挂前川"，庐山屹立，飞流不断，人间沧桑，千古绝唱。

南行诗抄

（2010 年 12 月）

广　州

虎门烟销帝业虚
黄埔师生比高低
南风吹开花世界
富民强国争先机

海南岛

人到海口莫夸口
冬至博鳌站鳌头
南山观音悲航渡
东坡唱晚水西流

注：1.三亚南山近年修建佛教文化旅游区，60亿元的投资让原本没有任何
建筑物的山头发生巨变：108米通体洁白如玉的海上观音、价值1.2
亿美金的金玉观世音、硕大的"天下第一龙凤砚"等自称"世界之最"
级景点，供客膜拜。吾生愚钝，少年学唯物论，中年钻辩证法，暮
年读百家书，道寻诸方，对照比较，乐此不疲，40年来，初衷难改。
今逢盛世，和平年月；中华文化，海纳百川；各家宗教，爱家护国；
各族人民，和谐相处；社会进步，祖国昌盛。此游南山，不忘学习。
观察众人，或严肃，或轻松；或游玩，或朝拜。细看膜拜者，或虔诚，
或随缘，或拈香，或叩首，心中所愿，自知佛知。如今提倡换位思
考，老叟不妨轻松一乐：换位思考一刻，吾若身长108米，俯视众生，
作何感慨？或如弘一法师（李叔同）西去赠言：悲欣交集。孰料此
念乍出，便知罪过，阿弥陀佛！

2.东坡居士元丰五年（公元1082年）47岁暮春某晚，游蕲水清泉寺，
寺临兰溪，溪水西流。慨然词唱《浣溪沙》，下半阕道是：谁道人
生无再少？门前流水尚能西。休将白发唱黄鸡！

亚龙竹

根扎海岛岩缝中
身困密林若虬龙
雨打雷击身坚劲
刺穿华盖笑狂风

注：三亚湾山上热带雨林中的翠竹，在异常的环境下扎根生笋，倔强成长，辗转腾挪，不屈不挠，身形似藤如虬；一旦钻出森林覆盖，身挺如箭，直射蓝天，其生存发展能力，令人赞叹。

2011年新春网友凑句

一

人作平常人

心是平常心

得失平常事

返璞方归真

——光斑竹，新年好！

（2011年1月3日）

二

生不曾做万户侯，

当年知青成老头。

南沙湿地图画美，

网友共赏乐悠悠！

——打油诗，不知道知青老弟是否做过万户侯，抱歉！

（2011年1月3日）

原注：南沙湿地保护区，有极严格的保护措施。所以，环境保持原生态——自然，优美！各类鸟也不少，芦荡/荷塘风景绝佳！真不错！

注：知青老头回帖：

半生浮云一户侯，

小小知青已白头。

绿茵飞鹤真又美，

且供诸君饭后悠。

三

海为龙世界，

云是鹤家乡。

中年诸事顺，

潇洒走四方。

——楼主新年快乐！

（2011年1月3日）

原注： 荣小尔祝大家元旦快乐！跟我去看冬天的大海。（多穿点，零下十几度啊）

四

人到天涯心不甘

望穿海角念故人

——献给逝去的友人、亲人、仇人、达人、邻人

（齐力笑笔2011年1月3日）

五

康熙上网游，

顺治乐悠悠。

乾隆凑热闹，

道光常发愁。

则徐忙禁烟，

国藩两江守。

中山兴华夏，

世凯乃鼠头。

介石非界石，

英九可赢久？

神州一统亲，

玉帛慰故侯！

——戏赠网友康熙的电脑

（2011 年 1 月 3 日）

六

墙角一枝梅，

凌寒独自开。

莫谓友朋少，

网友遍四海！

——戏赠网友墙角一枝梅

（2011 年 1 月 3 日）

七

一元复始正道沧桑阳光普照百舸争流

万象更新再绘宏图春催桃李千峰竞秀

横批：大地春回

（2011 年 1 月 8 日）

——网友曹叔原联：

上联：一元复始建伟业政策真好百感兴奋

下联：万象更新描宏图春风又催千帆竞发

横批：鹏程万里

八

寅虎回山，牛劲毅然，取得中国经济暂居全球老二？

卯兔迎春，虎威非假，传播华夏文明不称世界第一！

横批：任重道远

（2011 年 1 月 8 日）

——网友松花江子原联：

上联：猛虎去矣 牛气冲天 带动中国经济稳居全球老二

下联：玉兔来哉 虎威依旧 赢得华夏文明堪称世界第一

横批：盛世中华

或者：承前启后

原注： 1. 老二 ——据有关权威部门统计，中国 GDP 在全球经济普遍下滑的情况下，一枝独秀，已经超过日本，仅列美国之后，位居世界第二。网友评论：中国为世界经济发展做出了巨大贡献，理应承担更大责任，同时，也将拥有更多话语权，至少西方以后不要再对中国指手画脚了。

2. 第一——继前年成功举办奥运会后，中国今年又更为成功地举办了上海世博会和广州亚运会、亚残运会，这几个"会"都创造了历史上的许多"第一"；中国目前的汽车产销量双双获得世界第一，煤炭、钢铁、水泥等稳居世界第一；其他如鞋袜等纺织品、高铁、造船（吨位）、修路、建桥、盖房，甚至处理腐败分子数量等均排在世界第一；中国的财政收入在各国政府普遍哭穷声中，又以几乎翻倍的高速增长。中国的世界第一已经远远超过毛泽东同志当年的想象。这些"第一"中，虽然有些苦涩，但是，发展是硬道理，问题暂时可以忽略不计。

九

想要咸，加点盐。

新对联，新韵脚；

尊规律，有突破；

网上作，大家乐！

——取笑了！

（网友名曰"一丝甜味"发帖谈撰写春联韵脚，2011 年 1 月 8 日）

辛卯新春试笔

（2011 年 1 月 9 日）

乘风破浪又一年

张灯结彩庆非凡

情深千载祭如在

泽被万邦释前嫌

波涛和缓远岸近

伯仲奋发险途宽

思危古训居安铭

待旦愚公枕戈眠

徐则挺辛卯试笔步韵答俊杰

（2011 年 1 月 30 日）

环球治乱难计年，

人类欲求芜且凡。

先贤真论等闲在，

圣哲至义屡遭嫌。

祸端总赖狂傲近，

福祉但期眼界宽。

倘俱中庸济世铭，

庶几黎首可安眠。

登栾川老君山

（2011 年 5 月 7 日）

伏牛道可道
玉皇顶接天
群峰悟道久
我早列仙班

　　注：道家崇尚自然，道教源于道家，提倡活在当世，即所谓"活神仙"。吾等凡人，笃信唯物，学纳百家，工作生活，修身养性，不是神仙，胜似神仙。

成都行

（2011 年 7 月 9 日）

惊看波涛下龙门，
再上青城问全真。
地震汶川行路难，
堰低都江飞沙浑。
踏平崎岖成正道，
扭转乾坤日月新。
收拾金瓯展辉煌，
惹得神仙恋凡尘。

　　注：龙门山，既是汶川地震的主断裂带，也是近日川北洪灾重灾区。7月5

日坐火车走宝成线入川，经汉中、广元、绵阳一带，见路断山塌，洪波滚滚，触目惊心。青城山乃道教全真道龙门山派祖庭，大灾降临，神佛无奈；自强不息，人定胜天。

驾校记趣

（2011 年 9 月 8 日）

辛卯春夏，驾校学车，历时四月，辛苦倍尝。

平生与车侣
老来学驾骖
进退顾左右
离合踏疾缓
稚子笑白首
中杆乱花眼
醉翁岂在酒
晚霞伴衰年

和 蔡 明

（2012 年元旦）

浓雾弥漫锁清寒，
游子酒酣恋故园。
春风南来传喜讯，
来年把盏出山店！

注：议论多年的淮河出山店水库终于开工了，它日老友团聚，临湖垂钓，把盏叙旧，不亦乐乎？

附1：蔡明《贺新年》

晨阳初照北风寒，
热茶满斟向远山。
故交相去三千里，
短信载情贺新年。

附2：俊杰元旦短信

迎新年庆新寿松柏盛茂
送信息提信心友朋常好
——新年快乐！

壬辰新春

（2012年1月22日）

玉兔献瑞呈吉祥，
金龙迎春舞兴旺。
国盛家和人安康，
兴旺发达更吉祥！

感 怀

（2012年2月7日）

常记当年草上飞
山头岸边曾相连
花红柳绿卅五过

春夏秋冬半世归

咬牙切齿复旧梦

焚香击磬达摩回

且将天地作毡庐

踉跄醉翁亭在未

注：45 年前，华夏大乱，中州动荡，笔者与友朋，造反站队，挨整平反，站队站错，回头是岸，上山下乡，返城艰难……

45 年过去了，当年友朋，逝者已矣，生者多变：成为洋人的，梦回唐朝的，学富五车的，穷困潦倒的，皈依佛门的，不一而足。

作为退休老汉，我愿拎起浊酒，举杯相邀，仅祝各位友朋，平安康健！

老友徐则挺回诗
步韵和俊杰《二七感怀》
（2012 年 2 月 7 日）

当年国是尚依稀，

巨臂一挥厦欲摧。

庶子临潮当奋勇，

莽犊拍案斥蛮局。

而立未满先挂甲，

不惑已过仍流离。

老来诸事俱轻简，

盈案诗书媲子妻。

注：莽犊拍案，系指"文革"中反对驻校工作组一事。

徐则挺
读僧道潜致苏轼湖上十绝句《舒怀》

僧家未必万事空，

道潜诗文可为凭。

进退往还当自便，

修道化处万途通。

敢从净土履红尘，

更有诗名胜佛名。

云到高处形自逸，

穹窿无际找飘蓬。

回帖：1. 齐力老师，当年知青。干杯！尽在不言中……（知青老头）

2. 欣赏佳作！感慨万千！（飘飞的雪花天上来）

3. 送福齐老师！（细风细雨醉人心）

壬辰端午老友短信集

（2012 年 6 月 24 日）

说明：端午节到，短信不少，择其数则，诸位一笑！

一

煮粽子麻烦，

剥粽子手黏，

送粽子路远，

短信贺节，

天热嘴甜！

———齐力祝你端午快乐！

二

接到短信心暖，
收到祝福心甜，
感谢牵挂，
愿粽叶裹住以往的美好，
米粒黏住现在的幸福，
龙舟承载未来的梦想，
吉祥好运相伴！
（中州老刘）

三

想到别人是一种温馨，
被别人想到是一种幸福，
缘是天意，
份是人为，
亲人朋友是永远的牵挂，
祝愿幸福与快乐伴你一生！
（景逸女士）

四

龙舟飞度粽飘香，
乘风顺水情谊长，
一年一度端午节，
年年岁岁祝吉祥！
（北京　姜起华）

五

六十光阴已虚费，
屡屡无为何以为？
青春消瘦青年团，
老来减肥老促会。

亦工亦农少财会，
既学既教多书味。
（固始张建生）

六

复建生老弟，端午乃其生日。
政声人去后，
民意闲谈中，
戏看一甲子，
潇洒白头翁！
（齐力）

七

手机换了，
摆弄不及！
（建生）

八

年轻时精在一起
——傻子进不了钢厂，
在职时想念不已
——盼聚会身不由己，
退休了待在家里
——发信息互通气息，
勤动脑筋，
玩转手机！
（齐力）

九

君是神仙下凡尘，
佳节吟诗泣鬼神。

信钢情谊谁得似？
三苏之后又一人！
（杨圣德）

十

常慕激扬文字飞，
从来神圣多虚名。
人间道德风范在，
欣遇好友慰平生。
（齐力）

十一

健康是宝，
快乐最好！
（杨圣德）

十二

一片苇叶，
一撮米，
演绎了千年故事；
一根彩线，
一颗红枣，
寄托着无限深情！
（张向朴）

十三

曦晖一缕晨报，
惊醒鸟儿甜觉。
堤岸翻涌人潮，
披露采撷艾草。
颈腕彩绳缠绕，
可防一年虫咬。

门挂束束艾蒿，
默念全家运好。
——端午快乐！
（北京小安）

十四

忽然想到：
我们比奥巴马白，
比某人高，
比小沈阳爷们，
比韩红苗条，
比刘欢脖子长，
比李宇春妖娆，
比周杰伦吐字清楚，
比普京中文好，
比刘翔痘痘少，
比屈原少牢骚——
结论：要快乐就得会比较！
（京北 桃林）

壬辰秋兴

自 嘲
（2012 年 9 月 1 日）

六十四岁头一摔
血流满面未哀哉
各方亲友如相问
不可误发唁电来

注： 老汉 1948 年生人，今年 64 岁。前天下午，和老伴出去散步，不小心一脚踩滑，摔倒在马路牙子上，血流满面，有惊无险。我本属鼠，老伴属龙，今满甲子，自我解嘲：与龙为伴，当有此劫！

则挺老友和诗

花甲掼跤不为奇，
从欲化境赞古稀。
孔学一说瞄大略，
心海磅礴无边篱。
（2012 年 9 月 28 日）

旧　事

（2012 年 9 月 9 日）

曾经哀乐惊天下
吊唁灵堂遍中华
煞尽心机焚宝圈
思想解放第一发

注： 1976 年 9 月 9 日，毛泽东同志逝世，笔者在信阳钢铁厂办公室做以工代干的秘书，参与了工厂和信阳地委的灵堂吊唁活动。按照上面文件要求，各单位设吊唁大厅，当时工厂没有礼堂，吊唁厅设在厂办公楼三楼大会议室，花圈、花篮均为机关各处室、各分厂自己制作。其中不少骨架是用角钢、钢筋、小无缝钢管制作的，很是结实。

10 月中旬，粉碎"四人帮"消息传来，工厂要经常开会，大会议室却一直是灵堂。尽管有了新主席,老主席的灵堂还设不设,上面没有下文,下面很是为难。请示工厂党委书记,他让请示地委;地委也说没有接到上级通知。

当此时也,我28岁,未免气盛,就自作主张,和几位同事一嘀咕:谁也不请示了。自行将花圈上的纸花、挽联撕掉,拿到楼后焚烧了,又通知下面分厂,将钢筋、钢管架子抬回去。党委书记见状,吃惊地问:谁通知的?!

我说:我们几个商量的。以后需要了,可以再设嘛。

书记会意地笑笑,连声说:可以!可以!

事后证明,此种方式处理灵堂,并无人追究。

后来记得《人民文学》上发表了一篇小说《宝圈火化记》,按照红宝书的叫法,将悼念毛主席的花圈称作"宝圈",也是对撤除灵堂的事情左右为难,看来当时此事的确难办。

36年过去了,今人对毛泽东同志仍然无尽思念,可见老人家的魅力所在。36年前,老汉所为,也算是实事求是的思想解放一举吧!

钓鱼岛

(2012年9月26日)

东海一时恶浪急,
三国两岸斗心机。
千船万船乘风去,
钓鱼岛上谁钓鱼?

注:三国:中国、美国、日本;两岸:海峡两岸。

游　行

（2012 年 9 月 26 日）

百城群众上街头，
热血男女同一吼。
领袖教导犹在耳，
齐心可将苍龙收。

注：毛泽东诗：今日长缨在手，何时缚住苍龙？

中　秋

（2012 年 9 月 26 日）

月圆未必人团圆，
人团圆时月未圆。
中华代有才人出，
谁领风骚谱新篇。

附：老友和诗

蔡明　壬辰中秋夜

清辉洒下满地霜，
晚风送来桂花香。
都说明媚春光好，
怎及温润秋月朗。

张建生　月圆

一别老友几度秋，
千里黄淮两悠悠。
今夜月圆人月圆，
缭乱清影舞未休。

汤劲松　情谊

学友情谊深，
兄弟节日情。
愿君福禄寿，
地久天长存。

杨忠志　明月

明月清风爽，
万家庆团圆。
人间欢喜事，
天伦笑声甜。

贺陵水山人甲子拾墨雅集问世

（2012 年 12 月 19 日）

军旅生涯情难忘，
转岗喜见谱华章。
山水乐游新诗词，
墨出五彩龙吟长！

注：友人刘昱闵号陵水山人，东北大汉，亦庄亦谐，小我两岁，常有诗文往来。军旅生涯40载，官拜军事学院院长，学位教授，转岗至省工信厅厅长，工作之余，喜游乐，爱书法，玩摄影，作诗词，退休之年，雅集问世，赠我一册，小诗致贺。

圣　诞

人间年年贺圣诞
我比圣诞早一天
一九四八平安夜
我到人间报平安

注：老汉出生于1948年农历十一月二十四日，按照西历，当天为1948年12月24日，即基督教所说的耶稣诞生前的"平安夜"。

希　望
——纪念毛泽东同志诞辰119周年

（2012年12月25日）

当年殷勤寄希望
农村边疆育栋梁
欣看今日康庄道
猎猎红旗迎朝阳

则挺12月26日和诗

倏尔百岁又十秋，
毛公事体系五洲。

说是道非迷庸辈，
黄钟大吕唤新道。

行业自觉

莫道铅锌多坎坷
绿色低碳先自觉
欣喜全面奔小康
看我实业贡献多

巳蛇迎春

小龙大龙接续来
腊梅水仙次第开
东风化雨辞旧岁
溶溶春日暖胸怀

赠小友

蒲遗天，甘肃人，前年中南大学毕业后到协会工作，今年考上兰州大学金融系研究生。

其一

人挪活，天行健。
地势坤，行路难。

居陋室，志高远。

道旁石，能补天。

蒲生免乎哉，

相会待来年！

注：苏东坡被流放到蛮荒的海南岛，感慨唱到：君看道旁石，尽是补天遗！今反其意而用之。

其二

得陇望蜀总犹豫，

回首函关一丸泥。

参禅常对月圆缺，

悟道何计山高低？

从无简籍厌冷凳，

由来江海纳涓滴。

万里黄河润华夏，

奔波坎坷历九曲。

注：函关，函谷关。林则徐七律《出嘉峪关》："谁道崤函千古险，回看只是一丸泥。"

再游北碚

（2013 年 11 月）

常念巴蜀酒香醇

欣喜北碚有老亲

铁龙穿越米仓道

合川屹立钓鱼城

万家欢乐平安世

千里姻缘儿女情

园博园美应多游

心愿心意始见真

——再游北碚，亲家作陪作一小诗，聊作答谢。

注：1. 今人考证，中原通蜀，不仅有陈仓道、子午道、褒斜道，还有从洛阳出发，沿巴东过米仓山的米仓道，直抵渝州（重庆）。此次来渝，乘火车穿越了米仓道。

2. 园博园，重庆市2010年修建的具有全国各地特色的博物院林，颇具大气。

重庆合川钓鱼城半联

城中诚，城赖诚，八百年城诚众志传天下，城犹在，诚在否？

诚求下联

说明：嘉陵江、涪江、渠江汇流于合川，钓鱼城在合川东北28公里嘉陵江边。南宋末年，元宪宗蒙哥亲率铁骑攻打巴蜀，在钓鱼城外山上窥探宋军防务时，被宋军炮击重伤，不治而亡，其弟忽必烈闻讯，中止攻宋，匆忙返回蒙古，夺得王位。钓鱼城军民抗击蒙元入侵达36年之久，直到南宋灭亡，始开城投降。

据导游介绍：2007年11月，江总书记曾经登上钓鱼城，感慨道：此乃嘉陵江最佳观景处！

甲午新春贺诗

其一

祝贺小朋友们马年事业有成！

跋山涉水练体肌

夜以继日凝气力

历经千辛万般苦

马到成功无谎虚

其二

祝贺中老年朋友们马年大吉大利！

一马奋勇敢当先

白驹过隙见春天

伏枥老骥惊睡眼

万马奔腾闹中原

　　俗话说：穿上袈裟事情多，谁料到脱了袈裟不清闲。

　　我退休后，被一家工业行业协会邀请去帮忙，在冶金战线工作大半辈子，参与并研究了几十年工业经济管理，自己也一下舍不得离去。

　　由于前些年来经济一窝蜂的发展方式，地方政府极力抛地招商引资，各类企业不计成本跨行业、跨区域疯狂扩张，大小科研院所以钱为本市场化取向，一张图纸全国到处叫卖，特别是政令不畅、宏观失调，致使包括钢铁、电解铝、水泥、化工等多种产业产能过剩。政府三令五申，企业叫苦连天，协会上蹿下跳，老汉夹在其中，难以自拔，反倒不如以前在职时，可以连续多年在《中华网·时事纵横》上以"东坡传人"、在《中华网·中年人生》上以"齐力"署名，和网友们打打文仗，作点时评，讲个笑话，清闲自在。

　　值此甲午马年新春之际，遥祝《中华网》各位新老朋友万事如意，阖家欢乐！

大　连

——24 年后重访大连

（2014 年 6 月 15 日）

铁鹏越渤海

闲客访大连

洋楼存旧恨

宏图展新颜

舰出旅顺口

人舞老虎滩

欣喜吾家驹

驰骋下江南

注：铁鹏，深圳航空飞机；洋楼，俄式、日式洋楼群作为文化遗存，记述了大连在俄占、日占时期的屈辱历史；

宏图，大连印象，老城洋气，新区大气；

老虎滩，名胜，上次来携带儿子下海游玩，这次与老伴同游，傍晚滩前宽阔的广场上，乐曲悠扬，锣鼓喧天，百千中老年人举手投足，舞姿翩跹；

马驹，儿子属马，上次来时刚小学毕业，如今已经在江南拼搏十几年了。

（6 月 15 日父亲节草于上海）

胜　日

（2014 年 7 月 4 日）

退休老汉找事忙

胜日散淡度时光

公交车里听民意

互联网上觅文章

金水大道跨金水

健康小路走健康

偶有聚会逢知己

笑辞后生劝酒浆

为某类贪官画像

（2014 年 7 月 9 日）

当年秀苗出草末

阳光雨露竞蓬勃

身手敏捷办好事

头脑灵活似英模

官位升后脾气长

架子大时贪欲灼

银铛跌作铁窗恨

贫寒父兄洒泪多

贺老伴学习太极拳得奖
——和则挺

（2015 年 4 月 15 日）

青壮拼搏退休病，

早出晚归仗剑行。

六三老妪习太极，
拂尘舞动香江情。

徐则挺诗
——为桂芝香港奏捷而作
（2015 年 4 月 8 日）

温和健朗太极功，
潇洒拂尘港地行。
曼舞轻歌舒祥瑞，
绚丽夕霞映天明。

注： 老伴王桂芝，出身农家，性情朴实。青年在乡，干农活、挑塘泥、修水库，宛如小伙；生产队诸事，多爱指点，村人送号"八队长"。1971 年秋进入河南省信阳钢铁厂机修车间工作，历经翻砂、铸造、刨床、车床等工种，动辄加班，年年先进。1986 年春调入省冶金建材厅招待所，从服务员做到客房部主任，以所为家，处处带头，众人呼为"队长"。2002 年退休十几年来，诸病缠身，几次手术，一年两次住医院。从 2014 年春天开始学习太极拳、剑、拂尘，名师指点，刻苦用心，居然有成，身体也趋向康健。2015 年 3 月 26～27 日，随团参加香港行狮豸杯国际武术节，获得太极拳团体金奖、单人太极拳铜牌及拂尘第五名等。消息传来，亲朋赞誉。老友徐则挺赋诗一首祝贺，此凑一和诗表达心情。

词一首·知青
——读《知青，你不要老得太快》有感
（2015 年 6 月 6 日）

难忘风华正茂，也曾指点江山。雪地冰天茅屋暖，暴雨山洪挟雷电，砥砺傲骨娇颜。

回城又逢陌路，盛年瘪了饭碗，儿孙成长可安闲？人生何处有坦途，总须随遇而安。

有 约

（2015 年 10 月 15 日）

文俊回家，功高做东，则挺相约，有事难赴；前次南下，亦未同行，今凑几句，聊以助兴。

贤山老友聚贤山

闲散有约惜未闲

春游羊城探珠海

秋临浉河眺南湾

层层红叶伴笑语

盘盘绿疏烧时鲜

茗阳阁下长短句

后生惊呼行路难

附：

则挺和诗
申城雅约致诸同窗并俊杰

（2015 年 10 月 17 日）

人世相逢孰勘怜，

五十二载意犹酣。

功名一任付尘土，

风雨四时润金兰。

灵台无计酬时务，
流觞有韵系华年。
申城老叟何所慰，
为有知己赛天仙。

五日京兆尹

（2015 年 11 月 21 日）

五日京兆尹，书生意气浓。
兴废千古事，几人识胡公？

韶　关

（2015 年 12 月 16 日）

初访韶关，永亮老友张罗，乡亲小聚。席间几位小友，皆为家在信阳、人在韶关工作的 80 后。与小朋友聚会，仿佛又回到了年轻时节。低吟几句，赠韶关市电视台陈伟小友。

杯盘添笑语，米酒家酿浓。
韶关韶峰锁，岭南河南情。
歌和主旋律，人勤走基层。
积极办媒体，散淡慰平生。

丙申春咏

（2016 年 3 月）

其一

春雷动，春草青，万物争春竞繁荣。
莫惧险阻畏途远，诸事功成待后生！

其二

花无几日好，人享百年寿。
善养浩然气，潇洒度春秋。

南行漫记

（2016 年 12 月 29 日）

一

一夜驰奔车中卧
一路断续觅网络
一窗风光绿渐浓
一轮红日驱雾魔

注：25 日乘火车赴厦门，车进站的短暂时刻，才能够觅到公用 wifi。

二

昔读雄文雪夜深

今乘列车过瑞金

导师远去旗仍在

亿万称赞继承人

注：当年在大别山红卫岭（黄毛尖）的知青岁月，冬季大雪封门，农场夜长火旺，知青们玩扑克通宵达旦，本人不善此物，守着火堆借着牌友们的灯光，重读了一遍四卷合订本《毛泽东选集》，被当作笑谈。

三

指挥枪杆依靠党

中华大地新武装

人民军队为人民

古田会议放光芒

四

精准扶贫线

绿皮列车多

民意笑谈间

怨少情谊和

注：京九铁路——鹰厦铁路，经皖西北、豫东南、鄂东北，过江西，穿福建，达厦门，途经多处贫困地区，乘客打工者居多。

五

八闽开放地

厦门改革城

友朋聚古稀

家国夸后生

听琴鼓浪屿

问佛南普僧

台澎归宁日

举杯告毛翁

注：1. 20 年前调此工作的钢厂老厂长章寿沂已逾古稀，退休返乡的老厂长
曾扬华已是耄耋，我也近 70，老友再聚，欢欣异常。

2. 鼓浪屿菽庄花园，有钢琴博物馆，陈列着吴友义先生从澳大利亚运
回捐赠的 70 多架稀世钢琴。它们历经两次大战，终归捐赠者故土。
游客浏览观赏，领略百多年钢琴演变，聆听少年琴师弹奏，如闻天籁。

3. 始建于唐末的厦门南普陀寺，东南丛林名胜，因在浙江普陀山之南
而得名。近代创立"人间佛教"的著名高僧太虚大师，20 世纪 30 年
代在此设坛办学，培养了众多高徒，抗战期间入渝创办汉藏佛学院，
远赴欧美、南洋，弘扬佛法，宣传抗日。大师 1947 年于上海玉佛寺
圆寂后，灵骨归南普陀，于右任先生为之题墓。1984 年，海内外诸
寺高僧、大德、门徒捐赠，中国佛协赵朴初会长题额挽诗，弟子丰
子恺画像，重修了太虚大师灵塔。

丙申岁末和申城惠民老友

（2017 年 1 月 18 日）

回首已过五十年，

淮水春申拜贤山。

百舸争流我落后，

万马扬鞭君着先。

> 耿介无悔大荒石，
> 发白喜逢自由天。
> 夜阑梦遇同学会，
> 晨发微信记笑谈。

注：1. 信阳，古为楚国春申君黄歇封地，今称申城。本人1963年考高中时可报志愿，一是信阳一高（重点高中，时在信阳市贤山），二是新县一中高中部；同学熊奇、黄和基如愿赴贤山拜师。

2. 没进大学门，无缘执教鞭，乃平生憾事。一次教师节应邀到河南省工业学校作《浅谈师德》演讲，酒后戏言：争取下次到大学里讲一节课。凤愿未酬，吾不言休。

3. 拙作《微信点评录》，饭后茶余，喜怒笑谈，各位教正。

王惠民：苏君大作见寄

（2017年1月18日）

今日上午，得苏俊杰君惠赠大作《微信点评录》两册，大作收《微信点评集》70则，《微信麻辣烫》27集489则），甚喜，得句以记之，并赠苏君云。

一

> 快递传书来省城，
> 展读大作心难平。
> 爱君骐骥不服老，
> 半寄理想半寓情。

二

网上神交慕苏君，

缘吝一面念倍长。

博学胸有大世界，

多才笔写好文章。

赤子常怀家国愿，

老鹰总望蓝天翔。

人生得友当如此，

举杯祝酒颂健康！

散步记趣

（2017 年 1 月 20 日）

人间祭灶忙

碧空现麻糖

未必粘住嘴

何惧报短长

注：1.昨天大风，刮散雾霾。今天空气清，飞机飞过碧空，拉出一道道白
　　烟，宛如长长的麻糖。

2.今天是腊月二十三祭灶节。民俗祭灶时供上麻糖，让灶王爷粘住嘴，
　上天言好事，不乱汇报。

春归又到一二八

（2017 年 1 月 28 日）

一

晨闻喜鹊叫喳喳
荏苒时光一二八
难忘昔日小城美
同学少年正风华
街头停课闹革命
山上荷锄拜农家
体肤身心受锻炼
赤子无畏走天涯

二

五十年来经风雨
地覆天翻多变化
亿万欣欣歌盛世
神州处处吐芳华
笑谈崎岖归正道
放眼环宇追彩霞
春浓茶香邀好友
打点行装再出发

注:1967 年 1 月 28 日，新县一中几位同学成立了自己的团队，50 年来狂热、得意、沉沦、奋斗，伴随着我们无怨无悔的人生。新春佳节，吟诗数句，以展情怀，遥寄诸友。

春趣二首

一

（2017 年 4 月 13 日）

花落春仍在
絮飞柳愈青
白发晨风里
散淡看阴晴

二

（2017 年 4 月 15 日）

当年下乡地
高山杜鹃红
遥知春归处
念想白头翁

附：老友王惠民和诗

（2017 年 4 月 16 日）

忆昔谭河住，
爱看映山红。
花开应依旧，
可怜白头翁？

王注：谭家河位于豫南大别山深处，1972 年至 1985 年，我在那里工作了整整 13 年。

看戏三章

农村看戏

（1992 年 2 月 4 日）

我爱看戏，是从小在农村养成的习惯。

50 年代初，郑州郊区大人小孩都爱看戏，不少人高兴了还会哼哼两腔。那时还没有电视，有线广播也还没有普及，偶尔放映一两回电影也都是黑白片。奶奶说："电影上大白脸一闪一闪，恍眼。"姥姥说："还是戏好看，大姑娘小媳妇，红裙子绿棉袄满台转。"妈妈说："姥姥一辈子也没有看懂一出戏。"说归说，一有戏，大家照样挤着去看。

那时我家在沈庄，离郑州市的东门口还有三里地。沈庄北边的燕庄，是那一带的行政中心。燕庄东北角有个打麦场，场东头有个戏台，土堆的。燕庄北边的黑朱庄有一个农民业余越调戏班，农民戏称为"没脸班"，即现在所说的"草台班子"。"没脸班"常在燕庄唱戏，哪天有戏，我们燕庄小学的学生们先知道。原因不只是课间操时我们看见搭戏台、围高粱箔（后台）了，还由于家在黑朱庄的学生们早就发了信息，说谁的爹今晚要上台唱戏了，谁要上台当"兵"（跑龙套）了。于是一放学，三里五村就都知道了晚上有戏。

天擦黑，锣鼓家伙响了。人们陆续走出家门，结伴成伙，从各村走向燕庄，一些性急的人还拿着吃的，边走边啃。戏台上高挂着两盏嗤嗤作响的汽灯，台边坐着乐队，锣鼓停一阵敲一阵，人不齐戏是不会开演的。戏台下做小生意的叫卖声、姑娘小伙子的嬉闹声、爹娘呼儿唤女声交织在一起，很是热闹。我和小伙伴们总是好奇地扒住后台的围箔，看里边的演员勾脸、穿衣、试戏。有时看到黑朱庄同学在大人的帮助下扮戏，就悄悄地喊他。等人家抽空扭头朝着围箔外挤挤眼，我们便会沾了很大光似的，好一阵得意。

总算开戏了，我们赶紧往前挤。当戏台下嘈杂的声音被最后一阵紧锣密鼓压下去后，坐在前头的、蹲在四周的、站在后头的观众们，便一齐瞪大了眼仔细欣赏戏台上进进出出的红男绿女，直脖子聆听演员们那半文半土、半吼半唱的戏词道白，张着嘴回味着自己早已熟悉了的悲欢离合的戏剧故事，渐渐把自己融入戏中。

"没脸班"不大，戏箱也不丰盛，演员全是农民，戏目却演出的不少。班里真正能唱、念、做、打的人就那么几个，往往一出戏里一人要赶几个角色。跑龙套的多是临时凑合，常见台上演员挥着马鞭，不时指点发了呆的小孩龙套该怎么转圈，要不要下场。戏里的刀枪剑戟之类的道具，似乎是自制的多。蟒袍玉带、凤冠霞帔也就那么几套。有时演员只穿一件戏衣上场，裤子和鞋子还是自家日常穿的。有时出来一个白胡子老头，头盔一旦被对手剥去，头套却是黑色的。很像现在一些爱美的老年人，头发染黑了，长出来的胡子却来不及染似的。

"没脸班"虽然也排一些大戏，但更经常演的还是一些家喻户晓的折子戏。这个戏班的存在，活跃了燕庄一带的文化生活，丰富了农民的精神世界，培育出一批又一批戏迷，很受农民欢迎。记得有一回唱《借年》，说的是穷书生李天保年关前饥寒交迫，万般无奈到岳丈家里借粮过年。李天保临离开家前，出人意料地走到乐队处拿了一个小圆锣，双手捧到年迈的母亲面前，虔诚地说："娘，这是您的尿盆。"台下一些年轻人立刻哄堂大笑，许多老头老太太却点头称赞："真是孝子啊！"直到今天，我也弄不清究竟戏里就该这么唱，还是聪明的演员在临场发挥。这位演员，就是后来和毛主席在燕庄麦田里握过手、合过影、上过《河南日报》因而颇有名气的那位农业社社长吴玉山。

除了到燕庄看戏，大人们也常常带着我到姥姥家的王庄或别的庄去看戏。乡里农闲季节集多，小时候爷爷赶集时总爱带着我。事先说好："到集上别乱跑，听话了叫看戏。"农村老头赶集，兴趣多在转牲口市、看权耙扫帚之上，有空了也到戏台下看几眼，小孩子的兴趣则是看热闹。集上人多，戏台下乱，也听不清唱的是啥。每当我闹着要多看会儿戏时，爷爷说："走，买个'狗喜欢'去！"那时候，一毛钱可以买个烧饼夹牛肉。对于小孩子，吃比看更有吸引力。于是我高高兴兴地一只手举着烧饼夹牛肉，另一只手让爷爷牵着，一脚高一脚低地往家里奔，这戏也就算散场了。

在农村这块热土上，我与父老乡亲们一样，渐渐地成了小戏迷。那时我觉得看戏是一件最过瘾的事，唱戏是一种最得意的职业。当大人问我长大想干什么时，我总是脱口而出："学唱戏！"为了看戏，我还闯了一次祸。

那时我刚刚上小学。大概是1954年夏天，爷爷叫我在麦场帮助家里干活，天热我不愿意干。爷爷说："听话，等有空了带你到城里戏园子看戏。"并活灵活现地说，戏园子里戏大，人多，箱（戏妆）新，猴子的跟头也翻的高，比我以前看到任何戏都热闹。我听话了，也干活了。可事后爷爷总是"没空"，等他有空了我又要背着书包上学，戏园子里的戏也就一直没有看成。

谁知进了腊月吃过小年饭，天下了雪。我忽然又记起了这事，闹着要进城看戏。爷爷笑了笑说"给你两块钱，有胆的自己去吧！"我一赌气抓了钱就往外跑，一家人也不拦我。等我跑出了东沈庄，四下一望，天地间白茫茫一片，心里慌了。回家吧，又不甘心被爷爷讥笑，于是硬着头皮向城里走去。

那时，郑州东门外还是一片原野，现在的商代城墙豁口，即后来的商城路还没有开辟。好在平日跟大人进过城，知道路。我一路小跑从东门口进了城，在大街上南瞅瞅，北望望，雪天里家家关门闭户。那时的郑州街道还很不成样子，东大街西大街与南下街北大街相交的十字街口一带还是一片民房。红旗大楼、解放影剧院等楼房是后来才修建的。我一直摸到十字街口也没有弄清戏园子门在何方。走着走着，肚里的戏瘾散尽了，剩下的只是害怕与饥寒。我只好顺原路打道回府。走到郑州医院一分院门口，5分钱买了一个油馍吃。等我捏着人家找的1元9角5分钱摸回家时，家里也正在为了找我乱了营。

虽说城里的戏园子没进去，城里的戏还是看上了。那已经是50年代中后期的事了。记得一次省直机关一家业余剧团到燕庄唱戏，一个着身红箭衣、蹬一双在"没脸班"少见的漂亮的高底靴的大花脸，嗓音高亢。伙伴们说，他骑的马能日行千里，夜行八百。只见他满台跑，哇哇叫。伙伴们说，那其实是在学马叫。看过戏，我们也学着他的样子，举着树枝当马鞭，哇哇叫了好几天。后来长大了，知道那出戏名可能是《火焰驹》也叫《大祭桩》。

合作社那年，城里一个剧团来燕庄演戏，孙悟空、猪八戒、沙和尚、牛郎、织女、太上老君、玉皇大帝、七仙女都上场了，还说要下凡联合办合作社。有一句唱词是："咱们联社办得好，要和燕庄社来比"，赢得台下一片掌声。

那时候一到农忙，城里人要下乡支农，田野里红旗招展，人如潮涌。

有一次，河南省豫剧院的演职员们到沈庄帮助收麦子，休息时就在庄里演戏。一天，豫剧二团来了，在场院里先演了一出时装戏，说是一个老地主对农业社的大丰收心怀不满，正要点火烧麦秸垛，被民兵队长抓获了。大家看后觉得不过瘾，于是又请出一个年轻的高个子加演。报幕员说："现在请李斯忠再为大家来一段豫剧清唱——喜迎国庆十周年。"大个子高亢的黑头腔，喷出口来神完气足，老少爷们听着齐声喝彩："听这腔！听这腔！小牤牛（牛读作欧音）一样！"又一天，豫剧一团也来了。唱的啥戏已经记不清了，只记得人们指着一位在树阴下乘凉的中年人说："那就是常香玉的爱人！"

燕庄人大都是先从广播里认识常香玉的。那时候有线广播已经普及到村，广播里每天除了报告天气，说些逗号、句号（乡里人误听为都好、都不好）之外，经常播放一些戏剧名家唱段。豫剧名家常香玉的《红娘》《花木兰》、马金凤的《穆桂英挂帅》、崔兰田的《秦香莲》、曲剧名家张新芳的《陈三两》、越调剧名家申凤梅的《收姜维》等，大都是通过广播传进农民耳朵里的。那年月，往往广播里一放唱片，村里不少人都跟着哼哼。

到了1960年我小学毕业了。伙伴们鼓捣着要去报考戏曲学校，说戏校又管饭，又学戏，好事一桩。谁知家里人死活不同意。爷爷虽是老戏迷，却说唱戏的人死后不准入老坟。爸爸是党员，在城里当医生，不讲老话，希望我能够读书上进，说唱戏怕长大倒了嗓子。我们邻居的一位姑娘考入开封一家剧团，奶奶和庄上的老太太一起为之撇嘴，说那么大的闺女跟着人家跑了。家长的软磨硬吓，使我那唱戏的梦想成为泡影。那两年燕庄一带的孩子们，的确有一些考入了戏曲学校，走上了舞台生涯。有的后来还被培养成为名角，唱红了全省全国。

几十年过去了，我曾经多次更换学习和工作场所，历经了人世间的风风雨雨，目睹了社会大舞台上许多悲欢离合。从农村那块热土上培育出来的对中国戏曲的迷恋之情却至今依旧浓烈。每当从电视、电影和收音机里看到听到戏曲节目，那优美的身段、舒展的水袖、悠扬的曲调、激烈的打斗场面，常常使我想起昔日燕庄的土戏台、黑庄的"没脸班"、农村集市上那一毛钱的烧饼夹牛肉，想起那些在难忘的岁月里送戏下乡、活跃了农村文化生活的城里唱戏人。

（春节写于郑州蜗斋）

省城看戏

（1992 年 2 月 6 日）

1961 年春，我在郑州三中读初中，因为家在东郊农村，所以在学校食宿。

那年月，全国人都吃不饱，我们初中生也不例外。先是把每月 36 斤的粮食标准减到 31 斤，后又减少了体育课，早操不出了，夜自习不上了。天一黑，住校生们便坐在寝室里"喷空"（郑州土话，侃大山）。一位初三的大个子同学，上年夏天曾经参加郑州市青少年篮球队到过青岛。"在青岛比赛时白馍随便吃，管饱！"这难忘的记忆，使那位饥肠辘辘的仁兄，足足念叨了半年多，我们这些小弟弟们听了也直咂嘴。可是，每天光喷空也打发不了时光呀。有一天，初二的一位同学对我说："晚上看戏去吧！"于是，我在乡下盼望了许久的到戏园子看戏的梦想，一下子成为现实，并且一发而不可收拾，足足过了一年的戏瘾。

那时候，在郑州的省、市几家剧团仍然坚持演出，戏曲界的敬业精神令人敬佩，想来那几年演员们一根长腰带要把腰身扎的更细、更紧。我们经常光顾的戏院，有大戏院（河南人民剧院）、东大街、北下街、南关的几家戏院，星期天则跑到老坟岗听说书。我们看的戏有河南省豫剧一团、二团、三团的，河南省京剧团和河南省曲剧团的，郑州市京剧团、豫剧团、越调剧团的。外地来郑的一些剧团演出，记得有开封市豫剧团的，我们也跑去看。我们这几个穷学生，都才十三四岁，从嘴里省几个饭钱不容易。为了看戏，我们几乎使尽了浑身解数：翻过大戏院的墙头（那时墙还没有如今这么高，门前也没有这么热闹），用旧戏票打过马虎眼，爬在东大街戏院低矮的通风窗上看"斜戏"。实在没有招了，掏出两三毛钱买最差的票，进了场尽量往前混，站在舞台下的角落里看戏。但是，往往好景不长，服务员常常又把我们请回后边去。

最麻烦的事，还是散了戏后回学校这一关。郑州三中大门先是朝东开，铁栅栏门。我们几个小戏迷过足了戏瘾，深更半夜再来一个现场学艺，时迁偷鸡似的翻门而过，还得悄然无声。否则出了声响就麻烦了。有一阵子学校南墙上扒了个洞，我们半夜归来，庆幸地伸伸舌头穿洞而入。后来洞堵死了，大门改朝北面临了西大街。我们看戏归来，见黑木大门紧闭，无计可施,只好敲门。好半天,看门的老师傅披着棉衣出来了,嘴里直嘟囔。后来我们学乖了,晚上离校前,老师傅长老师傅短的先给老头捧上,说晚上麻烦给留留门。等散完戏回来一看,门没锁,老头正戴着花镜,手指头按着线装本的《古文观止》挑灯夜读呢。见我们一溜烟进来了,他才摘下花镜,摇摇头关门睡觉。

小孩子看戏,从看热闹开始,看得多了慢慢也悟出些门道。

有一次,省豫剧一团在大戏院演《跑汴京》,王在岭饰演的包公。票早卖光了,怎么也混不进去。我们好不容易趁人不备从西院墙头翻墙进去,台上演小丑的高兴旺,已经背上叫花子大棍跑圆场了。

省豫剧二团那时常演《穆桂英挂帅》和《三哭殿》。演《挂帅》时,吴碧波的穆桂英,谢巧官的杨宗保,唐喜成的杨延景,刘九来的八贤王,杨素真的佘太君,杨发互的穆瓜。山寨招亲一折,穆桂英的娇媚,杨宗保的骄盛,穆瓜的憨厚,演的妙趣横生。唐喜成当时正值盛年,在《坐帐》一场中,"杨延景出大帐迎接娘来"和"焦赞传孟良报千岁驾到"两大段"二本腔",清脆高亢,荡气回肠。演《三哭殿》则是唐喜成的唐王,吴碧波的公主,杨素真的正宫,张桂花的西宫,杨发互的太师,谢巧官的秦英。一台戏可谓珠联璧合,真正的"一颗菜"。

省豫剧三团以演时装戏著称。《朝阳沟》那时似乎已经准备拍电影。1961年我们看过《五姑娘》和《红珊瑚》。《五姑娘》一剧,马琳的五姑娘,王善朴的男主角,刘凌的恶哥哥。男女主角一段"南瓜花开喇叭黄"二重唱,吸取了歌剧音乐元素,当年在豫剧舞台上还不多见,行腔优美,听了令人回味不已。

省曲剧团的《薛刚反朝》是一出好戏,谢禄的薛刚,一开口底气十足,声震屋宇。耿庚辰的徐策,《跑城》一折浑身出戏,堪与周信芳媲美。张新芳的《陈三两》,一跪大半天,一大段一大段的唱腔压的全场鸦雀无声,观众潜然泪下。那时候舞台上音响设备差,演员征服观众,靠的是真功夫。

那时候,我对京剧还知之甚少,唱工戏还听不大懂,比较喜欢武打戏,特别是猴戏。省京剧团的《火焰山》,吴韵芳的铁扇公主,李民华的猴王,市京剧团的《闹天宫》,似乎是张鸣禄先生的悟空,演的各有千秋。市京剧团推出的《闯王进京》在省会郑州连演一个来月,给人留下深刻印象。戏台上,农民起义军逼压紫禁城,崇祯皇帝走投无路,赴煤山自缢前挥剑要斩长公主，公主跪地苦苦哀求，问儿何罪？崇祯长叹一声："好孩子你不该生长在帝王家！"多少年后，每当我从报纸上、书本上看到一些上层人士的子女，因为父辈的失势而遭受株连，流落民间时，就常想起这句戏词。而我自己做了父亲之后，对独生儿子的优裕生活也时常感到担忧，总是觉得生活对他磨炼太少。

《闯王进京》的结尾，是做了48天大顺皇帝的李自成，由于骄傲自满、内部腐化、争权夺利加上吴三桂引清兵入关等方面的原因，终于失败离京，"闯"字大旗从舞台正中悄然下落。这动人的一幕，又使我在多年后读《毛泽东选集》时，理解了毛主席在抗战胜利前夕，教育全党"以李自成为鉴戒，不要重犯胜利时骄傲的错误"的重大意义。40年以后苏联解体，苏共垮台，电视里播放的苏联国旗从莫斯科克里姆林宫顶上徐徐降落的镜头，与当年戏剧舞台上的情节何其相似！

现在回想起来，郑州市京剧团在国内三年困难时期推出的《闯王进京》，与北京人艺同期推出的以春秋时期越王勾践十年生聚、十年教训为题材的话剧《胆剑篇》，省豫剧二团推出的《卧薪尝胆》，有着异功同曲之妙。戏曲界人士为国分忧，积极干预生活的胆识功不可没，当入史册！

市越调剧团的《牛郎织女》，在当时有很高的声誉，张桂兰女士演的牛郎赢得了广大观众的心。杨百泉先生在《秦英征西》中以做打见长，把一位有着帝王血统、名将之后的古代少年将军——秦英，演的栩栩如生，英气逼人。

那一年开封市豫剧团到郑州演出过《司马茅告状》《风波亭》和《甲午海战》，省豫剧二团也演过《司马茅告状》。这出戏在"文革"中被批判成为牛鬼蛇神喊冤。描写岳飞被害的《风波亭》，省曲剧团也演了，好像是耿庚辰的岳飞。《甲午海战》中，有一个情节写日本军舰悬挂着美国国旗偷袭北洋水师，邓世昌悲愤地唱到："日本人不讲理，军舰上挂着美国旗。"后来我从许多历史书籍上知道，美国人一贯见利忘义，两次世界大战开始时他都向交战双方出售武器，最后谁能够打胜他站在谁那一边，所以始终是赢家。在美国人眼里，金钱即是真理，强权即是真理。当近年来一些人数典忘祖，视东洋如金山，慕西洋为天堂时，我对此却不以为然。自知中国落后，始自外侮，国要自强，方能生存；平等互利，才能交往；靠人施舍，岂会富强？！

60年代初期，中国文艺曾经有过一段繁荣。当时河南省会郑州市的戏剧舞台也是百花盛开，争芳斗艳。如今已近高龄的一批艺术家，当时正在各座艺术山峰上施展才华，有的艺术家已经作古。戏剧观众不会忘记他们，心中将深深留下当年他们所创造的诸多栩栩如生的艺术形象。

60 年代初期，读书与看戏，经常在我的头脑里出现一个奇怪的疑问。我从戏曲中获得的一些古代知识，与历史书上读到的并不一样。赫赫有名的杨家将与包公，在北宋的历史上并不显赫；杨家的"七郎八虎"和穆桂英不见经传；铁面无私的包公，也没有铡过陈世美和赵王的史实；唐僧玄奘西行取经，千辛万苦，更没有孙悟空、猪八戒、沙和尚这三位高足襄助；秦琼的儿子是不是做了驸马于史无考，秦英征西是后人演义的故事。直到很多年后，我才明白了戏曲不是历史，至少不能等同于历史。而我那祖祖辈辈生活在农村的父老乡亲们，恐怕至今也还是从戏曲里获取历史知识的。中国戏曲"高台教化"的作用，堪称世界一绝。

1961 年我饿着肚子过足了戏瘾，却把学业荒废了。那时候爸爸妈妈已到豫南新县工作了，乡里年迈的爷爷奶奶对我也是鞭长莫及。

1962 年元月，初二上学期期末考试，9 门功课我有 5 门不及格。眼看着中学读不下去了，爸爸一道手令，把我招进大别山区。等我携妻将子，再回省会郑州市，已经是 25 年以后的事了。

（写于郑州蜗斋）

豫南看戏

（1992 年 2 月 7 日）

我从 1962 年春天起，在豫南山区的一个小县——新县，学习、生活和工作了 9 年时间，看戏生涯也展现了新的天地。

豫南处于江淮流域，古为楚地。当地居民的语言、饮食、民俗等文化特征与黄淮流域的中原地区明显不同。我所在的新县又在河南东南隅，与湖北接壤，其文化特征更近于楚而异于豫。在戏曲方面，中原一带盛行的豫剧、曲剧、越调、二夹弦，在这里反不如花鼓戏、黄梅戏、皮影戏受欢迎。而中原群众不大听得懂的楚剧、汉剧、越剧、湘剧、川剧等南方戏曲和京剧，当地群众却可以看得津津有味。

60年代初期的新县县城很小，居民只有几千人。毕竟也是河南的地域，当时县里仅有的一家剧团也是豫剧团。剧团演员有从省豫剧团下放的，有旧社会的老艺人，有从省戏曲学校毕业分配去的，还有从新蔡、上蔡、平舆一带招去的学徒娃娃。当时剧团难以在本地招收学员，因为土生土长的孩子唱不好准确的中州韵。

县城里有一个大礼堂，规模和样式完全是仿照郑州的河南省人民剧院建的，这在60年代初期的河南各县还很少见。县豫剧团是大礼堂当然的演出者，外地来的剧团，如河南省歌舞团、信阳地区豫剧团、京剧团、各县剧团乃至一个印尼归国华侨观光团，都在这里展示过自己的才艺。电影戏曲片到60年代中期已经日臻完美，县城里看电影已是常事。这样，我在求知欲最旺盛的年龄，能够有机会在一个偏远的山区县城，将河南地方戏、豫南民间小调、外省地方戏曲、歌剧和京剧等不同剧种的戏曲，作一番观摩比较，至今受益非浅。

县豫剧团的阵容当时还比较整齐。团长王大枪是个脾气火爆的大个子，唱戏是家传，唱工做工武工都在行。经常见他抄一杆长棍，训练学员，稍不如意则又打又骂。有一回学徒演《断桥》，扮演白蛇、小青的两个女孩子倒是不大怯场，扮演许仙的男孩子却怎么也出不了台了。演出时，王团长把他推出去了，他自己却吓了回来，气得团长跺了他一脚，扒下他的青衫罩在自己身上，随便抹把脸上台救场了。一时间舞台上出现了人高马大的老许仙与半大个头的白蛇、小青共舞的场面，惹得台下开了锅。那位推不出去的许仙，后来改拉胡琴了。奇怪的是这种棍棒打出来的学徒，后来大都成了气候。

剧团导演冯九畴，一位半路出家的才子，集编导、作曲、演奏、唱戏于一身。一出《打面缸》，将一位丑角小县官演的惟妙惟肖，令人捧腹。省豫剧二团武生汪如意，下放到这里当了业务团长，一出罗通《盘肠大战》折服了全县人。省豫剧二团著名小生演员韩玉生的父亲，在县剧团教戏。我们放了学到礼堂看排戏，常见韩老先生捏着兰花指给一些旦角比比划划。韩玉生来县探亲，也在县剧团客串演出过。

县剧团还有一位台柱子拾方元，是省戏曲学校早期毕业生，小生、老生、丑角都很在行。有一次演《社长的女儿》，他扮演地主儿子蒋为民，颤颤惊惊挑一副水桶唱道："高中生挑起了大粪桶"，台下哄笑不已。谁知道两三年后我们下乡作了知青，应了这句戏文。这位演员出身不好，"文革"中挨了整，老婆也离了婚。1989年秋我到东北开会，夜晚看电视里演豫剧《陈世美喊冤》，忽然觉得那个扮演与陈世美作对的赵南山的演员，音貌熟悉。后来一看字幕果然是他，原来此君流落到四川广元了。

那时比较流行的剧目，县剧团都演，如《谢瑶环》《双玉蝉》《跑汴京》《蝴蝶杯》《穆桂英》《白蛇传》以及后来的几出样板戏。由于县城小，票不大好卖时，就到邻县演出。邻县剧团则到本县演出，给观众换换口味。有时县剧团还开到湖北，在汉口民众乐园连演个把月，可见豫剧在那里也是有市场的。

大概是1962年吧，当时困落在豫南的豫剧大家阎立品女士，携信阳地区豫剧团到新县演出她的成名作《秦雪梅》，县委书记、县长亲自捧场，《哭灵》一折，唱得凄凉幽怨，催人泪下。

那时候，赵虹珠女士挑大梁的信阳地区京剧团，和邻县的潢川京剧团都到过新县。当地群众看京剧，也大都喜欢《闹天宫》《盘丝洞》《三岔口》《挡马》之类的武打戏。一些男扮女装的丑婆子、文丑、武丑，尤其官巾丑之类角色，一出场台下气氛活跃。

一般说来，中原民风朴实，民众性格憨厚，平时高兴了会在背地里哼两句梆子、越调或者曲子腔。而豫南地区山清水秀，民众大都性格活泼，机灵幽默，爱唱山歌，喜演社火。到豫南的剧团，喜剧或者丑角的演出，往往更受欢迎。

1964左右，河南省歌舞团到新县演出歌剧《刘三姐》，引起极大的轰动。几十里外的山区农民进城看戏，夜晚散了戏又兴致勃勃地步行回家。各机关争相购票，大礼堂人满为患。我们这些在校学生、半大小青年更是每场必看。后来黄婉秋主演的电影《刘三姐》也在县里上演了，以至于那几首插曲在山城的年轻人中很是流行了几年。这原因既有唱词编得好、音乐创作得美、演员表演出色等方面的原因，也有此情此景符合大别山风光民俗特色的原因。当地盛产茶叶，山高水长。"三月鹧鸪满山游，四月江水到处流；采茶姑娘茶山走，山歌飞上白云头。"不也正是此地春季采茶的生动写照吗？"山中只见藤缠树，世上哪有树缠藤。"唱的是爱情，但是拿藤和树作比喻，山里的青年人觉得十分贴切；而在平原地区长大的姑娘小伙子的感受，恐怕就不会那么鲜明了。

　　大别山的农民还喜欢看皮影戏。有一次一位同学带我到一个场院去看。只见一块白布后边放一张桌子，桌子上面放着许多用皮革制作的各式各样的人物，每个人物都用几根竹棍挑着，两盏粗大的油灯冒着浓烟。演出时一人或者两人挑着彩色小皮人，在锣鼓与唢呐等吹打乐器的伴奏下一边紧张表演，一边纵情吟唱。演员真假嗓音结合，乐器在演唱的空间伴奏帮腔。观众从白布的另一面观看，可以看见略显色彩、浓淡不一的皮影，给人以朦胧的美感。那位同学说，好皮影戏能唱得人伤心落泪。可惜我当时刚到新县，对于那里的语言尚不过关，听不大懂吟唱的内容。

　　到 60 年代中期，在下边能够看到的电影戏曲艺术片不少。京剧有梅兰芳的《游园惊梦》《天女散花》《宇宙锋》，张君秋、马连良、裴盛荣合作的《铡美案》，盖叫天的《武松》，李少春的《野猪林》，马连良、谭富英、裴盛荣、叶盛兰、袁世海与乃师肖长华老先生合作的《群英会》，新编历史剧《杨门女将》，现代京剧《节振国》等。越剧有王文娟、徐玉兰的《追鱼》《红楼梦》。评剧有小白玉霜的《秦香莲》，新凤霞的《花为媒》。河南戏曲中，豫剧有常香玉的《花木兰》《人欢马叫》，马金凤的《穆桂英挂帅》，省豫剧三团的《朝阳沟》；曲剧有张新芳的《陈三两》，王秀玲的《游乡》；越调有毛爱莲的《卖箩筐》。浙江绍剧有《孙悟空三打白骨精》。广东粤剧有红线女、马师曾的《关汉卿》。湖南花鼓戏有李谷一的《补锅》，李小嘉的《打铜锣》。福建莆仙戏有《团圆之后》。安徽黄梅戏有严凤英的《天仙配》《牛郎织女》《女驸马》。歌剧有《洪湖赤卫队》《红珊瑚》《刘三姐》等。大都是阳春白雪的上乘之作，是中国戏曲艺苑里足以传世的精品。

　　据我观察，河南豫剧、曲剧、越调三大剧种，经过几代艺人们呕心沥血的发展创新，在全国地方戏曲中的确已经处于前列位置。其中豫剧走向全国，影响颇大，凝聚了樊粹庭、陈素真、杨兰春、陈宪章、常香玉、马金凤、崔兰田、阎立品、唐喜成、赵义庭、高洁等一大批著名艺术家，几十年辛勤耕耘的汗水与心血。但是豫剧和京剧相比，仍然有相当的差距。不论是在传统剧、新编历史剧和现代剧上，京剧的成就，仍处于领先地位，被称之为国剧是当之无愧的。这恐怕与京剧历史悠久、剧目众多，受到历代最高统治者的重视，编、导、演名家辈出，高手如云等因素有很大关系。如果说豫剧已到了雅俗共赏、老少咸宜的境界了，京剧则仍然雄踞大雅之堂，在俗的一面，虽几经变革，也仅是兼顾而已。河南的地方戏，在表现普通人的喜怒哀乐、一般家庭的悲欢离合方面，已经炉火纯青。而京剧在表现上层人物、反映官场斗争上十分深刻。记得李少春的《野猪林》里有这么一段戏：高俅唆使陆谦出主意谋害林冲，却不直言。陆谦讲出的锦囊妙计正中高俅下怀，但高俅并不称赞他，反而倒背着双手，凝视着陆谦，不无责怪地说："好一个狠心的奴才！"演员用这样的表演与台词，把一个城府深沉、奸诈善变、进退有余的权奸，活脱脱地呈现在观众面前。而豫剧及其他地方戏曲，在表现此类情景时，往往要直露一些。这可能是由于地方戏曲表演时考虑到主要观众即城乡普通群众的欣赏能力。同时也从另一个侧面说明，地方戏曲要真正登上艺术宫殿的大雅之堂，仍需要付出不懈努力。

门外热望
——写在《看戏》之后
（1992 年 2 月 8 日）

　　毋庸讳言，目前戏曲不景气。虽然近年来好戏不时推出，艺术水平不断提高，但是，偌大省城郑州市很少有人看戏。有的戏能演一两场，观众也是稀稀拉拉。就连我这看了 30 多年戏的中年人，由于种种原因，长年难得一进戏院。有时去看一次戏，见到剧场观众太少，自己都觉得对不起台上的演员。记得前年河南省曲剧团上演《曲魂》，我因与编剧付纯砾先生相识，兴冲冲跑去看了一场，剧场上座率不低，但戏并不很过瘾。事后给付先生送去一封信，胡乱评点一通。不想付先生心宽量大，反而回函致谢。无奈天不暇寿，付先生转眼作古，《曲魂》真成了他为戏曲事业辛劳一生的最后寄托！出于对戏曲振兴的愿望，我不怕班门弄斧之嫌，抛出浅见，求诸方家。

　　戏曲要面向生活。戏曲小舞台是天地大舞台的缩影，要想小舞台上的演出有声有色，戏曲工作者应该不断深入大舞台，进一步贴近生活，反映生活，积极干预生活。试看那些历演不衰的传统戏，给人耳目一新的历史剧，历经磨难的现代戏，之所以受到群众欢迎，无不是直接或者间接地反映了他们的生活，打动了他们的心灵；使观众在戏中找到了自己，找到了与自己类似的遭遇，在看戏中抒发了自己的情怀，一句话，观众与戏曲发生了强烈的共鸣。社会生活是一切文学艺术创作的源泉，毛泽东同志对此早有定论。他说："中国的革命的文学艺术家，有出息的文学艺术家，必须到群众中去，必须长期地无条件地全心全意地到工农兵群众中去，到火热的斗争中去，到唯一最广大最丰富的源泉中去，观察、体验、研究、分析一切人、一切阶级、一切群众、一切生动的生活形式和斗争形式、一切文学和艺术的原始材料，然后才有可能进入创造过程。"毛泽东 50 年前《在延安文艺座谈会上的讲话》，至今仍有深刻的现实意义。

戏曲要面对观众。这里主要是指广大的基层观众，尤其是农民观众。目前城镇里的电视广为普及，城里人即便是原来的戏迷们，足不出户就可以欣赏到比较精湛的戏曲节目，所以口味越来越高，眼光也越来越挑剔。而偏远的基层，尤其是占人口 80% 左右的农民，还是很愿意看戏的，尤其愿意看名角、看好戏。而我们的一些名角和大剧团，固守城市的阵地，竞争不过电影、电视与录像，下乡又会碰到不少困难与问题。中国戏曲发源于农村，与民间艺术有着千丝万缕的关系，是从田野里逐渐长大以后进城的。许多老艺术家，都是在乡下野台子上唱红了才登上城市舞台的。而目前一些年轻演员，待在城里长年没有机会演出，逢年过节光唱堂会能够成多大气候！我看不如避实就虚，在不丢失城市阵地的前提下，到基层和农村一展歌喉，锤炼舞姿。

戏曲不能变形。一切艺术形式都有继承与发展的问题。但是，继承不能止步不前，发展不能变形，搞得面目全非。目前有的青年演员，流派可以学的惟肖惟妙，却总是与老师平不起肩，更缺乏超越前人、自成一家的胆识与本领。有的上演剧目，把杂技艺术、电影手段、现代歌舞、连台布景、实物道具一股脑地推给观众，把舞台塞得满满的，效果反而更差。观众要看的是戏曲，不是电影、杂技、歌舞，更不是参观展览馆。戏曲应该虚实结合才能显出灵气。舞台上应该多给演员表演的余地，还要注意给观众留一些想象的空间，如同中国书画艺术中的"留白"一样，懂得给观众留有余地，让人家多欣赏，多回味，进行再创作，这才是艺术。戏曲在吸收别的艺术形式时，要学会化为己有，吸收自然，不能给人一种生拉硬拽、挖肉补疮的感觉。正如种粮食用肥料要注意吸收转化，如果费了很大劲儿，结下来的不是粮食，还是肥料，谁愿意吃它？！当前还有个怪现象，就是"假唱"，不仅戏曲舞台上有，别的舞台上也有。演员在台上演哑剧，一边放送事先录制好的唱腔。不是说什么时候都不能先搞录音，如果每一场都是放录音，观众还会掏钱买票来看戏吗？他还不如在家里看电视听收音机呢。

戏曲要抓队伍。戏曲队伍素质的高低，直接关系着戏曲的前途和命运。编导演名家辈出，群星荟萃，才能吸引观众。这种明星效应不可忽视。

戏曲需要批评。批评不是坏事，缺乏批评的艺术其生命力肯定不强。戏曲批评要敢于从自己的圈子里跳出来，组织社会上的报刊力量，有意识地展开争论，切磋技艺，吸引观众，在评论中得到发展与提高。

（写于郑州蜗斋）

补　记

这是笔者 15 年前写的一组戏曲散记，曾经陆续发表于《河南戏剧》等报刊杂志。今天看来当时的有些担忧已经过时，有些评论仍然不错。党和政府逐年加大对文化艺术的指导及投入力度，有力地促进了包括戏曲在内的各种文艺的新发展，文化大省的风范正崛起于中原大地。上下齐心、广泛吸收、千锤百炼造就的一部部戏剧精品，正在国内外舞台上熠熠生辉；亿万农民工进城务工，改变了原来的城市人口结构；大批城镇居民离退休，催生了街头巷尾一个个戏曲园地、戏曲茶座。河南电视台在全国率先创办的《梨园春》栏目，起到了一鸟放声、百鸟争鸣的良好效果，使戏曲观众不断扩大，戏曲新秀不断推出，戏曲作品不断丰富，戏曲生命力不断增强，从而使戏曲艺术奇葩在社会主义和谐社会建设中，发挥着越来越重要的作用，笔者作为一个老戏迷，尤感欣慰。

（2007 年 6 月 11 日，补于郑州半闲书屋）

妖精的下场和吴承恩的胆识

（2004 年 11 月 21 日）

一部《西游记》中，大小妖精都有后台。

那些害苦了唐僧，拖累了孙悟空兄弟硬拼巧斗的大大小小、形形色色的妖精们，其后台又往往不是级别比孙猴子大，就是孙猴子过去、现在及未来有求于人家。一部《西游记》降妖伏魔经典的结果是：在妖精们即将命丧孙大圣金箍棒下的紧要关头，空中就会有一方神圣显现，并高声断喝："畜生，还不现原形认罪！"

实际上，神圣们这无情的断喝分明是向聪明的猴子暗示：此物乃吾家宠儿，万不可深究其罪，教训一下也就罢了。

那后来的结局，也大都是下界作孽的妖精由天庭主人作保，向唐僧师徒赔上一个不是，就会随同主人一起，重上天庭，平安无事了。即便是疾恶如仇的孙大圣，由于曾经受过玉帝招安，官拜弼马温，与许多上仙曾有交往，自然懂得些为官之道。关键时刻还是掉进"官官相互有牵连"的俗套子里，坏了一世刚直不阿的好名声。

《西游记》的作者吴承恩做过河南新野县令，这在《新野县志》里有记载。吴县令官场中人，熟悉为官之道。虽然在《西游记》开头喊出了"皇帝轮流坐，明年到我家"的造反口号，但那绝不会是孔孟门下读书人的心声。保不准是日子拮据苦闷之日，喝了几两黄酒，发出的一句牢骚，诸位不可当真。

也或许是吴老先生写这一段书时尚且赋闲在家，没有中举。待中举为官以后，时来运转，诸事顺利。但是闲时空多，宜发牢骚；公务繁忙，又难得心静。大概未来得及删节旧稿，便在幕宾催促之中匆匆将《西游记》付印了。须知在任时刻一部稿子，拉几两赞助银子毕竟容易些。

吴承恩挂了新野县令之后，又到哪里高就去了，待考。

老僧白云的闲话

（2006 年 9 月 28 日）

睡觉之前，总要翻几页闲书——也许不止是我有此种毛病。昨天晚上，看郑板桥自己选编的诗文集，一首小诗，耐人寻味。

"一间茅屋在深山，白云半间僧半间。白云有时行雨去，回头却羡老僧闲。"

大千世界，芸芸众生，友朋之交，何不如此！

同一学堂，同一先生，同一机遇，有人学通了，抓住了，上进了，自己得意，先生喜欢，龙游四海，白云高洁，荣宗耀祖……

一些弟子，生性愚顽，学业荒疏，家长责骂，先生无奈，亲友惋惜，生就朽木，怎成大器，总难挪窝，咋脱穷困，落拓半生……

忽然之间，某种机缘，游龙困顿，官运败落，财产丢尽，何颜回对江东父老？

再看故友，布衣依旧，淡饭粗茶，茅屋青溪，老妻稚子，虽非老僧，却也安然。

掩卷沉思，板桥刻画的白云与老僧，实际上隐喻着中国古代文人出世入世的担当与结果。大凡文人，多有抱负，板桥亦难免俗。"学得文武艺，售与帝王家"。年轻的郑板桥也颇有一些抱负，出世为官。乾隆十一二年间出任山东潍县知县时，也曾在赠友人诗中留下"衙斋卧听萧萧竹，疑是民间疾苦声。些小吾曹州县吏，一枝一叶总关情。"然而，身处康乾盛世的郑板桥，有着文人见微知著的功力，对封建王朝的回光晚照及官场腐败，如同"举世混浊而我独清，众人皆醉而我独醒"的屈原，很难和光同尘、同流合污，可是也没有如同当年三闾大夫那样一跃冲入大江涛，成为民族千年遥祭的神圣，而是辞去官职，流落扬州，鬻画为生，成为著名的"扬州八怪"。

这，也许是时代烙印使然。

诸位，白云乎？老僧乎？

板桥有言：难得糊涂。又曰：平安是福。信乎？

为什么说京剧是国粹

（2009 年 5 月 23 日）

有网友问：为什么说京剧是国粹，而豫剧、越剧、黄梅戏等却被说成为地方戏？

我看他似乎对于京剧看的不多，或者没有将京剧与豫剧、黄梅戏、越剧、河北梆子等剧种做一些对比研究，而不明白为什么京剧是国粹。

笔者对于戏剧的热爱已经 50 多年，对于豫剧的许多传统剧目，不仅熟悉，几乎可以记得住大部分台词。对于豫剧的各个流派也小有研究，也将京剧和豫剧作过一番对比。对比的结论是：京剧属于阳春白雪，豫剧从整体上看，还属于老百姓喜闻乐见的地方剧种（尽管在全国十几个省市有着广泛的观众和众多的剧团）。或者说，属于下里巴人。

京剧众多剧目，在念唱做舞等方面，都堪称精美，豫剧能够达到京剧水平的剧目，目前还是微乎其微。如果大家耐心看一看，就可以得出结论。比如，同是《穆桂英挂帅》，梅兰芳演出的剧本，原本是从豫剧马金凤女士的演出本改编的，但是两者却有不同。笔者曾在一次聚会中听马金凤女士讲，新中国成立不久，她率团赴上海演出，戏剧大师梅兰芳在上海家中，对她进行了艺术传帮带。表扬《穆桂英挂帅》是出好戏，要改编成京剧予以推广。《挂帅》一场，一段唱腔 100 多句，豫剧可以一气呵成，换做京剧就唱不下去了。梅先生改编的本子，将其浓缩成 8 句唱词："猛听得金鼓响画角声震，唤起我破天门壮志凌云。想当年桃花马上威风凛凛，敌血飞溅石榴裙。有生之年责当尽，寸土怎能属他人。番王小丑何足论，我一剑能挡百万敌兵"。这 8 句唱词，十分精致又完整地表达了剧情。这是功夫也是水平。为此，梅先生还破例收了马金凤这个豫剧徒弟，成为中国戏剧史上的一段佳话。

国粹，就是能够代表一个国家的精粹。京剧当之无愧，国家为此加强扶持给予一些补贴，也完全应该。毕竟它代表了中国戏剧艺术的顶级水平啊！

豫剧是从农村田野唱到城里的，陈素真、常香玉、马金凤、崔兰田和闫立品等名家，能够将豫剧从豫东梆子、豫西梆子、祥符调、沙河调等唱成全国知名的大剧种，除了她们自己的辛勤努力以外，樊粹庭、陈宪章（常香玉丈夫）等著名戏剧作家的辛勤创作，起了不可替代的作用。

豫剧演出的现代戏比较多，也得益于河南一批著名作家，杨兰春、李準等为之精心创作剧本。河南省豫剧二团，原来就是解放军的一个文工团。省豫剧三团从20世纪50年代以来，一直坚持创作演出现代戏，先后有《刘胡兰》《朝阳沟》《红珊瑚》《李双双》等优秀剧作传世。近年来，一大批年轻的豫剧艺术家虎美玲、王希玲、小香玉、李金枝、汪全珍、李树建等推陈出新，继往开来，相继创作演出的革命现代戏《红灯记》《杜鹃山》，新编历史剧《程婴救孤》《风流才子》《苏武牧羊》，改编传统戏《泪洒相思地》《抬花轿》等剧目，进一步丰富了戏剧百花园，为豫剧走出去做出了重大贡献。

京剧属于高雅艺术，需要不断普及，总结吸取现代戏的成功经验，反映现实生活，扩大观众，雅俗共赏。

豫剧等属于地方戏剧，应该不断提高，学习京剧，反映生活，多出精品，巩固阵地，走向全国。